高等教育工程造价专业系列教材

房屋建筑与装饰工程预算
课程设计指南

编　著◎张建平　张宇帆

西南交通大学出版社
·成　都·

内容简介

本书专为工程造价专业在校内开设“房屋建筑与装饰工程预算课程设计”而编写。

主要内容有：课程设计组织——目的和意义，内容及流程，准备工作，成果要求及评分。课程设计方法——读图与列项，工程计量，工程计价，成果整理，说明书撰写。课程设计资料——清单计量规范节录，常用计价定额节录，未计价材料参考价格。

本书力求做到结构新颖、图文并茂、通俗易懂，集指导书、工具书为一体。可作为普通高等院校工程造价及其相近专业课程设计的实训教材，也可供工程造价人员培训使用或自学参考。

图书在版编目（CIP）数据

房屋建筑与装饰工程预算课程设计指南 / 张建平，张宇帆编著. —成都：西南交通大学出版社，2017.6
（2023.12 重印）
高等教育工程造价专业“十三五”规划系列教材
ISBN 978-7-5643-5466-4

Ⅰ. ①房… Ⅱ. ①张… ②张… Ⅲ. ①建筑工程 - 工程造价 - 课程设计 - 高等学校 - 教学参考资料②建筑装饰 - 工程造价 - 课程设计 - 高等学校 - 教学参考资料 Ⅳ. ①TU723.3

中国版本图书馆 CIP 数据核字（2017）第 117262 号

房屋建筑与装饰工程预算课程设计指南

编　著 / 张建平　张宇帆　　责任编辑 / 柳堰龙
封面设计 / 墨创文化

西南交通大学出版社出版发行
（四川省成都市金牛区二环路北一段 111 号西南交通大学创新大厦 21 楼　610031）
营销部电话：028-87600564
网址：http://www.xnjdcbs.com
印刷：四川森林印务有限责任公司

成品尺寸　185 mm × 260 mm
印张　17.75　　字数　439 千
版次　2017 年 6 月第 1 版　　印次　2023 年 12 月第 2 次

书号　ISBN 978-7-5643-5466-4
定价　39.00 元

课件咨询电话：028-87600533
图书如有印装质量问题　本社负责退换

高等教育工程造价专业“十三五”规划系列教材

建设委员会

序

21 世纪，中国高等教育发生了翻天覆地的变化，就相对数量上讲，中国已成为了全球第一高等教育大国。

自 20 世纪 90 年代中国高校开始出现工程造价专科教育起，到 1998 年在工程管理本科专业中设置工程造价专业方向，再到 2003 年工程造价专业成为独立办学的本科专业，如今工程造价专业已走过了 25 个年头。

据天津理工大学公共项目与工程造价研究所的最新统计，截至 2014 年 7 月，全国 140 所本科院校、600 所专科院校开办了工程造价专业。2014 工程造价专业招生人数为本科生 11 693 人，专科生 66 750 人。

如此庞大的学生群体，导致工程造价专业师资严重不足，工程造价专业系列教材更显匮乏。由于工程造价专业发展迅猛，出版一套既能满足工程造价专业教学需要，又能满足本专科各个院校不同需求的工程造价系列教材已迫在眉睫。

2014 年，由云南大学发起，联合云南省 20 余所高等学校成立了“云南省大学生工程造价与工程管理专业技能竞赛委员会”，在共同举办的活动中，大家感到了交流的必要和联合的力量。

感谢西南交通大学出版社的远见卓识，愿意为推动工程造价专业的教材建设搭建平台。2014 年下半年，经过出版社几位策划编辑与各院校反复的磋商交流，成立工程造价专业系列教材建设委员会的时机已经成熟。2015 年 1 月 10 日，在昆明理工大学新迎校区专家楼召开了第一次云南省工程造价专业系列教材建设委员会会议，紧接召开了主参编会议，落实了系列教材的主参编人员，并在 2015 年 3 月，出版社与系列教材各主编签订了出版合同。

我以为，这是一件大事也是一件好事。工程造价专业缺教材、缺合格师资是我们面临又亟需解决的问题。组织教师编写教材，一是可以解教材匮乏之急，二是通过编写教材可以培养教师或者实现其他专业教师的转型发展。教师是一个特殊的职业——是一个需要不断学习更新自我的职业，教师也是特别能接受新知识并传授新知识的一个特殊群体，只要任务明确，有社会需要，教师自会完成自身的转型发展。因此教材建设一举两得。

我希望：系列教材的各位主参编老师与出版社齐心协力，在一两年内完成这一套工程造价专业系列教材编撰和出版工作，为工程造价教育事业添砖加瓦。我也希望：各位主参编老师本着对学生负责，对事业负责的精神，对教材的编写精益求精，努力将每一本教材都打造成精品，为培养工程造价专业合格人才贡献力量。

中国建设工程造价管理协会专家委员会委员
云南省工程造价专业系列教材建设委员会主任 张建平

2015 年 6 月

前　言

课程设计是高等院校理工科类专业重要的实践性环节，是培养创新型、实用型人才的重要教学手段。课程设计在传统的建筑学、土木工程专业已体系化、专门化，成熟度相当高，赖以支撑的就是系列化的课程设计指南教材，而这正是工程造价专业系列教材中的短板。

工程造价专业的核心能力是工程的计量与计价能力，房屋建筑与装饰工程预算课程设计的内容涉及大量房屋建筑及装饰工程的计量与计价相关知识的综合应用，是工程造价专业学生形成计量计价能力的初步训练。

本书站在初学者的角度介绍如何做房屋建筑与装饰工程预算。全书由三部分组成：第一篇为组织篇，重点介绍课程设计如何组织——第 1 章是课程设计的内容，第 2 章是课程设计的流程，第 3 章是课程设计的成果，第 4 章是课程设计的准备。第二篇为方法篇，重点介绍课程设计如何做——第 5 章是读图与列项，第 6 章是工程的计量，第 7 章是工程的计价，第 8 章是说明书撰写，第 9 章是成果整理与评价，第 10 章是工程预算示例。第三篇为资料篇，重点介绍课程设计用什么做——第 11 章是某三层砖混结构别墅楼工程施工图，第 12 章是某三层框架结构商住楼工程施工图，第 13 章是某四层框架结构职工宿舍楼工程施工图，第 14 章是清单计量规范项目节录，第 15 章是常用计价定额项目节录，第 16 章是未计价材料参考价格。

本书由昆明理工大学津桥学院张建平、张宇帆编著。

本书在编撰过程中参考了新近出版的有关规范、定额、教材和图册，并得到了西南交通大学出版社等单位的大力帮助和支持，谨此一并致谢。

本书可作为高等学校工程造价、工程管理、土木工程专业及其他相关专业的教科书，也可以作为工程造价专业人士的参考书。

由于编者水平有限，不足与疏漏之处在所难免，敬请读者见谅并批评指正。

编　者

2017 年 3 月

目　录

第 1 篇　课程设计组织

课程设计是理工科重要的实践性环节，是培养创新型、实用型人才的重要教学手段。课程设计是一种实作训练，但与实际工作相比具有一定的特殊性。它是在学校这种特定环境并在教师指导下，一个班级（或多个班级）针对同一工程对象所做的初步训练，一般归属于专业必修课。

课程设计意义在于它是建立在房屋建筑与装饰工程预算课程基础上的综合训练，是房屋建筑与装饰工程预算在实务方面的延伸，其教学目的是培养学生计量计价的初步能力，教会学生结合“计价依据”的应用，工程量的正确计算，针对所给施工图编制一份房屋建筑与装饰工程预算文件。

通过课程设计，学生可将之前学习过的建筑制图、建筑 CAD、建筑材料、房屋建筑学、建筑结构、建筑施工，工程计量与计价、工程造价软件应用等方面的知识综合运用于解决工程实际问题，以形成工程预算的初步能力。

第 1 章　课程设计的内容

房屋建筑与装饰工程预算课程设计是针对特定的房屋建筑施工图所做的工程预算的初步训练。教师可为每个学生提供一份多层民用建筑施工图（含建筑施工图与结构施工图）并提前下发，要求学生完成以下训练内容。

（1）读识施工图，理解建筑构造、材料选用、施工方案。

（2）列出预算项目。

（3）计算工程量。

（4）编制工程量清单文件。

（5）熟悉材料或设备价格信息。

（6）编制施工图预算文件（招标控制价文件）。

（7）对课程设计期间所做工作进行小结，撰写课程设计说明书。

（8）成果整理，打印装订。

第 2 章　课程设计的流程

房屋建筑与装饰工程预算课程设计是一种有针对性的实践性教学环节，其流程可分为两个阶段。

2.1　理论教学阶段

理论教学阶段的工作包括以下几个方面。

（1）在课程中期下发选定的房屋建筑施工图（纸质或 CAD、PDF 格式文件）。

（2）随理论教学进程将施工图的读识、算量等内容融入教学中。

（3）配合理论教学，在施工图中指定适当内容作为平时作业完成。

（4）在理论教学的后期对选用的施工图进行全面讲解，并引导学生进行清单项目的列项。

2.2　集中周阶段

集中周是指理论教学结束后专门用于实践性环节的教学周。国内有很多的理工科大学一学年实行三学期制，即两个理论教学学期，一个实践教学学期，理论教学学期（含考试）一般为 18 周，实践教学学期一般为 5 周，可在暑假前后各安排 2 周或 3 周，俗称“短学期”。在短学期里，可进行新生入学教育和军训、课程设计、专业实训等实践教学活动

房屋建筑与装饰工程预算课程设计一般安排 2 个集中周，10 个工作日，每个工作日最少学时计 4 学时，故以 40 学时进入教学计划计算。

集中周内课程设计流程为：

（1）第一周的周一至周四，完成指定施工图读图、列项、算量的工作。

（2）第一周的周五，应用计价软件，编制工程量清单文件。

（3）第二周的周一，应用计价软件，编制招标控制价文件。

（4）第二周的周二至周三，撰写课程设计说明书。

（5）第二周的周四，完成课程设计成果文件的整理、打印及装订。

（6）第二周的周五上午，提交用档案袋装好的设计成果。

（7）第二周的周五下午，教师集中评定成绩。

第3章　课程设计的成果

3.1　工程量计算书

工程量是指以物理计量单位或自然计量单位所表示的各个具体分部分项工程和构配件的实物量。工程量计算书就是根据施工图、《房屋建筑与装饰工程工程量计算规范》（GB 50854—2013）和当地定额规则列出分部分项工程名称和计算式，计算出结果的文件。其格式见第10章第10.3、10.4节。

3.2　工程量清单文件

工程量清单是指按照招标文件和施工图要求，将拟建招标工程的全部项目和内容、依据《房屋建筑与装饰工程工程量计算规范》（GB 50854—2013）附录中统一规定的项目编码、项目名称、项目特征描述要求、计量单位，并按计算规则计算出项目的清单工程量，填入规定表格，供投标人填写单价用于投标报价的明细清单。

工程量清单由分部分项工程量清单、措施项目清单、其他项目清单、规费项目清单、税金项目清单组成。这五种清单的表格加上封面、扉页和总说明，打印、装订、签名盖章后就形成了工程量清单文件。其格式见第10章第10.5节。

3.3　招标控制价文件

招标控制价文件与投标报价文件都是施工图预算产生的成果文件。

（1）招标控制价文件由具有编制能力的招标人或受其委托具有相应资质的工程造价咨询人编制。招标控制价是招标人对招标工程设定的造价最高限额，一个招标工程只能编制一个招标控制价，也称为“拦标价”。

（2）投标报价文件由投标人或受其委托具有相应资质的工程造价咨询人编制，是投标人响应招标文件和招标工程量清单编制的投价文件。一个招标工程可有多个投标报价，但其报价不得超过招标控制价，超过招标控制价的投标报价被视为“废标”。

《建设工程工程量清单计价规范》（GB 50500—2013）规定了适合于全国使用的招标控制价或投标报价表格，各省级建设行政主管部门可根据当地实际，制定与国家标准大同小异的招标控制价或投标报价表格。一般应以当地规定的招标控制价或投标报价表格来编制课程设计成果文件。其格式见第10章第10.6节。

3.4 课程设计说明书

课程设计说明书是本科专业课程设计成果的重要组成部分，是训练学生理论联系实际能力并将工程问题进行理论阐述的重要一环。

课程设计说明书主要内容包括对课程设计综合训练目的、意义的理解，所学知识的运用，关键技术问题的解决方法，本次课程设计的收获与体会，对提交成果的客观评价，存在的问题及今后改进的设想等。总之，课程设计说明书要反映出课程设计综合训练做了什么和怎样做的，让查阅者（指导教师、院系领导、督导专家）明白自己所做的工作和结果。

第 4 章　课程设计的准备

4.1　学生的准备工作

4.1.1　思想准备

课程设计作为一种集中时间的专门训练，投入的时间和精力因人而异，一旦开始就应全力以赴。学生要树立勤于思考、刻苦钻研的学习精神，严肃认真、一丝不苟、有错必改、精益求精的工作态度，独立完成又能团队协作、杜绝抄袭的工作作风。

4.1.2　知识准备

房屋建筑与装饰工程预算课程设计是多门相关课程知识的综合应用，学生应复习建筑制图（或识图）、建筑 CAD、建筑构造、建筑材料、建筑施工、建筑结构、房屋建筑与装饰工程计量与计价、工程造价软件应用等课程的相关知识。并阅读《建设工程工程量清单计价规范》（GB 50500—2013）和《房屋建筑与装饰工程工程量计算规范》（GB 50854—2013）、平法图集，当地的计价规则和计价定额、当地的通用标准配件图集。

4.1.3　条件准备

（1）搜集相关的计价依据（纸质和电子版均可）。

（2）印制相关的计算表格。

（3）准备自用的计算器或笔记本式计算机。

4.2　教师的准备工作

4.2.1　选择工程

针对学生的实际，选择规模适当且训练有深度、广度的工程用于课程设计。因为时间有限，又希望达到综合训练目的，因此教师应把握以下选图原则。

（1）工程规模适当，内容齐全。

（2）针对学生实际，难易适中。

（3）最好每个人有所不同，避免抄袭。

（4）使学生能在有限时间内完成计量与计价的全过程。

4.2.2　研究图纸

一些施工图纸由于是计算机上作业的，总会出现各种疏漏。教师应认真、仔细地阅读规定的施工图，找出其中的疏漏加以完善，并结合图纸向学生讲解完成课程设计必需的相关知识，特别是以往课程涉及较少的当地计价规则和预算定额、标准通用图集、平法图集等应用的知识，以保证课程设计顺利进行。

4.2.3　试做工程

对指导教师来说，试做工程是对学生进行指导的前提，只有自己亲自动手后做到了心中有数，才能深刻把握课程设计的重点和难点，使得指导更具有针对性，保证课程设计的深度和质量，保证课程设计训练目的落到实处。

4.2.4　编指导书

指导书是教师对学生进行课程设计指导的载体，教师可将课程设计的任务、流程、成果要求、纪律要求等内容编写进指导书中。同时，指导书也应成为学生撰写《课程设计说明书》的范本，文档编辑的要求都可以用指导书表现出来。一般指导书可参照附录编写。

4.3　基本教学条件

4.3.1　机房及设备

应准备光线明亮、通风良好的机房。在条件允许的情况下，尽可能做到一人一机。如计算机台数少于学生人数，可对学生进行分组，可多人一组，团队合作，一个团队使用一台计算机。计算机宜采用台式机，配置应能满足工程造价软件的运行要求。

4.3.2　造价软件

选择造价软件的原则不是其使用是否方便，而是它在当地行业内的普及程度。目前较为普及的工程造价软件有三类，即：钢筋算量软件、图形算量软件、计价软件。三类软件均有多个品牌，操作方式大同小异，但最重要的一点是必须挂接当地的定额库和材料价格库，能在当地实际工程中应用。

现在 BIM 软件应用是大趋势。BIM 是一个数据化平台，强调信息流的传递，从这层意义上来讲，当钢筋算量软件的信息可以导入到图形算量软件，图形算量软件信息可以导入到计价软件，这就是局部的 BIM，或者称之为计价 BIM。从设计到计量计价全面打通信息流是今后软件选择的大趋势。

第2篇　课程设计方法

第5章　读图与列项

5.1　课程设计读图

读图是工程计量的基础工作，只有看懂设计图纸并理解设计意图后，才能了解工程内容、结构特征、技术要求，才能在计量计价时做到“项目全、计算准、速度快”。因此，在计量计价之前，应留一定时间专门用来读图，阅读重点如下：

（1）对照图纸目录，检查图纸是否齐全。

（2）采用的标准图集是否已经找到。

（3）仔细阅读设计总说明或附注，因为有些不在图纸中表示的项目或设计要求，往往会在设计总说明或附注中找到，稍不注意容易漏项。

（4）设计图上有无特殊的施工质量要求，事先列出需要另编补充定额的项目。

（5）建筑施工图与结构施工图的对应，必要时用铅笔在图纸上做出标记。

（6）平面图、立面图、剖面图与大样图对应，必要时用铅笔在图纸上做出标记。

在对施工图有了初步认识的基础上，使用三维算量软件边绘制边查看三维立体效果是有效的读图方法。

在三维算量软件中设置楼层及层高，建立轴线轴网后，依次绘制基础、柱、梁、楼梯，可以在三维状态下看到立体化的建筑结构骨架，并直观地了解了它们之间的空间关系，查看建筑与结构是否会出现不协调等情况；再继续绘制墙、门窗、楼板、屋面、室外散水、台阶、地沟，就可以在三维状态下看到形象、具有立体感的建筑物形体。

5.2　课程设计列项

5.2.1　列项要点

列项就是列出需要计量计价的分部分项工程项目。其要点如下：

（1）工程量清单列项。只有依据《房屋建筑与装饰工程工程量计量规范》（GB 50854—2013）列出清单分项，才可对每一清单分项计算清单工程量，按规定格式（包含项目编码、项目名称、项目特征、计量单位、工程数量）编制工程量清单文件。

（2）综合单价的组价列项。依据《房屋建筑与装饰工程工程量计量规范》（GB 50854—2013）

规定的每一分项的特征要求和工作内容，从当地的预算定额中找出与施工过程匹配的定额项目，对每一定额项目计量计价，从而产生每一清单分项的综合单价。

（3）定额计价列项。只有依据当地的预算定额列出定额分项，才可对每一定额分项计算定额工程量并套价。

5.2.2 列项指南

一般来讲，清单分项按工程实体列项，定额分项按工作内容（或工序）列项。一个工程实体往往在施工过程中包含若干工作内容，因而综合单价的组价列项会出现一对一（一项清单对一项定额）或者一对多的情况。

对照《房屋建筑与装饰工程工程量计量规范》（GB 50854—2013）和地方的预算定额标准，大多数分部分项工程项目列项时基本是一对一的关系。对于采用标准配件图设计的装饰装修、屋面防水和室外散水、地沟项目，因为一个工程实体包含若干构造层次，每一构造层次均由定额项目反映，所以列项时为一对多的关系。

装饰装修及屋面防水、室外散水、地沟项目列项示范如表 5.1 ~ 表 5.21 所示。表中定额编码和项目名称以《云南省房屋建筑与装饰工程消耗量定额》（DBJ 53/T-62—2013）为例。

但仍需指出，本书示范不能替代学生直接阅读当地使用的标准配件图和预算定额。

表 5.1　现浇水磨石地面

标配图号	西南 11J312-P11-3117D			
构造做法	1）表面草酸处理后打蜡上光			
	2）15 mm 厚 1：2 水泥石粒水磨石面层			
	3）20 mm 厚 1：3 水泥砂浆找平层			
	4）水泥浆结合层一道			
	5）80 mm 厚 C10 混凝土垫层			
	6）素土夯实基土			
清单项目		定额项目		
清单编码	项目名称	项次	定额编码	项目名称
011101002001	现浇水磨石楼地面（地面）	1	01090045	水磨石楼地面（厚 15 mm，含酸洗打蜡和水泥浆结合层）
		2	01090019	水泥砂浆找平层（厚 20 mm）
		3	01090013	商品混凝土地坪垫层

表 5.2　现浇水磨石楼面

标配图号	西南 11J312-P11-3117L
构造做法	1）表面草酸处理后打蜡上光
	2）15 mm 厚 1：2 水泥石粒水磨石面层
	3）20 mm 厚 1：3 水泥砂浆找平层
	4）水泥浆结合层一道
	5）结构层

续表

清单项目		定额项目		
清单编码	项目名称	项次	定额编码	项目名称
011101002002	现浇水磨石楼地面（楼面）	1	01090045	水磨石楼地面（厚 15 mm，含酸洗打蜡和水泥浆结合层）
		2	01090019	水泥砂浆找平层（厚 20 mm）

表 5.3　现浇水磨石楼梯面

标配图号	西南 11J412-P60-①			
构造做法	1）表面草酸处理后打蜡上光			
	2）15 mm 厚 1：2 水泥石粒水磨石面层			
	3）水泥浆结合层一道			
	4）20 mm 厚 1：3 水泥砂浆找平层			
	5）结构			
清单项目		定额项目		
清单编码	项目名称	项次	定额编码	项目名称
011106005001	现浇水磨石楼梯面	1	01090048	水磨石楼梯面（厚 15 mm 含酸洗打蜡和水泥浆结合层）
		2	01090019×1.33	水泥砂浆找平层（厚 20 mm）

表 5.4　水磨石踢脚线

标配图号	西南 11J312-P69-4105T			
构造做法	1）表面草酸处理后打蜡上光			
	2）10 mm 厚 1：2 水泥石粒水磨石面层			
	3）水泥浆结合层一道			
	4）8 mm 厚 1：3 水泥砂浆垫层			
	5）8 mm 厚 1：3 水泥砂浆打底			
清单项目		定额项目		
清单编码	项目名称	项次	定额编码	项目名称
011105001001	水磨石踢脚线	1	01090047	水磨石踢脚线（厚 10 mm，含酸洗打蜡和水泥浆结合层）
		2	01100059	1：3 水泥砂浆打底（厚 13 mm）
		3	01100063*3	1：3 水泥砂浆打底（增 3 mm）

表 5.5 块料地面（带防水）

标配图号	西南 11J312-P12-3122D			
构造做法	1）地砖面层，水泥浆擦缝			
	3）20 mm 厚 1∶2 干硬性水泥砂浆结合层，上洒 1～2 mm 厚干水泥并洒清水适量			
	3）改性沥青一布四涂防水层			
	4）100 mm 厚 C10 混凝土垫层找坡表面赶光			
	5）素土夯实基土			
清单项目		定额项目		
清单编码	项目名称	项次	定额编码	项目名称
011102003001	块料楼地面（带防水地面）	1	01090105	陶瓷地砖楼地面（周长 1 200 mm）
		2	01080187	水乳型再生胶沥青聚酯布二布三涂
		3	01080189	水乳型再生胶沥青聚酯布一布一涂
		4	01090013	商品混凝土地坪垫层（厚 100 mm）

表 5.6 块料楼面（带防水）

标配图号	西南 11J312-P12-3122L			
构造做法	1）地砖面层，水泥浆擦缝			
	3）20 mm 厚 1∶2 干硬性水泥砂浆结合层，上洒 1～2 mm 厚干水泥并洒清水适量			
	3）改性沥青一布四涂防水层			
	4）1∶3 水泥砂浆找坡层，最薄处 20 mm 厚			
	5）结构层			
清单项目		定额项目		
清单编码	项目名称	项次	定额编码	项目名称
011102003002	块料楼地面（带防水楼面）	1	01090105	陶瓷地砖楼地面（周长 1 200 mm）
		2	01080187	水乳型再生胶沥青聚酯布二布三涂
		3	01080189	水乳型再生胶沥青聚酯布一布一涂
		4	01090019	水泥砂浆找平层（厚 20 mm）

表 5.7 强化木地板楼面

标配图号	西南 11J312-P29-3172L
构造做法	1）8 mm 厚强化木地板面层（企口上下均匀刷胶）
	2）3 mm 厚聚乙烯（EPE）高弹泡沫垫层
	3）20 mm 厚 1∶3 水泥砂浆找平层
	4）水泥浆结合层一道
	5）50 mm 厚 C10 细石混凝土敷管层（没有敷管可不做）
	6）结构层

续表

清单项目		定额项目		
清单编码	项目名称	项次	定额编码	项目名称
011104002001	竹木（复合）地板	1	01090160	强化木地板面层（含高弹泡沫垫层及踢脚板）
		2	01090019	水泥砂浆找平层（20 mm，含水泥浆结合层）

表 5.8　不锈钢管扶手、栏杆

标配图号	西南 11J412-P58-①			
构造做法	1）不锈钢管栏杆（竖条式直线型）			
	2）不锈钢扶手（ϕ75）			
清单项目		定额项目		
清单编码	项目名称	项次	定额编码	项目名称
011503001001	金属扶手、栏杆	1	01090194	不锈钢管栏杆（竖条式直线型）
		2	01090223	不锈钢扶手（ϕ75）

表 5.9　塑料扶手、栏杆

标配图号	西南 11J412-P58-②			
构造做法	1）钢筋铁花栏杆			
	2）塑料扶手			
清单项目		定额项目		
清单编码	项目名称	项次	定额编码	项目名称
011503003001	塑料扶手、栏杆	1	01090215	钢筋铁花栏杆
		2	01090234	塑料扶手

表 5.10　预埋铁件

标配图号	西南 11J412-P39-M-10（M-3）			
构造做法	1）钢板：90 mm×40 mm×5 mm（M-3）			
	2）圆钢：ϕ6 长 50 mm + 60 mm + 50 mm（M-3）			
	3）钢板：100 mm×100 mm×5 mm（M-10）			
	4）圆钢：ϕ6 长 70 mm + 40 mm + 70 mm（M-10）			
清单项目		定额项目		
清单编码	项目名称	项次	定额编码	项目名称
010516002001	预埋铁件	1	01050372	预埋铁件制安
		2	01050373	预埋铁件运输（1 km 以内）
		3	01050374	预埋铁件运输（每增 1 km）

表 5.11　双飞粉内墙（柱）面

标配图号	西南 11J515-P6-N03			
构造做法	1）基层处理			
	2）9 mm 厚 1∶1∶6 水泥石灰砂浆打底扫毛			
	3）7 mm 厚 1∶1∶6 水泥石灰砂浆垫层			
	4）5 mm 厚 1∶0.3∶2.5 水泥石灰砂浆罩面压光			
	5）喷涂料（品种、颜色由设计定）			
清单项目		定额项目		
清单编码	项目名称	项次	定额编码	项目名称
011201001001	砖墙面一般抹灰	1	01100015	墙面混合砂浆[厚(9 + 7 + 5) mm]
011407001001	墙面喷刷涂料	1	01120266	墙柱面双飞粉（两遍）
		2	01120178	乳胶漆（两遍）

表 5.12　涂料外墙面

标配图号	西南 11J516-P84-5107			
构造做法	1）14 mm 厚 1∶3 水泥砂浆打底扫毛，分两次抹			
	2）6 mm 厚 1∶2.5 水泥砂浆找平			
	3）刷（喷）涂料面层两遍			
	4）喷甲醛硅酸钠憎水剂			
清单项目		定额项目		
清单编码	项目名称	项次	定额编码	项目名称
011201001002	砖墙面一般抹灰	1	01100001	外墙面水泥砂浆抹灰（1∶3 厚 14 mm，1∶2.5 厚 6 mm）
		2	01100031*-2	水泥砂浆抹灰（1∶3 厚减 2 mm）
011407001002	墙面喷刷涂料	1	01120228	外墙彩砂喷涂
		2	01120274	喷半透明保护剂

表 5.13　白瓷砖内墙面

标配图号	西南 11J515-P8-N10			
构造做法	1）基层处理			
	2）10 mm 厚 1∶3 水泥砂浆打底扫毛，分两次抹			
	3）8 mm 厚 1∶0.15∶2 水泥石灰砂浆黏结层（加建筑胶适量）			
	4）152 mm×152 mm×5 mm 白瓷板，白水泥擦缝			
清单项目		定额项目		
清单编码	项目名称	项次	定额编码	项目名称
011204003001	块料墙面	1	01100118	水泥砂浆粘贴瓷板墙面（152 mm×152 mm×5 mm）
		2	01100059	1∶3 水泥砂浆打底（厚 13 mm）
		3	01100063*-3	1∶3 水泥砂浆打底（减 3 mm）

表 5.14　面砖外墙面

标配图号	西南 11J516-P95-5407			
构造做法	1）基层处理			
	2）14 mm 厚 1∶3 水泥砂浆打底，两次成活，扫毛或划出纹道			
	3）8 mm 厚 1∶0.15∶2 水泥石灰砂浆（掺建筑胶或专业黏结剂）			
	4）贴外墙砖，1∶1 水泥砂浆勾缝			
清单项目		定额项目		
清单编码	项目名称	项次	定额编码	项目名称
011204003002	块料墙面	1	01100147	水泥砂浆粘贴面砖（周长 1 200 mm 内）
		2	01100059	1∶3 水泥砂浆打底（厚 13 mm）
		3	01100063	1∶3 水泥砂浆打底（增 1 mm）

表 5.15　混合砂浆喷涂料顶棚

标配图号	西南 11J515-P31-P05			
构造做法	1）基层处理			
	2）刷水泥浆一道（加建筑胶适量）			
	3）10 mm 厚 1∶1∶4 水泥石灰砂浆打底 01110005			
	4）4 mm 厚 1∶0.3∶3 水泥石灰砂浆赶光			
	5）喷涂料			
清单项目		定额项目		
清单编码	项目名称	项次	定额编码	项目名称
011301001001	天棚抹灰	1	01110005	现浇混凝土天棚面混合砂浆抹灰
011407002001	天棚喷刷涂料	1	01120267	天棚面双飞粉（两遍）
		2	01120179	乳胶漆（两遍）

表 5.16　塑料条形扣板吊顶

标配图号	西南 11J515-P33-P12			
构造做法	1）300 mm×300 mm 方木天棚龙骨（吊在混凝土板下）			
	2）方木天棚龙骨防火涂料（两遍）			
	3）塑料条形扣板			
清单项目		定额项目		
清单编码	项目名称	项次	定额编码	项目名称
011302001001	吊顶天棚	1	01110128	空腹 PVC 扣板
		2	01110029	300 mm×300 mm 方木天棚龙骨
		3	01120169	方木天棚龙骨防火涂料（两遍）

表 5.17　不上人屋面防水

<table>
<tr><td>标配图号</td><td colspan="4">西南 11J201-P22-2203a</td></tr>
<tr><td rowspan="9">构造做法</td><td colspan="4">1）20 mm 厚 1∶2.5 水泥砂浆保护层，分格缝间距≤1.0 m</td></tr>
<tr><td colspan="4">2）高分子卷材一道，同材性胶黏剂两道</td></tr>
<tr><td colspan="4">3）改性沥青卷材一道，同材性胶黏剂两道</td></tr>
<tr><td colspan="4">4）刷底胶黏剂一道（材料同上）</td></tr>
<tr><td colspan="4">5）25 mm 厚 1∶3 水泥砂浆找平层</td></tr>
<tr><td colspan="4">6）水泥膨胀珍珠岩或水泥膨胀蛭石预制块用 1∶3 水泥砂浆铺贴</td></tr>
<tr><td colspan="4">7）隔汽层</td></tr>
<tr><td colspan="4">8）15 mm 厚 1∶3 水泥砂浆找平层</td></tr>
<tr><td colspan="4">9）结构层</td></tr>
<tr><td colspan="2">清单项目</td><td colspan="3">定额项目</td></tr>
<tr><td>清单编码</td><td>项目名称</td><td>项次</td><td>定额编码</td><td>项目名称</td></tr>
<tr><td rowspan="8">010902001001</td><td rowspan="8">屋面卷材防水</td><td>1</td><td>01090025</td><td>水泥砂浆面层（厚 20 mm）</td></tr>
<tr><td>2</td><td>01080086</td><td>高分子防水涂料</td></tr>
<tr><td>3</td><td>01080046</td><td>高聚物改性沥青防水卷材（满铺）</td></tr>
<tr><td>4</td><td>01090019</td><td>水泥砂浆找平层（20 mm）</td></tr>
<tr><td>5</td><td>01090020</td><td>水泥砂浆找平层（增 5 mm）</td></tr>
<tr><td>6</td><td>03132350</td><td>水泥膨胀珍珠岩保温层</td></tr>
<tr><td>7</td><td>01090019</td><td>水泥砂浆找平层（20 mm）</td></tr>
<tr><td>8</td><td>01090020*-1</td><td>水泥砂浆找平层（减 5 mm）</td></tr>
</table>

表 5.18　上人屋面防水（不保温）

<table>
<tr><td>标配图号</td><td>西南 11J201-P22-2205b</td></tr>
<tr><td rowspan="8">构造做法</td><td>1）35 mm 厚 590 mm×590 mm 钢筋混凝土预制板或铺地面砖</td></tr>
<tr><td>2）10 mm 厚 1∶2.5 水泥结合层</td></tr>
<tr><td>3）20 mm 厚 1∶2.5 水泥砂浆保护层</td></tr>
<tr><td>4）高分子卷材一道，同材性胶黏剂两道</td></tr>
<tr><td>5）改性沥青卷材一道，同材性胶黏剂两道</td></tr>
<tr><td>6）刷底胶黏剂一道（材料同上）</td></tr>
<tr><td>7）15 mm 厚 1∶3 水泥砂浆找平层</td></tr>
<tr><td>8）结构层</td></tr>
</table>

续表

清单项目		定额项目		
清单编码	项目名称	项次	定额编码	项目名称
011101003001	块料楼地面	1	01090105	陶瓷地砖楼地面（周长 1 200 mm）
010902001001	屋面卷材防水	1	01090025	水泥砂浆面层（厚 20 mm）
		2	01080086	高分子防水涂料
		3	01080046	高聚物改性沥青防水卷材（满铺）
		4	01090019	水泥砂浆找平层（20 mm）
		5	01090020*-1	水泥砂浆找平层（减 5 mm）

表 5.19　散　水

标配图号	西南 11J812-P4-①			
构造做法	1）60 mm 厚 C15 混凝土提浆抹光			
	2）100 mm 厚碎砖（石）黏土夯实垫层			
	3）15 mm 厚 1∶1 沥青砂浆或油膏嵌缝			
	4）素土夯实			
清单项目		定额项目		
清单编码	项目名称	项次	定额编码	项目名称
010507001001	散水	1	01090041	混凝土散水
		2	01090002	泥结碎石垫层
		3	01010122	人工原土打夯
		4	01080213	建筑油膏填缝

表 5.20　地　沟

标配图号	西南 11J812-P3-②a			
清单项目		定额项目		
清单编码	项目名称	项次	定额编码	项目名称
0104010140001	砖地沟	1	01140221	砖砌排水沟（深 400 宽 260）

表 5.21　室外砖砌踏步

<table>
<tr><td>标配图号</td><td colspan="4">西南 11J812-P7-①a</td></tr>
<tr><td rowspan="4">构造做法</td><td colspan="4">1）水磨石台阶面层</td></tr>
<tr><td colspan="4">2）M5 水泥砂浆砖砌台阶</td></tr>
<tr><td colspan="4">3）100 mm 厚 C15 混凝土垫层</td></tr>
<tr><td colspan="4">4）素土夯实</td></tr>
<tr><td colspan="2">清单项目</td><td colspan="3">定额项目</td></tr>
<tr><td>清单编码</td><td>项目名称</td><td>项次</td><td>定额编码</td><td>项目名称</td></tr>
<tr><td>011107005001</td><td>现浇水磨石台阶</td><td>1</td><td>01090050</td><td>水磨石台阶面层</td></tr>
<tr><td rowspan="3">010401012001</td><td rowspan="3">零星砌砖（台阶）</td><td>2</td><td>01040084</td><td>砖砌台阶</td></tr>
<tr><td>3</td><td>01090013</td><td>商品混凝土地坪垫层</td></tr>
<tr><td>4</td><td>01010122</td><td>人工原土打夯</td></tr>
</table>

第 6 章　工程的计量

工程量计算（工程的计量）可以简称算量，是工程预算过程中最繁杂的一项工作。清单工程量必须依据《清单计量规范》规定的计算规则进行正确计算，简称清单规则。定额工程量必须依据预算定额规定的计算规则进行正确计算，简称定额规则。

6.1　规则差异归纳

清单规则和定额规则在某些分部（如土方工程、桩基工程、装饰工程）方面有很大的不同。招标的清单工程量一般由业主方在招标工程量清单中提供，它反映分项工程的实物量，是工程发包和工程结算的基础。计价的基础是定额工程量，施工费用因定额工程量而产生，不同的施工方式，定额工程量有差异，而定额工程量需要报价人自行计算，报价人对设计图纸和工程量计算规则理解不同，也会计算出不同的结果。

对照《房屋建筑与装饰工程工程量计量规范》（GB 50854—2013）和地方的预算定额标准，其差异归纳于表 6.1 和表 6.2 中。

表 6.1　土方分部两种规则差异点的归纳

项目名称	清单规则		定额规则	
	计量单位	工程量计算规则	计量单位	工程量计算规则
平整场地	m^2	按设计图示尺寸以建筑物首层建筑面积计算	m^2	按建筑物外墙外边线每边各加 2 m 所围成的面积计算
挖一般土方	m^3	按设计图示尺寸以体积计算	m^3	按设计图示尺寸以体积计算
挖槽坑土方	m^3	按设计图示尺寸以基础垫层底面积乘以挖土深度计算	m^3	按开挖体的不同，在考虑工作面及放坡等因素后按体积计算
管沟土方	m	按设计图示以管道中心线长度计算	m^3	按开挖体的不同，在考虑工作面及放坡等因素后按体积计算
土方回填	m^3	1. 场地回填：回填面积乘以平均回填厚度以体积计算	m^3	场地回填按回填面积乘以平均回填厚度以体积计算
		2. 室内回填：主墙间净面积乘以回填厚度以体积计算		室内回填按主墙间净面积乘以回填厚以体积计算
		3. 基础回填：挖方体积减去设计室外地坪以下埋没的基础体积（包括基础垫层及其他）		基础回填体积等于挖土体积减埋入物（垫层及基础）体积

表 6.2　桩基工程两种规则差异点的归纳

<table>
<tr><td rowspan="2">项目名称</td><td colspan="2">清单计量规范规则</td><td colspan="2">定额规则</td></tr>
<tr><td>计量单位</td><td>工程量计算规则</td><td>计量单位</td><td>工程量计算规则</td></tr>
<tr><td>预制钢筋混凝土方桩</td><td>m
根</td><td>1. 按设计图图示尺寸以桩长(包括桩尖)或根数计算。
2. 按设计图示截面面积乘以桩长(包括桩尖)以实体积计算</td><td>m^3</td><td>打压预制钢筋混凝土方桩按设计桩长(包括桩尖、不扣除桩尖虚体积)乘以桩的截面面积以体积计算</td></tr>
<tr><td>沉管
灌注桩</td><td>m
根</td><td>1. 按设计图图示尺寸以桩长(包括桩尖)或根数计算。
2. 按截面在桩上范围内以实体积计算</td><td>m^3</td><td>单、复打灌注桩，按设计桩长减去桩尖长度再加 0.5 m，乘以设计桩径断面面积以体积计算</td></tr>
</table>

6.2　纯手工算法

在没有计算机的情况下，纯手工计算就是用纸、笔、计算器进行的计算。这也是合格造价人员应当训练的一项基本功。

纯手工计算工程量常用表格样式见表 6.3。

表 6.3　工程量计算表

序	项目编码	项目名称	计量单位	工程量	计算式

工程量计算表中之所以要列出项目编码和项目名称，是因为算量是针对某个特定清单项目和定额项目的计算，算量是为了计价，不为了计价的算量是毫无意义的。

纯手工计算工程量的过程如下：

(1) 根据列项要求注写清单项目编码、名称和计量单位，或者定额项目编码、名称和计量单位。

(2) 在读图的基础上依据计算规则写出计算式。

(3) 检查计算式正确无误后使用计算器计算出结果并填入表中。

为方便纠错，纯手工计算一般使用铅笔。为方便统计，可使用多张表格，不同的表格计算不同的项目。例如，钢筋计算因为要按现浇构件或预制构件，圆钢或带肋钢，ϕ10 mm 以内或ϕ10 mm 以外多种方式统计以便套用定额，所以最好用不同的表格计算，以达到事半功倍的效果。

纯手工计算可参见第 10 章第 3 节内容，这里不再详述。

6.3 应用 Excel 手算

Excel 是一种功能强大的电子表格和计算工具，在 Excel 中，只要编制好需要的表格，就可在单元格中列式和计算，这就是应用 Excel 的手工算法。相比应用纸笔的纯手工算法，其工效将大大提高，并能保存、修改和打印，在没有软件可用的情况下，这是一种行之有效的算量方法。

应用 Excel 的手工算法过程如下：

（1）按表 6.3 样式在 Excel 中制表。

（2）根据列项要求在表中相应单元格中填入清单项目编码、名称和计量单位，或者定额项目编码、名称和计量单位。

（3）在单元格中写出计算式。计算式注写可以加、减、乘、除连写，先加减后乘除应在加式或减式上打括号，乘号用“*”，除号用“/”。例如，计算墙体所占面积，可写为（21.24 + 36.24）*0.24；计算箍筋支数，可写为（6.0 + 0.24）/0.2 + 1。

（4）在注写了计算式的单元格最左端输入等号“=”，按 Enter 键后 Excel 自动完成计算并显示结果，然后将计算结果填入工程量单元格。操作如表 6.4 和表 6.5 所示。

表 6.4　Excel 工程量计算（1）

序	项目编码	项目名称	计量单位	工程量	计算式
			m^2		=（21.24 + 36.24）*0.24

表 6.5　Excel 工程量计算（2）

序	项目编码	项目名称	计量单位	工程量	计算式
			m^2	13.80	13.795 2

（5）双击计算式所在单元格，表 6.4 中带等号的计算式显示出来，去掉“=”，计算式就可以显示并保存。

（6）要进行乘方运算，最简单的方法是连乘处理。要进行开平方运算，可在单元格中先输入“= SQRT（ ）”，然后在括号中输入数据或计算式，按 Enter 键后 Excel 自动完成计算并显示结果。例如 81 开平方得 9，输入“= SQRT（81）”或“= SQRT（43 + 38）”，按 Enter 键即得 9。

6.4 应用软件电算

算量软件的普及使计量工程变得轻松起来，这是今后造价人员在工作中要经常应用的方法。限于篇幅，本书对算量软件如何使用不做过多的赘述，仅将算量软件使用的基本方法作一归纳介绍。

（1）无论钢筋抽样算量软件还是图形算量软件，都必须在人工输入图纸信息或者 CAD 导图人工识别构件信息后，软件才能进行计算，所以前提是要学会软件操作。

（2）无论何种计量软件，其操作方法大同小异。

（3）打开计量软件后，主要操作流程是楼层层高定义→轴线轴网建立→构件定义→构件绘图→汇总计算→查看报表结果→报表打印或导出。

（4）楼层层高定义的意义在于为计算机提供高度尺寸信息，所有与层高有关的构件在计算高度时均以层高为基准，根据计算规则进行扣减来实现。

（5）轴线轴网建立的意义在于为计算机提供平面尺寸信息，所有平面上的构件在计算长度或宽度时均以轴网尺寸为基准，根据计算规则进行扣减来实现。

（6）钢筋抽样算量软件和图形算量软件通过图形的绘制实现所见即所得，只要在规定位置绘制，即可在三维显示窗口中看到立体效果。

（7）图形算量软件构件定义包括两个步骤：① 输入截面尺寸或厚度；② 为构件匹配相应的清单项目和定额项目，即告诉软件算什么和怎样算。

（8）每一构件在完成上述操作后即可通过查看报表知道计算结果，每一步的操作对应不同的结果，人机交互过程一目了然，这是一种学习软件最有效的方法。

（9）学习软件要敢于动手，勇于尝试。俗话说师傅领进门，修行在个人。软件应用的熟练程度全在于个人的勤奋和努力。

从不同角度反映算量软件信息的报表如表 6.6、表 6.7 所示。

表 6.6 清单定额汇总表

<table>
<tr><th>序号</th><th>编码</th><th>项目名称</th><th>单位</th><th>工程量</th></tr>
<tr><td rowspan="2">1</td><td>010101003001</td><td>挖沟槽土方</td><td>m^3</td><td>89.505</td></tr>
<tr><td>01010004</td><td>人工挖沟槽、基坑 三类土 深度 2 m 以内</td><td>100 m^3</td><td>0.895 1</td></tr>
<tr><td rowspan="2">2</td><td>010103001001</td><td>回填方</td><td>m^3</td><td>36.254 5</td></tr>
<tr><td>01010125</td><td>人工夯填 基础</td><td>100 m^3</td><td>0.362 5</td></tr>
</table>

表 6.7 清单定额构件明细表

<table>
<tr><th>序号</th><th colspan="2">编码/楼层</th><th>项目名称/构件名称</th><th>单位</th><th>工程量</th></tr>
<tr><td>1</td><td colspan="2">010101003001</td><td>挖沟槽土方</td><td>m^3</td><td>89.505</td></tr>
<tr><td rowspan="4">1.1</td><td colspan="2">01010004</td><td>人工挖沟槽、基坑 三类土 深度 2 m 以内</td><td>100 m^3</td><td>0.895 1</td></tr>
<tr><td rowspan="3">绘图输入</td><td rowspan="2">基础层</td><td>JC-1</td><td>100 m^3</td><td>0.895 1</td></tr>
<tr><td>小 计</td><td>100 m^3</td><td>0.895 1</td></tr>
<tr><td colspan="2">合 计</td><td>100 m^3</td><td>0.895 1</td></tr>
<tr><td>2</td><td colspan="2">010103001001</td><td>回填方</td><td>m^3</td><td>36.254 5</td></tr>
<tr><td rowspan="4">2.1</td><td colspan="2">01010125</td><td>人工夯填 基础</td><td>100 m^3</td><td>0.362 5</td></tr>
<tr><td rowspan="3">绘图输入</td><td rowspan="2">基础层</td><td>JCHT-1-1[JCHT-1]</td><td>100 m^3</td><td>0.362 5</td></tr>
<tr><td>小 计</td><td>100 m^3</td><td>0.362 5</td></tr>
<tr><td colspan="2">合 计</td><td>100 m^3</td><td>0.362 5</td></tr>
</table>

第7章　工程的计价

7.1　纯手工算法

纯手工算法就是在规定的表格内用笔注写数字，用计算器计算。经过多年的实践和发展，清单计价使用的表格变得越来越复杂，从03清单的12个表格变成了13清单的10类38个表格，使得纯手工算法十分麻烦，而且效率低下，从而促使软件开发商不断地推陈出新，形成了普及化的电算计价大趋势。而纯手工算法作为一种学习的初步训练，也只用于平时的教学作业和考试，不用于课程设计和实际工程。主要的计价表格如何填制本章不再赘述，具体内容可见第10章第6节。

7.2　应用Excel手算

应用Excel的计价过程如下：

（1）按第10章第10.6节样式在Excel中制表。

（2）在各种计价表格的单元格中注写需要的字段、数字和计算式。

（3）在注写了计算式的单元格最左端输入等号“=”，按Enter键后Excel自动完成计算并显示结果。

注写计算式还有一种更快捷有效的方法，即在需要列式计算的单元格最左端输入等号“=”，用单击带有数据的其他单元格的方式将数据引入到公式内，此时公式显示单元格的位置代码，按Enter键后Excel自动完成计算并显示结果。

下面以表7.1所示分部分项工程计价表的操作为列例，介绍应用Excel的具体操作。

表7.1　分部分项工程计价表计算

	A	B	C	D	E	F	G	I
1	序号	项目编码	项目名称	项目特征	计量单位	工程量	金额/元	
							综合单价	合价
2	1	010101001001	平整场地	（省略）	m^2	79.36	7.62	604.72
3	2	010101003001	挖沟槽土方	（省略）	m^3	20.90	57.60	1 203.84

在表7.1中，合价等于工程量乘以综合单价，工程量和综合单价的数据是手工输入的，而合价是Excel完成计算后显示的结果。直观的操作是在“合价”单元格中直接输入计算式，按Enter键Excel自动完成计算。例如，平整场地的工程量为79.36 m^2，综合单价为7.62元，在“合价”单元格中直接输入计算式“= 79.36*7.62”，按Enter键后便得计算结果604.72。

本书介绍的方法：计算平整场地时，在“合价”单元格中直接输入“= _*_”，单击工程量为79.36的单元格，在“合价”单元格中显示为“= F2*_”，再单击综合单价为7.62的单元格，在“合价”单元格中显示为“ = F2*G2”，按 Enter 键后便得计算结果 604.72。而继续计算挖沟槽土方时，只需选中“合价”单元格，将光标移动到单元格右下角，此时会出现一个黑粗“十”字符，选中它并按住鼠标左键往下拖拉，松开鼠标后就显示结果为 1 203.84，因为此时“合价”单元格中的乘式已经被复制，若双击显示结果为 1 203.84 的“合价”单元格，则显示为“ = F3*G3”，即“20.9 × 57.6”。继续选中黑粗十字符往下拖拉，则继续重复上述计算，此方法可以在 Excel 表中需要的地方加以应用。

7.3　应用软件电算

无论何种计价软件，都需在各自独立开发的计算平台上挂接当地的定额库、材料价格库和计价规则而被应用于不同地区的计价。计价软件的操作方法大同小异，主要的操作流程如下：

（1）安装软件后，在计算机界面显示快捷方式图标。

（2）双击快捷方式图标启动计价软件。

（3）按导航的指引新建工程，填入工程名称，选挂清单库和定额库。

（4）在操作主界面一般会有不同计价过程的选项卡，如“工程概况”“分部分项”“单价措施”“人、材、机汇总”“总价措施”“其他项目”“费用汇总”“报表”等。选中需要操作的选项卡就可进入相应的操作界面。

（5）“分部分项”“单价措施”是需要人机对话的主要操作界面。主窗口从左到右类似 Excel 排列着“编码”“名称”“项目特征”“单位”“工程量表达式”“工程量”及许多被屏幕遮挡的单元格，选中“编码”单元格，可通过“查询”的方式选出相应的清单项和定额项，采用双击、拖拉及直接输入编码的方式都可以使清单项和定额项的相应编码、名称、计量单位、人、材、机单价出现在主窗口内。此步骤亦可称为“套定额”。

（6）在上述主窗口的“工程量表达式”单元格内输入工程量或工程量计算式，软件便会自动计算。直接切换到“报表”选项卡，就可以看到上述操作连锁反应产生数据的相应报表。这也是所见即所得，使用者可以通过这样的操作直观地感受到每一步操作带来的结果并将软件学习引向深入。

限于篇幅，本书对计价软件如何使用不再做过多的赘述，读者可以去阅读相应软件的操作指南。

第 8 章　说明书撰写

8.1　课程设计说明书的意义

课程设计的目的是通过训练提高能力，长达两周（10 个工作日）的集中训练，学生到底做了什么，怎样做的，做得如何都需要用一个文字的东西表达出来，这就是课程设计说明书。其撰写意义有以下几个方面。

（1）它是学生课程设计工作的总结。学生在校期间就应当通过各种渠道和教学环节，训练文字组织能力，思维表达能力，发现、分析、解决问题的能力，归纳总结的能力，撰写论文的能力。从某种意义上说，课程设计说明书是一种研究报告，也是一种课程论文。

（2）它是教师评分的依据之一。因为课程设计是初步的实作训练，大多数情况下教师只能是选择一套施工图让学生一起做。相同的工程对象、作业条件、软件平台，会使学生提交的成果相同，唯一不同的是工程量计算的差异和选套定额的差异，也使计算结果稍有不同。如何有效地给学生评分，并且要有区分度，用课程设计说明书评价是一个有效的方法。因为尽管要求一致，但学生每个人的理解不一样，做出的努力不一样，撰写的说明书就会不一样，就有了评分的区分度。

（3）它反映了专业办学的质量和水平。为保证高等教育培养质量，教育行政主管部门和行业主管部门建立了评估制度，凡申请的学校和专业都会有专家入校视察，而检查课程设计时，说明书就能使专家们了解到学生做了什么，怎样做的，收获如何。所以说课程设计说明书能反映一个专业办学的质量和水平。

课程设计说明书的内容在第 3 章第 3.4 节已阐述，在此不再赘述。

8.2　课程设计说明书的格式

1. 用纸规格和页面设置

在 Word 文档“文件”菜单下拉列表中选择“页面设置”，在“页面设置”浮动窗口“纸张”选项卡中选择纸张大小为 A4。

在“页面设置”浮动窗口“页边距”选项卡中选择设置：上边距选 2.5 cm，下边距选 2 cm，左边距选 2.5 cm，右边距选 2 cm，同时选择“纵向”。

若学校有指定用纸，按指定用纸格式设置页边距。

2. 正文字体字号和行距设置

正文一般采用五号宋体，单倍行距。

字体字号可在 Word 文档“格式”工具命令中选择设置。

行距设置在 Word 文档“格式”菜单下拉列表中选择“段落”，在“段落”浮动窗口“缩进与间距”选项卡中选择设置：对齐方式选两端对齐；大纲级别选正文文本；左缩进选 0 字符；右缩进选 0 字符；特殊格式选首行缩进；度量值选 2 字符；段前间距选 0 行；段后间距选 0 行；行距选单倍行距。

3. 标题层次及字号设置

撰写课程设计说明书犹如撰写论文，应通过多级标题表现课程设计说明书正文部分结构和层次，一般理工科大学的学报均采用技术规范的层次表达方式。

举例如下：

第一层次标题前用 1、2……数字后面不带任何标点符号，与标题文字空半个字符，设置为标题 1 格式，小四号黑体加粗，左边顶格不留空，段前段后 12 磅。

第二层次标题前用 1.1、1.2……两数字间是英文输入状态下的点“.” 数字后面不带任何标点符号，与标题文字空半个字符，设置为标题 2 格式，五号楷体加粗，左边顶格不留空，段前段后 12 磅。

第三层次标题前用 1.1.1、1.1.2……两数字间是英文输入状态下的点“.” 数字后面不带任何标点符号，与标题文字空半个字符，设置为标题 3 格式，五号黑体加粗，左边顶格不留空，段前段后 12 磅。

第四层次标题前用 1）、2）……括号后面不带任何标点符号，与标题文字不留空。设置为正文格式，五号宋体，左边缩进 2 字符，单倍行距。

第五层次用（1）、（2）……括号后面不带任何标点符号，后面紧接正文。设置为正文格式，五号宋体，左边缩进 2 字符，单倍行距。

第六层次用①、②……圆圈后面不带任何标点符号，后面紧接正文。设置为正文格式，五号宋体，左边缩进 2 字符，单倍行距。

具体写作时，并不是文档所有部分一律都要机械的设置六级层次，有时层次可能只有一级或两级，在设置了第一层次标题后，可以在下面紧跟正文部分，若需分段用 1）、2）……括号后面不带任何标点符号，与标题文字不留空。设置为正文格式，五号宋体，左边缩进 2 字符，后面紧接正文。格式设置范文如附录一所示。

4. 多级标题设置和目录生成操作

在 Word 文档中，标题设置和目录生成的操作方法如下：

（1）从“视图”菜单下拉列表中选择“工具栏”→“格式”，开启“格式工具栏”。

（2）从“视图”菜单下拉列表中选择“文档结构图”，开启“文档结构图”。

（3）在桌面“格式工具栏”内“格式设置”下拉菜单中分别对标题 1、标题 2、标题 3、正文进行设置（包括字体、字号、是否加粗）。此时桌面上左边会出现有多级标题的文档结构图（一般设置为三级）。点击文档结构图任何一处，右边文档就会随着变动，对文档阅览、修改十分方便。

（4）选择文档最前面一页为目录页，将光标停在“目录”正下方，从“插入”菜单下拉列表中选择“引用”→“索引和目录”，开启“索引和目录”。

（5）在“索引和目录”浮动窗口中设置“目录”为三级，选择“前导符”为“……”，单击“确定”，在目录页中就会自动生成与文档结构图一致的目录。

5. 参考资料注写格式

参考资料必须是学生在课程设计综合训练中真正应用到的，资料按照在正文中出现的顺序排列。各类资料的注写格式如下：

1）图书类的参考资料

序号 作者名. 书名[M]. 版次. 出版单位所在城市：出版单位，出版年.

如：[1] 张建平. 工程估价[M]. 3版. 北京：科学出版社，2014.

2）期刊类的参考资料

序号 作者名. 文集名[J]. 期刊名，年，卷（期）：引用部分起止页码.

如：[1] 张建平. 基于历史数据归纳分析的工程造价估价方法[J]. 建筑经济，2008（8）：9-26, 28.

第9章　成果整理与评价

9.1　成果的整理要求

课程设计成果包括以下内容。

1. 工程量计算书

手工计算的为表6.3样式的手写计算书，齐左边用订书机装订。

应用Excel计算的为表6.3样式的A4纸打印件，齐左边用订书机装订。

应用软件计算的，导出Excel表格编辑后用A4纸打印，或导出PDF格式后用A4纸打印，齐左边用订书机装订。

软件可导出的表格有许多样式，全部导出完全没有必要，从有利教师检查和评分的角度，导出以下表格是必要的。

（1）钢筋统计汇总表（包括措施费）。

（2）钢筋级别直径汇总表（包括措施费）。

（3）钢筋接头汇总表。

（4）清单定额汇总表。

（5）清单定额构件明细表。

2. 工程量清单文件

根据《建设工程工程量清单计价规范》（GB 50500—2013）规定，一份完整的工程量清单文件由以下表格组成。

（1）招标工程量清单封面。

（2）招标工程量清单扉页。

（3）总说明。

（4）分部分项工程清单。

（5）单价措施项目清单。

（6）总价措施项目清单。

（7）其他项目清单。

（8）规费与税金清单。

3. 招标控制价和投标报价文件

根据《建设工程工程量清单计价规范》（GB 50500—2013）规定，一份完整的单位工程招标控制价和投标报价文件由以下表格组成。

（1）招标控制价封面。

（2）招标控制价扉页。

（3）招标控制价总说明。

（4）单位工程招标控制价汇总表。

（5）分部分项工程计价表。

（6）分部分项工程综合单价分析表。

（7）单价措施项目计价表。

（8）单价措施项目综合单价分析表。

（9）总价措施项目计价表。

（10）其他项目计价汇总表。

（11）暂列金额明细表。

（12）材料（工程设备）暂估单价表。

（13）专业工程暂估价表。

（14）计日工表。

（15）总承包服务费计价表。

（16）规费与税金计价表。

（17）发包人提供材料和工程设备一览表。

以上 17 种表格，有数据的才需从软件中导出并打印装订。

4. 课程设计说明书

课程设计说明书应包括封面、目录、正文和参考资料。

正文即课程设计说明书需要撰写的全部内容。正文部分应按目录编排的章节顺序依次撰写，文字要简练通顺，插图可截取操作软件的页面并作必要的文字说明，表格要简洁规范。不要用“正文”二字作为课程设计说明书的大标题。

9.2 成果的装订要求

课程设计成果用 A4 纸打印，内容和装订顺序要求如下：

（1）课程设计说明书的装订要求。

① 封面——格式如图 9.1 所示。

② 任务书——格式如图 9.2 所示。

③ 目录——全部成果文件按顺序编排的总目录，要求层次清晰，给出标题与页码，一般按三级标题设置。由于学生难以在一个 Word 文档中编排所有成果文件，也就难以自动生成带页码的目录，所以要求学生手编页码并注写在目录中。

④ 正文——课程设计说明书分层次撰写的全部内容，应按章节顺序编排。

⑤ 参考资料。

（2）附件一：××工程的工程量计算书文件。

（3）附件二：××工程的工程量清单文件。

（4）附件三：××工程的招标控制价文件。

（5）附件四：内含全部成果电子版文件的光盘 1 张。

× ×大学

课程设计说明书

任务名称：________________________

院（系）：________________________

专业班级：________________________

学生姓名：________________________

学　　号：________________________

指导教师：________________________

起止时间：________________________

图 9.1　课程设计说明书封面

× × 大学

课程设计任务书

________________学院________________专业________________级

课程设计题目：________________________________

课程设计主要内容：

根据某三层商住楼建筑、结构施工图（建施图 5 张，结施图 14 张），独立完成“读图→列项→算量→套价→计费”等施工图预算的全部工作，编制某三层商住楼工程的“工程量清单”和“招标控制价”文件，并撰写“综合训练说明书”。“工程量清单”和“招标控制价”可利用计价软件编制并导出 Excel，所有成果文件最终用 A4 纸打印并装订成册提交（并附 1 张光盘）。

设计指导教师（签字）：________________

教学基层组织负责人（签字）：________________

年　　月　　日

图 9.2　课程设计任务书

9.3 成果的评分方法

课程设计综合训练的成绩可按优、良、中、及格、不及格五个等级综合评定。其成绩构成及评定方法如下：

（1）学习态度、学习纪律占总评成绩的 10%，可通过学生签到表评定。

（2）提交成果的完整性占总评成绩的 60%，可由指导教师在审阅全部设计成果后做出综合评价。

（3）总价的准确性占总评成绩的 10%，可将学生的成果数据与基准值比较偏差幅度后评定。

（4）综合单价的准确性占总评成绩的 10%，可由指导教师在评分时随意抽出某个项目的综合单价，将学生的成果数据与基准值比较偏差幅度后评定。

（5）工程量计算的准确性占总评成绩的 10%，可由指导教师在评分时随意抽出某个项目的工程量，将学生的成果数据与基准值比较偏差幅度后评定。

基准值的确定可有两种方式：一是在教师试作完成并认为可信度高的情况下，以教师试作数据为基准值；二是在教师来不及试作的情况下，以教师认为可信度高的 10 ~ 20 个学生成果数据去掉最高值、最低值取平均值为基准值。

评分的原则是公平、公正、有区分度，要让最努力的学生处于高分段，而只要遵守作息纪律、不偷懒、认真独立完成即便是成果数据偏差大的同学也能及格。

第 10 章　工程预算示例

10.1　设计说明及施工图

10.1.1　建筑设计说明

（1）本工程结构形式为砖混结构，建筑层数为一层，层高 3.0 m，建筑总高度 4.5 m（到屋脊顶），室内外高差 0.30 m，土壤类别为三类土。

（2）地面做法：80 mm 厚 C10 混凝土垫层，20 mm 厚 1∶2 水泥砂浆找平层，20 mm 厚 1∶2.5 水泥砂浆黏结层，600 mm × 600 mm × 10 mm 防滑地砖，门洞开口处铺贴花岗岩板。

（3）内墙面做法：13 mm 厚 1∶3 水泥砂浆抹灰层，8 mm 厚 1∶2 水泥砂浆粘贴 200 mm × 300 mm 瓷板墙面，高 2.9 m。

（4）外墙面做法：13 mm 厚 1∶3 水泥砂浆抹灰层，8 mm 厚 1∶2 水泥砂浆粘贴 200 mm × 300 mm 外墙面砖，缝宽 10 mm。

（5）独立柱面做法：13 mm 厚 1∶3 水泥砂浆抹灰层，刷米黄色彩砂喷涂涂料。

（6）天棚面做法：不上人 U 型轻钢龙骨，中距 600 mm × 400 mm，空腹 PVC 扣板吊顶，距地高度 2.9 m。

（7）屋面做法详见设计图。其中油毡瓦改用彩色水泥瓦。

（8）门窗做法如表 10.1 所示。其中木门采用成品带门套实木门，刷润油粉、调合漆两遍、磁漆一遍，安装 L 型执手锁、门轧头及猫眼。

表 10.1　门 窗 表

类型	设计代号	洞口尺寸/mm		数量	备　注
		宽	高		
窗	C-1	2 100	1 800	6	铝合金或塑钢推拉窗，居中立樘，窗框宽 100 mm
门	M-1	1 800	2 100	1	成品上、双开实木门，齐开启方向一侧立樘
	M-2	1 000	2 100	1	成品实木门，齐开启方向一侧立樘
	M-3	1 500	2 100	2	成品上、双开实木门，齐开启方向一侧立樘

（9）室外散水做法：厚 100 mm 泥结碎石垫层，宽 600 mm 厚 60 mm C15 混凝土，5 mm 厚 1∶2 水泥砂浆加浆抹光，原土打夯，建筑油膏嵌缝。

（10）室外台阶做法：M5.0 水泥砂浆砌筑标准砖，80 mm 厚混凝土垫层，面层做法同地面。

（11）室外地沟做法同图中厨房地沟大样图，沿散水外设置。盖板改为预制混凝土沟盖板，厚度为 50 mm。

建筑设计图如图 10.1 ~ 图 10.8 所示（注：本书图、表中所列尺寸，除标高及特别说明外，单位均为 mm）。

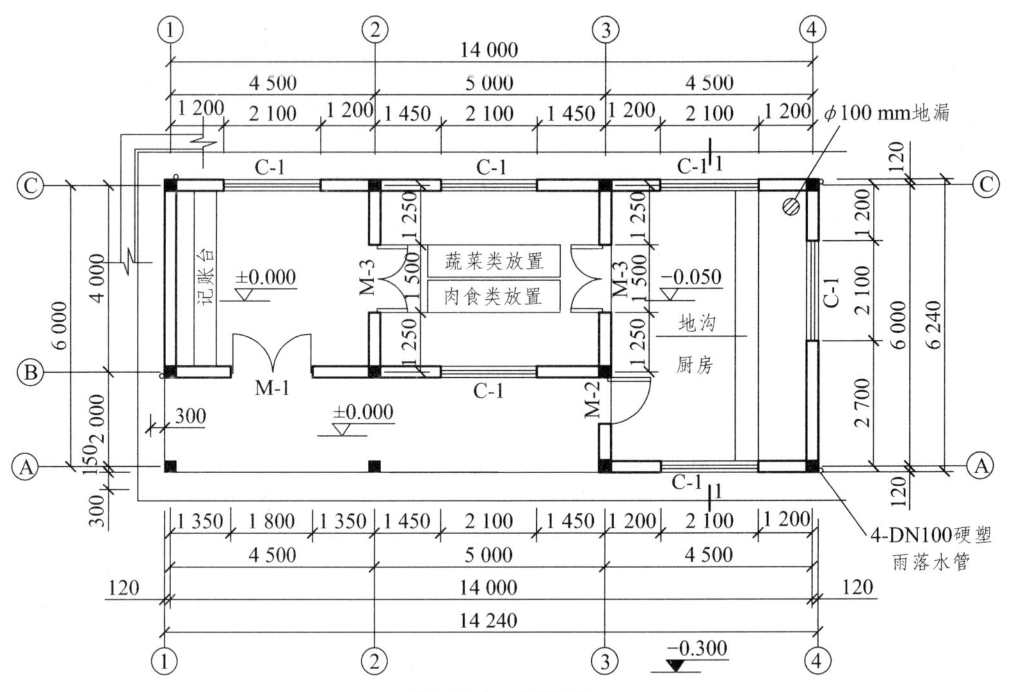

图 10.1 平面图

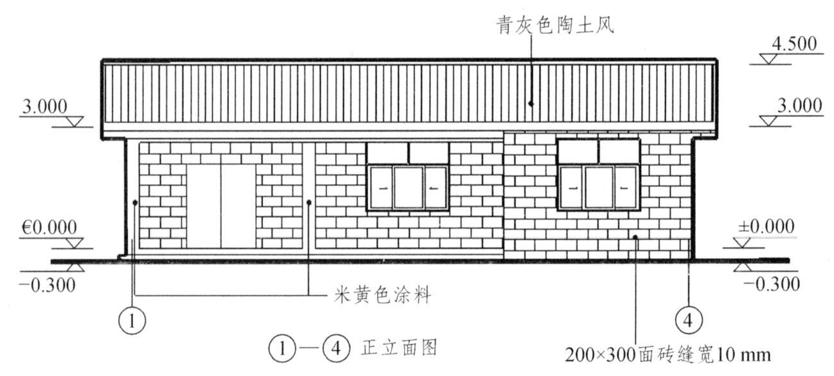

图 10.2 正立面图

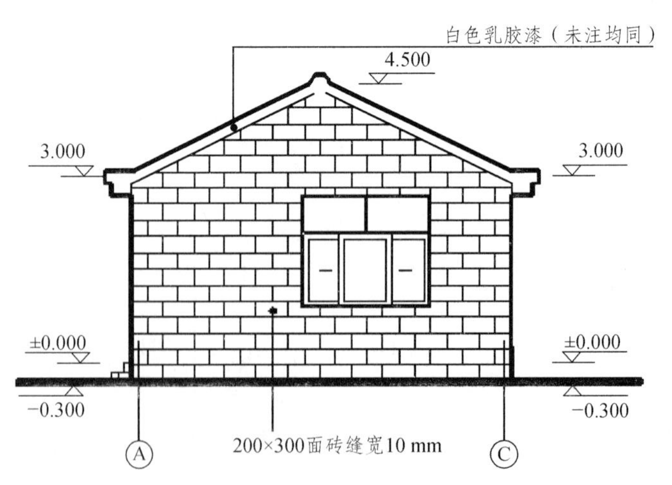

图 10.3 侧立面图

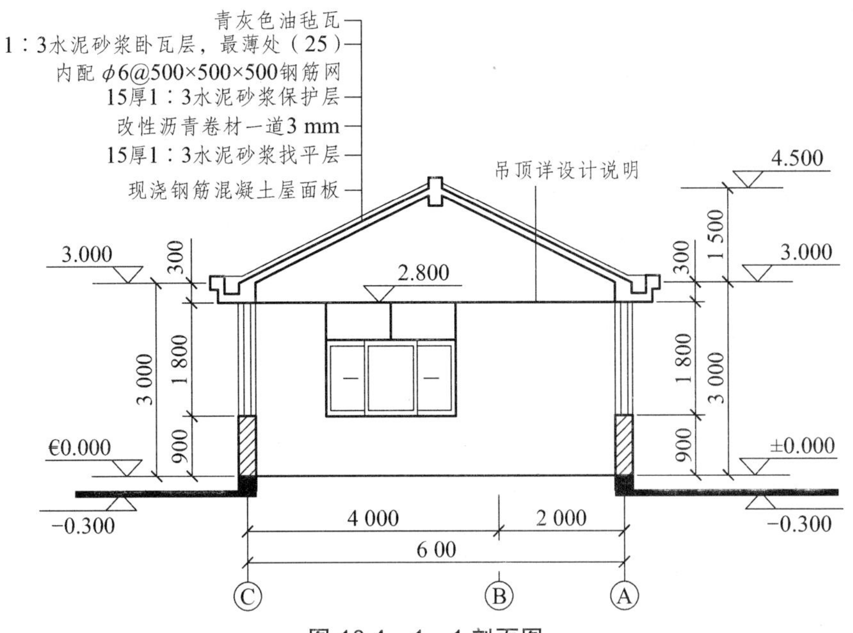

图 10.4　1—1 剖面图

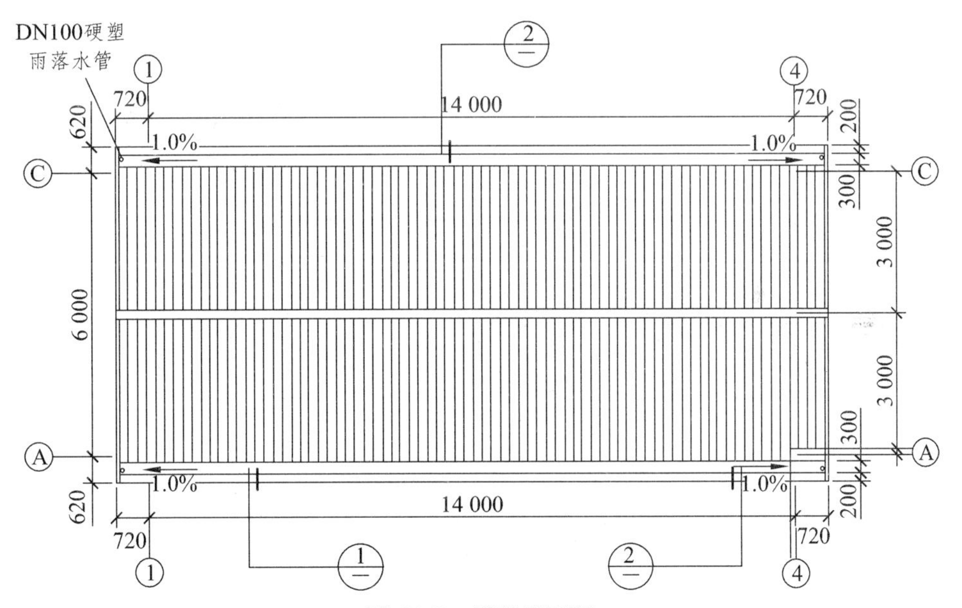

图 10.5　屋顶平面图

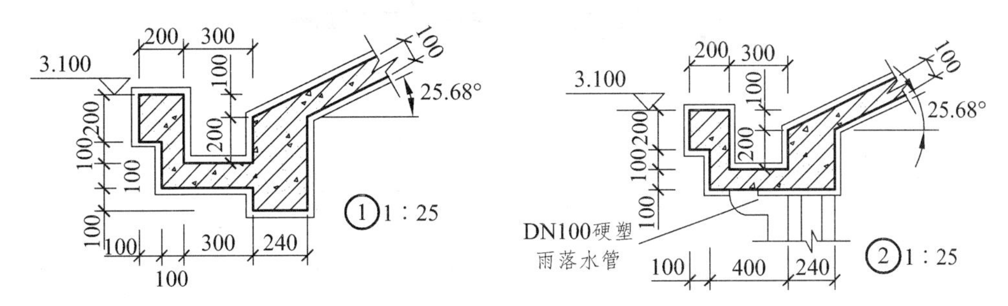

图 10.6　天沟大样图

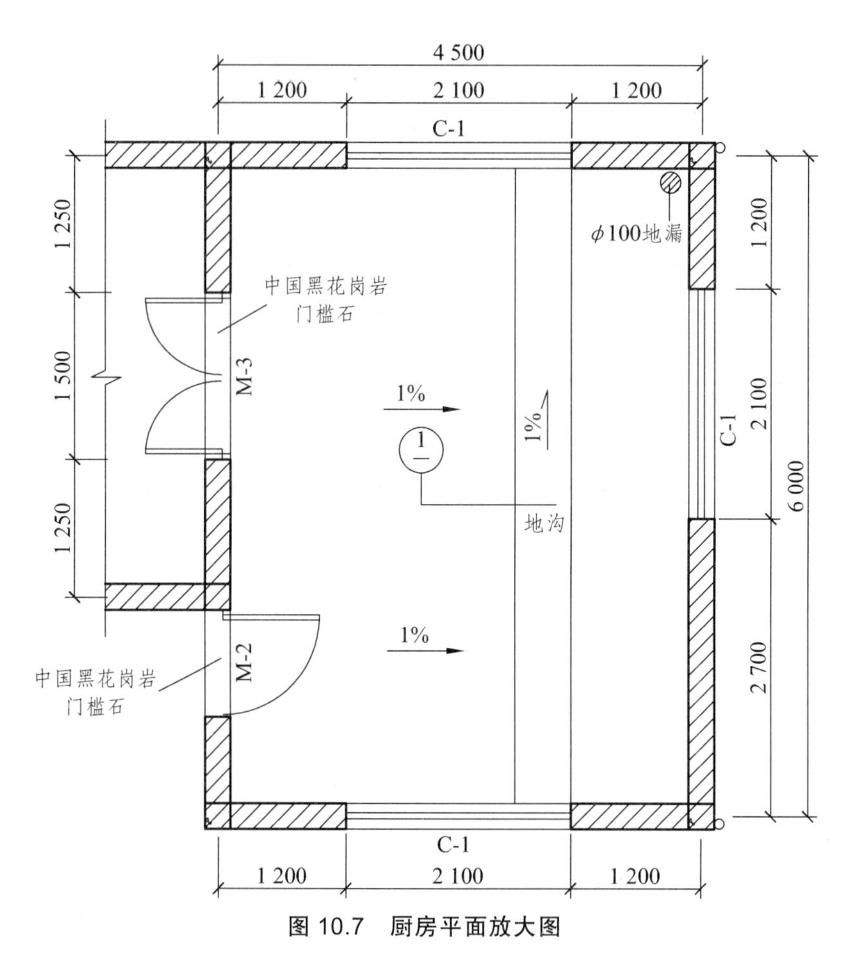

图 10.7　厨房平面放大图

25×25不锈钢方管栅
每块长900

500
100　300　100
100
350
100
M5水泥砂浆砌
MU10黏土实心砖
100　240　300　240　100
1：3防水砂浆25厚抹2%坡
100厚C20混凝土垫层

图 10.8　厨房地沟大样图

10.1.2　结构设计说明

（1）本工程为丙类建筑，建筑安全等级为二级，设计基准期为 50 年。

（2）本工程抗震设防为Ⅷ度，设计地震基本加速度为 0.20g，设计地震分组为第二组。

（3）钢筋采用 HPB235，$f_y = 210\ \text{N/mm}^2$，HRB400，$f_y = 360\ \text{N/mm}^2$。

（4）混凝土均为 C25。除图中标明者外，屋面现浇板横轴线上加设斜梁，梁截面 240 mm × 300 mm。3.0 m 标高处①、②横轴线上加设截面 240 mm × 400 mm 单梁，其余无梁的位置加设 240 mm × 300 mm 的圈梁。

（5）墙体为 240 mm 厚实心墙，MU10 标准砖，M5.0 混合砂浆砌筑。门洞上设置现浇混凝土过梁，长为门洞宽每边加 250 mm，截面为 240 mm × 180 mm。

（6）毛石基础采用 M5.0 水泥砂浆砌筑 MU30 平毛石。

结构设计图如图 10.9 ~ 图 10.11 所示。

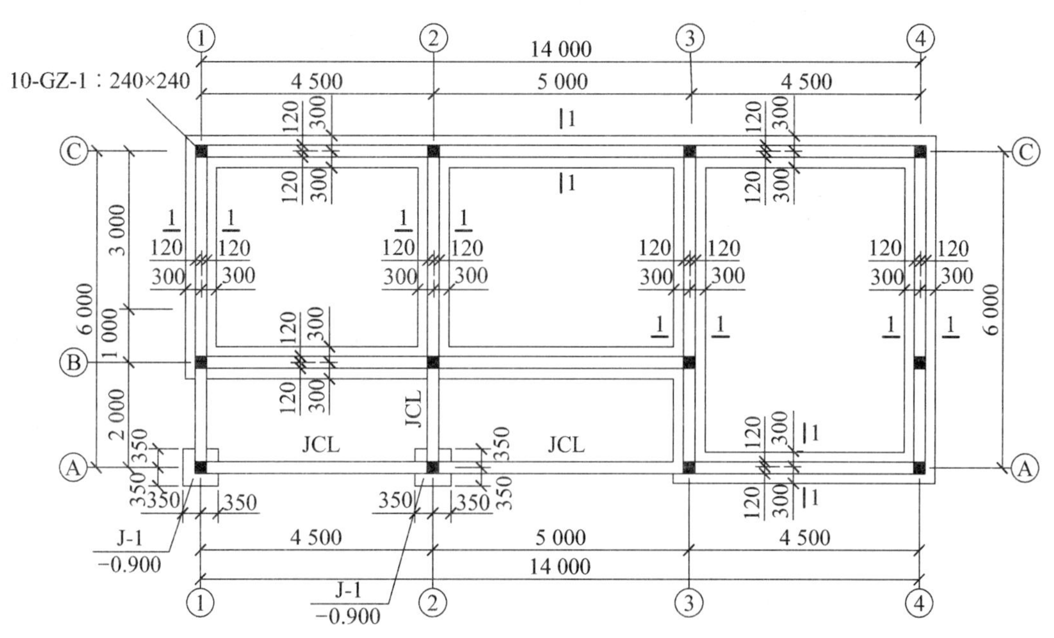

图 10.9　基础平面图

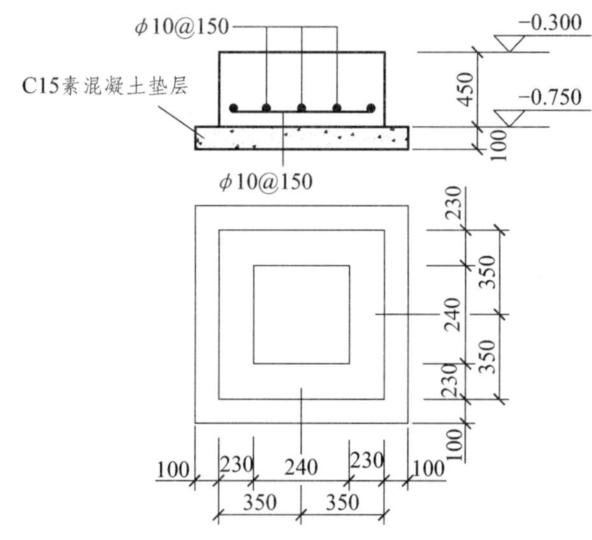

图 10.10　J-1 平面及配筋图

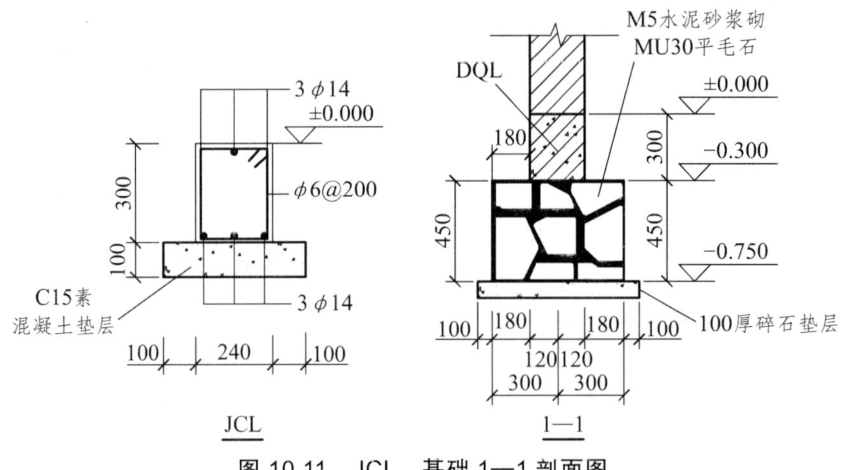

图 10.11 JCL、基础 1—1 剖面图

10.2 施工方案及列项

10.2.1 施工方案

本工程为单层建筑，规模不大，施工相对简单一些。按照常规，本工程采用以下施工方案。

（1）人工平整场地、开挖坑槽，挖出的土方在槽坑边自然堆放。余土采用人装自卸汽车运，运距 10 km。

（2）现浇混凝土采用商品混凝土，混凝土支模租赁组合式钢模。

（3）预制沟盖板由施工单位附属加工厂制作，运距 6 km。

（4）砌墙采用钢制里、外脚手架。

（5）垂直运输采用人力运输。

10.2.2 分部分项工程清单、定额列项

分部分项工程量清单项目列项依据《房屋建筑与装饰工程工程量计算规范》（GB 50854—2013）的项目划分标准进行；对应的定额项目列项依据《房屋建筑与装饰工程工程量计算规范》中每一清单分项目的工作内容要求，并对照设计图中的构造及施工工程做法、《云南省房屋建筑与装饰工程消耗量定额》（DBJ53/T-62—2013）的项目划分标准进行，如表 10.2 所示。

表 10.2 分部分项工程清单（定额）列项表

序号	编码	项目名称	单位
1	010101001001	平整场地	m^2
	01010121	人工场地平整	100 m^2
2	010101003001	挖沟槽土方	m^3
	01010004	人工挖沟槽、基坑 三类土 深度 2 m 以内	100 m^3
	01010102	人工装车 自卸汽车运土方 运距 1 km 以内	1 000 m^3
	01010103×9	人工装车 自卸汽车运土方 运距 每增加 1 km	1 000 m^3

续表

序号	编码	项目名称	单位
3	010101004001	挖基坑土方	m^3
	01010004	人工挖沟槽、基坑 三类土 深度 2 m 以内	100 m^3
4	010103001001	回填方（室内）	m^3
	01010124	人工夯填 地坪	100 m^3
5	010103001002	回填方（基础）	m^3
	01010125	人工夯填 基础	100 m^3
6	010401003001	实心砖墙	m^3
	01040009	混水砖墙 1 砖	10 m^3
7	010401012001	零星砌砖（室外台阶）	m^2
	01040084	砖砌台阶	100 m^2
	01010122	人工原土打夯	100 m^2
	01090012	地面垫层 混凝土地坪	10 m^3
8	010401014001	砖地沟、明沟（室外排水沟）	M
	01010004	人工挖沟槽、基坑 三类土 深度 2 m 以内	100 m^3
	01010124	人工夯填 地坪	100 m^3
	01010102	人工装车 自卸汽车运土方 运距 1 km 以内	1 000 m^3
	01010103×9	人工装车 自卸汽车运土方 运距 每增加 1 km	1 000 m^3
	01140221	砖砌排水沟（西南 11J812）深 400 mm 厚 240 mm 宽 260 mm（1a）	100 m
9	010401014003	砖地沟（室内）	M
	01010004	人工挖沟槽、基坑 三类土 深度 2 m 以内	100 m^3
	01010124	人工夯填 地坪	100 m^3
	01010102	人工装车 自卸汽车运土方 运距 1 km 以内	1 000 m^3
	01010103×9	人工装车 自卸汽车运土方 运距 每增加 1 km	1 000 m^3
	01140222	砖砌排水沟（西南 11J812）深 400 mm 厚 240 mm 宽 380 mm（1b）	100 m
	01080253	不锈钢篦子	10 m^2
10	010403001001	石基础	m^3
	01040040	石基础 平毛石	10 m^3
11	010404001001	垫层（碎石）	m^3
	01090005	地面垫层 碎石 干铺	10 m^3
12	010501001001	垫层（混凝土）	m^3
	01050068	商品混凝土施工 基础垫层 混凝土	10 m^3

续表

序号	编码	项目名称	单位
13	010501003001	独立基础	m^3
	01050072	商品混凝土施工 独立基础 混凝土及钢筋混凝土	$10\ m^3$
14	010502001001	矩形柱	m^3
	01050082	商品混凝土施工 矩形柱 断面周长 1.2 m 以内	$10\ m^3$
15	010502002001	构造柱	m^3
	01050088	商品混凝土施工 构造柱	$10\ m^3$
16	010503001001	基础梁（JCL）	m^3
	01050093	商品混凝土施工 基础梁	$10\ m^3$
17	010503002001	矩形梁	m^3
	01050094	商品混凝土施工 单梁连续梁	$10\ m^3$
18	010503004001	圈梁	m^3
	01050096	商品混凝土施工 圈梁	$10\ m^3$
19	010503004002	圈梁（DQL）	m^3
	01050096	商品混凝土施工 圈梁（DQL）	$10\ m^3$
20	010503005001	过梁	m^3
	01050097	商品混凝土施工 过梁	$10\ m^3$
21	010505001001	有梁板	m^3
	01050109	商品混凝土施工 有梁板	$10\ m^3$
22	010505007001	天沟	m^3
	01050128	商品混凝土施工 天沟	$10\ m^3$
23	010507001001	散水	m^2
	01090041	散水面层（商品混凝土）混凝土厚 60 mm	$100\ m^2$
	01090002	泥结碎石垫层	$100\ m^2$
	01010122	人工原土打夯	$100\ m^2$
	01080213	填缝 建筑油膏	100 m
24	010512008001	沟盖板	m^3
	01050173	预制混凝土 地沟盖板	$10\ m^3$
	01050214	预制构件运输 1 类 运距 1 km 以内	$10\ m^3$
	01050215×5	预制构件运输 1 类 运距 每增加 1 km 以内	$10\ m^3$
	01050318	预制平板安装 不焊接	$10\ m^3$
25	010515001001	现浇构件钢筋（ϕ10 内圆钢）	t
	01050352	现浇构件 圆钢 ϕ10 内	t

续表

序号	编码	项目名称	单位
26	010515001002	现浇构件钢筋（ϕ10 外圆钢）	t
	01050353	现浇构件 圆钢 ϕ10 外	t
27	010801002001	木质门带套（M-1）	樘
	01070012	木门安装 成品木门（带门套）	100 m^2
28	010801002002	木质门带套（M-2）	樘
	01070012	木门安装 成品木门（带门套）	100 m^2
29	010801002003	木质门带套（M-3）	樘
	01070012	木门安装 成品木门（带门套）	100 m^2
30	010801006001	门锁安装	个
	01070160	特殊五金安装 L 型执手锁	把
	01070163	特殊五金安装 门轧头（门碰珠）	副
	01070165	特殊五金安装 门眼（猫眼）	只
31	010807001001	金属窗（C-1）	樘
	01070074	铝合金窗（成品）安装 推拉窗	100 m^2
32	010901001001	瓦屋面	m^2
	01080003	彩色水泥瓦屋面 砂浆卧瓦	100 m^2
	01090019	找平层 水泥砂浆 硬基层上 20 mm	100 m^2
	01090020×-1	找平层 水泥砂浆 每增减 5 mm	100 m^2
	01080046	高聚物改性沥青防水卷材 满铺	100 m^2
	01090025	水泥砂浆 面层 20 mm 厚	100 m^2
	01090020×-1	水泥砂浆 每增减 5 mm	100 m^2
33	010902004001	屋面排水管	m
	01080094	塑料排水管 ϕ110	m
	01080098	塑料水斗 ϕ110	个
	01080100	塑料弯头 ϕ110	个
	01080089	铸铁水口 ϕ100	个
34	011102003001	块料楼地面	m^2
	01090013	地面垫层 混凝土地坪 商品混凝土	10 m^3
	01090019	找平层 水泥砂浆 硬基层上 20 mm	100 m^2
	01090108	陶瓷地砖 楼地面 周长在 2 400 mm 以内	100 m^2
35	011107002001	块料台阶	m^2
	01090112	陶瓷地砖台阶	100 m^2

续表

序号	编码	项目名称	单位
36	011202001001	梁柱面一般抹灰（独立柱）	m^2
	01100013	独立柱面一般抹灰	100 m^2
37	011204003001	块料墙面（内墙面）	m^2
	01100008	一般抹灰 水泥砂浆抹灰 内墙面 砖、混凝土基层（7+6+5）mm	100 m^2
	01100031×-8	一般抹灰砂浆厚度调整 水泥砂浆 每增减 1 mm	100 m^2
	01100134	瓷板 200 mm×300 mm 砂浆粘贴 墙面	100 m^2
38	011204003001	块料墙面（外墙面）	m^2
	01100001	一般抹灰 水泥砂浆抹灰 外墙面（7+7+6）mm 砖基层	100 m^2
	01100031×-6	一般抹灰砂浆厚度调整 水泥砂浆 每增减 1 mm	100 m^2
	01100147	外墙面 水泥砂浆粘贴面砖 周长 1 200 mm 以内	100 m^2
39	011302001001	吊顶天棚	m^2
	01110035	装配式 U 型轻钢天棚龙骨（不上人型）间距 600 mm×400 mm 平面	100 m^2
	01110128	天棚面层 空腹 PVC 扣板	100 m^2
40	011401001001	木门油漆	樘
	01120005	木材面油漆 润油粉、调合漆二遍、磁漆一遍 单层木门	100 m^2
41	011407001001	柱面喷刷涂料（独立柱）	m^2
	01120228	彩砂喷涂 抹灰面	100 m^2
42	011407004001	线条刷涂料	m
	01120240	刷白水泥浆二遍 抹灰面 光面	m^2

10.2.3 总价措施项目列项

措施项目列项依据《××省建设工程措施项目计价办法》规定的表格列项见表 10.3。

表 10.3 措施项目列项表

序号	项目名称	计量单位	计算方法	金额/元
1	安全文明施工费			
2	冬雨季施工、定位复测、生产工具用具使用等			

10.2.4 单价措施项目列项

单价措施项目列项依据《房屋建筑与装饰工程工程量计算规范》附录 S 的规定并结合工程实际需要列项，见表 10.4。

表 10.4 单价措施项目清单列项表

项次	细目编码	细目名称	项目特征	计量单位
1	011701002001	外脚手架	1. 搭设方式： 2. 搭设高度： 3. 脚手架材质：钢管架	m^2
2	011701003001	里脚手架		m^2
3	011702001001	基础模板	基础类型：混凝土独立基础	m^2
4	011702002001	矩形柱模板		m^2
5	011702003001	构造柱模板		m^2
6	011702005001	基础梁模板	梁截面形状：矩形	m^2
7	011702006001	矩形梁模板	支撑高度：2.7 m	m^2
8	011702008001	圈梁模板		m^2
9	011702009001	过梁模板		m^2
10	011702014001	有梁板模板	支撑高度：平均 3.75 m	m^2
11	011702022001	天沟模板	支撑高度：2.7 m	m^2

10.3 分部分项工程量计算

清单工程量依据《房屋建筑与装饰工程工程量计算规范》（GB 50584—2013）中的工程量计算规则计算，定额工程量依据《云南省房屋建筑与装饰工程消耗量定额》（DBJ53/T-61—2013）中的工程量计算规则计算，结果见表 10.5。

10.4 单价措施工程量计算

单价措施项目清单工程量依据《房屋建筑与装饰工程工程量计算规范》（GB 50500—2013）中的工程量计算规则计算，定额工程量依据《××省房屋建筑与装饰工程消耗量定额》中的工程量计算规则计算，结果见表 10.6。

10.5 工程量清单文件

依据《建设工程工程量清单计价规范》和《××省建设工程造价计价规则》规定的表格，工程量清单文件见表 10.7 ~ 10.16。

表 10.5　分部分项工程清单、定额工程量计算表

序	项目编码	项目名称	计量单位	工程量	计算式
1	010101001001	平整场地	m^2	79.36	计算说明：按首层建筑面积面积计算 $14.24\times6.24-(5+4.5)\times2\times0.5=79.36$（$m^2$）
定	01010121	人工场地平整	m^2	167.78	计算说明：按首层外墙外边线每边外放 2 m 所围面积计算 $(14.24+4)\times(6.24+4)-(5+4.5)\times2=167.78$（$m^2$）
2	010101003001	挖沟槽土方	m^3	20.90	石基槽：$(14+6)\times2\times0.8\times0.55+(4-0.4\times2)\times2\times0.8\times0.55=20.42$（$m^3$） JCL 槽：$(4.5-0.35\times2)\times0.44\times0.1+(5-0.35-0.3)\times0.44\times0.1+(2-0.35-0.3)\times0.44\times0.1\times2=0.48$（$m^3$） 小计：$20.42+0.48=20.90$（$m^3$）
定	01010004	人工挖沟槽、基坑 三类土 深度 2 m 以内	m^3	23.80	计算说明：按基底加工作面的面积乘以挖土深度计算，挖深过小，不需放坡 基槽：$(14+6)\times2\times(0.6+2\times0.15)\times0.55+(4-2\times0.3-2\times0.15)\times2\times(0.6+2\times0.15)\times0.55=22.87$（$m^3$） JCL 槽：$(4.5-0.35\times2-2\times0.3)\times(0.44+2\times0.3)\times0.1+(5-0.35-0.3-0.3-0.15)\times(0.44+2\times0.3)\times0.1+(2-0.35-0.3-0.3-0.15)\times(0.44+2\times0.3)\times0.1\times2=0.93$（$m^3$） 小计：$22.87+0.93=23.80$（$m^3$）
定	01010102	人工装车 自卸汽车运土方 运距 1 km 以内	m^3	1.93	$23.80+1.86-(8.23+12.41)\times1.15=1.93$（$m^3$）
定	01010103	人工装车 自卸汽车运土方 运距 每增加 1 km	m^3	1.93	$23.80+1.86-(8.23+12.41)\times1.15=1.93$（$m^3$）
3	010101004001	挖基坑土方	m^3	0.89	计算说明：按垫层底面积乘以挖土深度计算 基坑：$0.9\times0.9\times(0.45+0.1)\times2=0.89$（$m^3$）
定	01010004	人工挖沟槽、基坑 三类土 深度 2 m 以内	m^3	1.86	计算说明：按基底加工作面的面积乘以挖土深度计算，挖深过小，不需放坡 基坑：$(0.7+2\times0.3)\times(0.7+2\times0.3)\times(0.45+0.1)\times2=1.86$（$m^3$）

续表

序	项目编码	项目名称	计量单位	工程量	计算式
4	010103001001	回填方（室内）	m^3	12.41	（4.5－0.24）×（4－0.24）×0.17＋（5－0.24）×（4－0.24）×0.17＋（6－0.24）×（4.5－0.24）×0.17－（6－0.24）×0.3×0.17＋（4.5＋5－0.24）×（2－0.24）×0.17＝12.41（m^3）
定	01010124	人工夯填 地坪	m^3	12.41	同清单量
5	010103001002	回填方（基础）	m^3	4.36	20.9＋0.89－12.64－3.71－0.64－0.44＝4.36（m^3）
定	01010125	人工夯填 基础	m^3	8.23	23.80＋1.86－12.64－3.71－0.64－0.44＝8.23（m^3）
6	010401003001	实心砖墙	m^3	23.81	（14×2＋6×2－0.24×9＋4×2－0.24×2）×（0.9＋1.8）×0.24＋（6－0.24）×1.5/2×0.24×2＋（6－0.48）×1.2/2×0.24＋（3－0.48）×1.2/2×0.24＋（1.2＋0.7）/2×（1.0－0.12）×0.24＋（4.5＋5.0－0.24×2）×1.0×0.24－（3.78＋2.1＋6.3＋22.68）×0.24＝23.81（m^3）
定	01040009	混水砖墙 1砖	m^3	23.81	同清单量
7	010401012001	零星砌砖（台阶）	m^2	7.55	（2.0＋0.24＋0.6＋4.5＋5.0＋0.24）×0.6＝7.55（m^2）
定	01040084	砖砌台阶	m^2	7.55	同清单量
定	01010122	人工原土打夯	m^2	7.55	同清单量
定	01090012	地面垫层 混凝土地坪	m^3	0.76	7.55×0.1＝0.76（m^3）
8	010401014001	砖地沟（室外）	m	24.44	14.24＋0.6×2＋（0.24＋0.3＋0.24）＋6.24＋0.6×2＋（0.24＋0.3＋0.24）＝24.44（m）
定	01010004	人工挖沟槽、基坑 三类土 深度 2 m以内	m^3	13.17	24.44×（0.1＋0.24＋0.3＋0.24＋0.1）×（0.1＋0.35＋0.1）＝13.17（m^3）
定	01010124	人工夯填 地坪	m^3	2.2	13.17－24.44×（0.1＋0.24＋0.3＋0.24＋0.1）×0.1－24.44×（0.24＋0.3＋0.24）×（0.35＋0.1）＝2.2（m^3）
定	01010102	人工装车 自卸汽车运土方 运距 1 km以内	m^3	10.64	13.17－2.2×1.15＝10.64（m^3）
定	01010103×9	人工装车 自卸汽车运土方 运距 每增加1 km	m^3	10.64	13.17－2.2×1.15＝10.64（m^3）

续表

序	项目编码	项目名称	计量单位	工程量	计算式
定	01140221	砖砌排水沟（西南11J812）深 400 mm 厚 240 mm 宽 260 mm（1a）	m	24.44	同清单量
9	010401014001	砖地沟（厨房）	m	5.76	6－0.24＝5.76（m）
定	01010004	人工挖沟槽、基坑 三类土 深度 2 m 以内	m^3	3.10	5.76×（0.1＋0.24＋0.3＋0.24＋0.1）×（0.1＋0.35＋0.1）＝3.10（m^3）
定	01010124	人工夯填 地坪	m^3	0.51	3.1－5.76×（0.1＋0.24＋0.3＋0.24＋0.1）×0.1－5.76×（0.24＋0.3＋0.24）×（0.35＋0.1）＝0.51（m^3）
定	01010102	人工装车 自卸汽车运土方 运距 1 km 以内	m^3	2.51	3.10－0.51×1.15＝2.51（m^3）
定	01010103×9	人工装车 自卸汽车运土方 运距 每增加 1 km	m^3	2.51	3.10－0.51×1.15＝2.51（m^3）
定	01140222	砖砌排水沟（西南11J812）深 400 mm 厚 240 mm 宽 380 mm（1b）	m	5.76	同清单量
定	01080253	不锈钢篦子	m^2	2.88	5.76×0.5＝2.88（m^2）
10	010403001001	石基础	m^3	12.64	（14＋6）×2×0.6×0.45＋（4－0.3×2）×2×0.6×0.45＝12.64（m^3）
定	01040040	石基础 平毛石	m^3	12.64	同清单量
11	010404001001	垫层（碎石）	m^3	3.71	（14＋6）×2×0.8×0.1＋（4－0.4×2）×2×0.8×0.1＝3.71（m^3）
定	01090005	地面垫层 碎石 干铺	m^3	3.71	同清单量
12	010501001001	垫层（混凝土）	m^3	0.64	独基：0.9×0.9×0.1×2＝0.16（m^3） 基础梁：（4.5－0.35×2）×0.44×0.1＋（5－0.35－0.3）×0.44×0.1＋（2－0.35－0.3）×0.44×0.1×2＝0.48（m^3） 小计：0.16＋0.48＝0.64（m^3）
定	01050068	商品混凝土施工 基础垫层 混凝土	m^3	0.64	同清单量

续表

序	项目编码	项目名称	计量单位	工程量	计算式
13	010501003001	独立基础	m^3	0.44	$0.7\times0.7\times0.45\times2=0.44$（$m^3$）
定	01050072	商品混凝土施工 独立基础 混凝土及钢筋混凝土	m^3	0.44	同清单量
14	010502001001	矩形柱	m^3	0.38	$(3.0+0.3)\times0.24\times0.24\times2=0.38$（$m^3$）
定	01050082	商品混凝土施工 矩形柱 断面周长 1.2 m以内	m^3	0.38	同清单量
15	010502002001	构造柱	m^3	1.81	$2.7\times(0.072\times6+0.0792\times3)=1.81$（$m^3$）
定	01050088	商品混凝土施工 构造柱	m^3	1.81	同清单量
16	010503001001	基础梁（JCL）	m^3	0.90	$(4.5-0.24)\times0.24\times0.3+(5-0.24)\times0.24\times0.3+(2-0.24)\times0.24\times0.3\times2=0.903$（$m^3$）
定	01050093	商品混凝土施工 基础梁	m^3	0.90	同清单量
17	010503002001	矩形梁	m^3	1.15	$(6.0+0.12-0.12)\times0.24\times0.4\times2=1.152$（$m^3$）
定	01050094	商品混凝土施工 单梁连续梁	m^3	1.15	同清单量
18	010503004001	圈梁	m^3	1.48	$(6-0.24)\times0.24\times0.3\times2+(4.5+5.0-0.24\times2)\times0.24\times0.3=1.48$（$m^3$）
定	01050096	商品混凝土施工 圈梁	m^3	1.48	同清单量
19	010503004002	圈梁（DQL）	m^3	3.42	$(14+6)\times2\times0.3\times0.24+(4-0.24)\times0.3\times0.24\times2=3.42$（$m^3$）
定	01050096	商品混凝土施工 圈梁	m^3	3.42	同清单量
20	010503005001	过梁	m^3	0.33	$(1.8+0.5)\times0.18\times0.24+(1+0.25)\times0.18\times0.24+(1.5+0.5)\times0.18\times0.24\times2=0.33$（$m^3$）
定	01050097	商品混凝土施工 过梁	m	0.33	同清单量

续表

序	项目编码	项目名称	计量单位	工程量	计算式
21	010505001001	有梁板	m^3	14.21	现浇屋面板：107.71×0.1＝10.77（m^3） 脊梁：（14＋0.72×2）×0.24×0.2＝0.74（m^3） 边梁：（14＋0.72×2＋4.5＋0.72）×0.24×0.2＋（0.72＋4.5＋5.0－0.24×2）×0.24×0.2＝1.46（m^3） 斜梁：（6－0.24）×1.118×0.24×0.2×4＝1.24（m^3） 小计：10.77＋0.74＋1.46＋1.24＝14.21（m^3）
定	01050109	商品混凝土施工 有梁板	m^3	14.21	同清单量
22	010505007007	天沟	m^3	2.78	（14＋0.72×2）×（0.3×0.1＋0.2×0.1＋0.2×0.2）＝2.78（m^3）
定	01050128	商品混凝土施工 天沟	m^3	2.78	同清单量
23	010507001001	散水	m^2	18.61	计算说明：按首层外墙外边线长乘以散水宽再加四角面积 （14.24＋6.24＋4.0＋0.12＋4.5＋0.12）×0.6＋0.6×0.6×3＝18.61（m^3）
定	01090041	散水面层（商品混凝土）混凝土厚 60 mm	m^2	18.61	同清单量
定	01090002	泥结碎石垫层	m^3	1.86	18.61×0.1＝1.86（m^3）
定	01010122	人工原土打夯	m^2	18.61	同清单量
定	01080213	填缝 建筑油膏	m	29.22	14.24＋6.24＋4.0＋0.12＋4.5＋0.12＝29.22（m）
24	010512008001	沟盖板	m^3	0.60	23.88×0.5×0.05＝0.60（m^3）
定	01050173	预制混凝土地沟盖板	m^3	0.609	0.60×（1＋1.5%）＝0.609（m^3）
定	01050214	预制构件运输	m^3	0.608	0.60×（1＋1.3%）＝0.608（m^3）
定	01050325	预制板安装	m^3	0.60	同清单量

续表

序	项目编码	项目名称	计量单位	工程量	计算式
25	010515001001	现浇构件钢筋（ϕ10内圆钢）	t	0.028	（1）独立基础钢筋双向ϕ10@150
					单长：0.7－2×0.035＋12.5×0.01＝0.755（m）
					支数：（0.7－2×0.035）/0.15＋1＝6×2＝12（支）
					质量：0.755×12×0.617×2/1 000＝0.011（t）
					（2）JCL 箍筋ϕ6@200
					（0.3＋0.24）×2＝1.08（m）
					（4.5＋5＋2＋2）/0.2＋3＝71（支）
					1.08×71×0.222＝17.02（kg）＝0.017（t）
					（3）小计：0.011＋0.017＝0.028（t）
定	01050352	现浇构件 圆钢ϕ10内	t	0.028	同清单量
26	010515001002	现浇构件钢筋（ϕ10外圆钢）	t	0.107	JCL 主筋：（4.5＋5＋0.24＋12.5×0.014）×6×1.21＋（2＋0.24＋12.5×0.014）×6×2×1.21＝107（kg）＝0.107（t）
定	01050352	现浇构件 圆钢ϕ10外	t	0.107	同清单量
27	010801001001	木质门带套（M-1）	樘	1	按图示以数量计算
定	01070012	木门安装 成品木门（带门套）	m^2	3.78	1.8×2.1×1＝3.78（m^3）
28	010801001002	木质门带套（M-2）	樘	1	按图示以数量计算
定	01070012	木门安装 成品木门（带门套）	m^2	2.1	1.0×2.1×1＝2.1（m^3）
29	010801001003	木质门带套（M-3）	樘	2	按图示以数量计算
定	01070012	木门安装 成品木门（带门套）	m^2	6.3	1.5×2.1×2＝6.3（m^3）
30	010801006001	门锁安装	个	4	按图示以数量计算

续表

序	项目编码	项目名称	计量单位	工程量	计算式
定	01070160	特殊五金安装 L型执手锁	把	4	按图示以数量计算
定	01070163	特殊五金安装 门轧头（门碰珠）	副	4	按图示以数量计算
定	01070165	特殊五金安装 门眼（猫眼）	只	4	按图示以数量计算
31	010807001001	金属窗（C-1）	樘	6	按图示以数量计算
定	01070074	铝合金窗（成品）安装 推拉窗	m^2	22.68	$2.1\times1.8\times6=22.68$（$m^3$）
32	010901001001	瓦屋面	m^2	107.71	（$14+0.72\times2$）×（$6+0.24$）$\times1.118=107.71$（m^2）
定	01080003	彩色水泥瓦屋面 砂浆卧瓦	m^2	107.71	同清单量
定	01090019	找平层 水泥砂浆 硬基层上 20 mm	m^2	107.71	同清单量
定	01090020×－1	找平层 水泥砂浆 每增减 5 mm	m^2	107.71	同清单量
定	01080046	高聚物改性沥青防水卷材 满铺	m^2	107.71	同清单量
定	01090025	水泥砂浆 面层20 mm厚	m^2	107.71	同清单量
定	01090020×－1	水泥砂浆 每增减 5 mm	m^2	107.71	同清单量
33	010902004001	屋面排水管	m	12	（$0.3+0.9+1.8$）$\times4=12$（m）
定	01080094	塑料排水管ϕ110	m	12	同清单量
定	01080098	塑料水斗ϕ110	个	4	按图示以数量计算
定	01080100	塑料弯头ϕ110	个	4	按图示以数量计算
定	01080089	铸铁水口ϕ100	个	4	按图示以数量计算

续表

序	项目编码	项目名称	计量单位	工程量	计算式
34	011202003001	块料地面	m^2	76.96	计算说明：按室内实铺面积计算 房间 1：（4.5－0.24）×（4－0.24）＝16.02（m^2） 房间 2：（5－0.24）×（4－0.24）＝17.90（m^2） 厨房：（6－0.24）×（4.5－0.24）－（6－0.24）×0.5＝21.65（m^2） 走道：（4.5＋5）×2＝19.0（m^2） 门洞开口：（1.8＋1.0＋1.5×2）×0.24＝1.39（m^2） 小计：16.02＋17.9＋21.65＋19.0＋1.39＝76.96（m^2）
定	01090013	地面垫层 混凝土地坪 商品混凝土	m^2	7.46	（4.5－0.24）×（4－0.24）×0.08＋（5－0.24）×（4－0.24）×0.1＋（6－0.24）×（4.5－0.24）×0.1－（6－0.24）×0.3×0.1＋（4.5＋5－0.24）×（2－0.24）×0.1＝7.46（m^3）
定	01090108	陶瓷地砖 楼地面 周长在 2 400 mm 以内	m^2	74.57	（4.5－0.24）×（4－0.24）＋（5－0.24）×（4－0.24）＋（6－0.24）×（4.5－0.24）－（6－0.24）×0.5＋（4.5＋5）×2＝74.57（m^2）
定	01090073	花岗石楼地面 拼花	m^2	1.39	1.8×0.24＋1×0.24＋1.5×0.24×2＝1.39（m^2）
35	011107002001	块料台阶	m^2	7.55	（2.0＋0.24＋0.6＋4.5＋5.0＋0.24）×0.6＝7.55（m^2）
定	01090112	陶瓷地砖 台阶	m^2	7.55	同清单量
36	011202001001	梁柱面一般抹灰（独立柱）	m^2	5.18	（0.9＋1.8）×0.24×4×2＝5.18（m^2）
定	01100013	独立柱面一般抹灰、水泥砂浆	m^2	5.18	同清单量
37	011204003001	块料墙面（内墙面）	m^2	117.88	计算说明：按室内墙面积，减去门窗洞口面积，增加洞口侧壁面积 房间 1：（4.26×2＋3.76×2）×2.9－1.8×2.1－1.5×2.1－2.1×1.8＋（1.5＋2.1×2）×（0.24－0.09）＋（2.1×2＋1.8×2）×（0.24－0.1）/2＝37.21（m^2） 房间 2：（4.76×2＋3.76×2）×2.9－1.5×2.1×2－2.1×1.8×2＋（2.1×2＋1.8×2）×（0.24－0.1）/2×2＝36.65（m^2） 厨房：（5.76×2＋4.26×2）×2.9－1×2.1－1.5×2.1－2.1×1.8×3＋（1.5＋2.1×2）×（0.24－0.09）＋（2.1×2＋1.8×2）×（0.24－0.1）/2×3＝44.02（m^2） 小计：37.21＋36.65＋44.02＝117.88（m^2）

续表

序	项目编码	项目名称	计量单位	工程量	计算式
定	01100008	一般抹灰 水泥砂浆抹灰 内墙面 砖、混凝土基层（7+6+5）mm	m^2	112.9	（4.26×2+3.76×2）×2.9−1.8×2.1−1.5×2.1−2.1×1.8+（4.76×2+3.76×2）×2.9−1.5×2.1×2−2.1×1.8×2+（5.76×2+4.26×2）×2.9−1×2.1−1.5×2.1−2.1×1.8×3=112.9（m^2）
定	01100031×−5	一般抹灰砂浆厚度调整 水泥砂浆 每增减 1 mm	m^2	112.9	（4.26×2+3.76×2）×2.9−1.8×2.1−1.5×2.1−2.1×1.8+（4.76×2+3.76×2）×2.9−1.5×2.1×2−2.1×1.8×2+（5.76×2+4.26×2）×2.9−1×2.1−1.5×2.1−2.1×1.8×3=112.9（m^2）
定	01100134	瓷板 200 mm×300 mm 砂浆粘贴 墙面	m^2	117.88	同清单量
38	011204003002	块料墙面（外墙面）	m^2	114.26	计算说明：按室外墙面积，减去门窗洞口面积，增加洞口侧壁面积
					外墙：（4+0.24+14.24+6.24+4.5+0.24）×（3+0.3）−2.1×1.8×5+（2.1×2+1.8×2）×（0.24−0.09）/2×5=81.24（m^2）
					山墙：6.24×1.5/2×2=9.36（m^2）
					走道：（4.5+5+2）×2.7−1.8×2.1+（1.8+2.1×2）×（0.24−0.09）−1×2.1+（1+2.1×2）×（0.24−0.09）−2.1×1.8+（2.1×2+1.8×2）×（0.24−0.09）/2=23.66（m^2）
					小计：81.24+9.36+23.66=114.26（m^2）
定	01100001	一般抹灰 水泥砂浆抹灰 外墙面（7+7+6）mm 砖基层	m^2	112.76	（4+0.24+14.24+6.24+4.5+0.24）×（3+0.3）−2.1×1.8×5+6.24×1.5/2×2+（4.5+5+2）×2.7−1.8×2.1+（1.8+2.1×2）×（0.24−0.09）−1×2.1+（1+2.1×2）×（0.24−0.09）−2.1×1.8=112.76（m^2）
定	01100031×−7	一般抹灰砂浆厚度调整 水泥砂浆 每增减 1 mm	m^2	112.76	（4+0.24+14.24+6.24+4.5+0.24）×（3+0.3）−2.1×1.8×5+6.24×1.5/2×2+（4.5+5+2）×2.7−1.8×2.1+（1.8+2.1×2）×（0.24−0.09）−1×2.1+（1+2.1×2）×（0.24−0.09）−2.1×1.8=112.76（m^2）
定	01100147	外墙面 水泥砂浆粘贴面砖 周长 1 200 mm 以内	m^2	114.26	同清单量
39	011302001001	吊顶天棚	m^2	74.34	计算说明：按室内净空面积计算
					房间 1：（4.5−0.24）×（4−0.24）=16.02（m^2）
					房间 2：（5−0.24）×（4−0.24）=17.90（m^2）

续表

序	项目编码	项目名称	计量单位	工程量	计算式
39	011302001001	吊顶天棚	m^2	74.34	厨房：（6－0.24）×（4.5－0.24）＝24.54（m^2） 外廊：（4.5＋5－0.24×2）×（2－0.24）＝15.88（m^2） 小计：16.02＋17.9＋24.54＋15.88＝74.34（m^2）
定	01110035	装配式U型轻钢天棚龙骨（不上人型），龙骨间距 600 mm×400 mm 平面	m^2	74.34	同清单量
定	01110128	天棚面层 空腹 PVC 扣板	m^2	74.34	同清单量
40	011401001001	木门油漆	樘	4	按图示以数量计算
定	01120005	木材面油漆 润油粉、调合漆二遍、磁漆一遍 单层木门	m^2	12.18	1.8×2.1×1＋1.0×2.1×1＋1.5×2.1×2＝12.18（m^2）
41	011407001001	柱面喷刷涂料	m^2	5.18	（0.9＋1.8）×0.24×4×2＝5.18（m^2）
定	01120228	彩砂喷涂	m^2	5.18	同清单量
42	011407004001	线条刷涂料	m	15.55	6.24×1.118×2＋0.4×4＝15.55（m）
定	112024	刷白水泥浆二遍 抹灰面 光面	m^2	4.91	6.24×1.118×0.3×2＋（0.4×0.4＋0.2×0.1）×4＝4.91（m^2）

表 10.6　单价措施项目清单、定额工程量计算表

序	编码	项目名称	计量单位	工程量	计算式
1	011701002001	外脚手架	m^2	165.89	（14.24＋6.24）×2×（3.75＋0.3）＝165.89（m^2）
			m^2	165.89	同清单量
2	011701003001	里脚手架	m^2	15.23	（4－0.24）×（3.75＋0.3）＝15.23（m^2）
			m^2	15.23	同清单量
3	011702001001	基础模板	m^2	2.52	0.35×8×0.45×2＝2.52（m^2）
			m^2	2.52	同清单量
4	011702002001	矩形柱模板	m^2	2.88	（0.3＋0.9＋1.8）×0.24×4＝2.88（m^2）
			m^2	2.88	同清单量
5	011702003001	构造柱模板	m^2	12.64	（0.9＋1.8）×（0.36×3＋0.3×12）＝12.64（m^2）
			m^2	12.64	同清单量
6	011702005001	基础梁模板	m^2	7.52	（4.5＋5.0－0.12×4＋2×2－0.12×4）×0.3×2＝7.52（m^2）
			m^2	7.52	同清单量
7	011702006001	矩形梁模板	m^2	2.96	（2－0.24）×（0.3＋0.24＋0.3）×2＝2.96（m^2）
			m^2	2.96	同清单量
8	011702008001	圈梁模板	m^2	16.26	（4.5＋5.0－0.24×2＋6×2－0.24×4＋4×2－0.24×4）×（0.3＋0.3）＝16.26（m^2）
			m^2	16.26	同清单量
9	011702009001	过梁模板	m^2	4.11	（1.8＋0.25＋1.0＋0.25×2＋1.5＋0.25×2＋1.5＋0.25×2）×（0.18＋0.18）＋（1.8＋1.0＋1.5×2）×0.24＝4.11（m^2）
			m^2	4.11	同清单量
10	011702014001	有梁板模板	m^2	136.54	107.71＋（14＋0.72×2）×0.3×4＋（6－0.24）×1.118×0.2×8＝136.54（m^2）
			m^2	136.54	同清单量
11	011702022001	天沟模板	m^2	43.23	（14＋0.72×2）×（0.4＋0.1＋0.4＋0.3＋0.2）×2＝43.23（m^2）
			m^2	43.23	同清单量

表 10.7　工程量清单封面（封-1）

<table>
<tr><td>

某单层建筑　工程

招标工程量清单

招　标　人：××工程建设指挥部
（单位盖章）

造价咨询人：××工程造价咨询公司
（单位盖章）

</td></tr>
</table>

表 10.8　工程量清单扉页（扉-1）

<table>
<tr><td colspan="2">

某单层建筑　工程

招标工程量清单

</td></tr>
<tr><td>招　标　人：××工程建设指挥部
（单位盖章）</td><td>造价咨询人：××工程造价咨询公司
（单位盖章）</td></tr>
<tr><td>法定代表人
或其授权人：
（签字或盖章）</td><td>法定代表人
或其授权人：
（签字或盖章）</td></tr>
<tr><td>编　制　人：
（造价人员签字盖专用章）</td><td>复　核　人：
（造价工程师签字盖专用章）</td></tr>
<tr><td>编制时间：　　年　　月　　日</td><td>复核时间：　　年　　月　　日</td></tr>
</table>

表 10.9　总说明（表-01）

工程名称：某单层建筑　　　　标段：　　　　第 1 页　共 1 页

1. 工程概况：

① 建设规模：本工程为单层建筑，建筑面积 79.36 m^2。

② 工程特征：砖混结构；240 mm 厚内外实心墙；墙下平毛石带形基础；柱下钢筋混凝土独立基础；混凝土基础梁、独立柱、圈梁、构造柱、屋盖；彩色水泥瓦防水屋面；陶瓷地砖地面；白瓷板内墙面；陶瓷面砖外墙面；PVC 扣板天棚；带套实木门；铝合金推拉窗。

③ 计划工期：60 天。

④ 施工现场实际情况：城市次干道附近，三通一平完成，有空地可使用。

⑤ 自然地理条件：地势平坦，交通便利。

⑥ 环境保护要求：建筑周边有大树，注意保护。

2. 工程招标发包范围：施工图标明的全部工程内容。

3. 工程量清单编制依据：

① ××设计院所出××单层建筑施工图。

②《房屋建筑与装饰工程工程量计算规则》（GB 50854—2013）。

③《云南省建设工程造价计价规则》（DBJ 53/T-58—2013）。

④ 常规施工方案。

4. 工程质量、材料、施工等的特殊要求：工程质量一次验收合格；材料必须进场检验，合格后方能使用；施工中注意控制扬尘。

5. 其他需要说明的问题：本工程由于工期紧，结构配筋图部分暂缺，投标人可报出钢筋制安项目的综合单价，工程完工时最后结算，为此可列计暂列金额 20 000 元。

表 10.10　分部分项工程清单（表-08）

工程名称：某单层建筑　　　　标段：　　　　

序号	项目编码	项目名称	项目特征	计量单位	工程量	金额/元				
						综合单价	合价	其中		
								人工费	机械费	暂估价
1	010101001001	平整场地	土壤类别：三类土	m^2	79.36					
2	010101003001	挖沟槽土方	1. 土壤类别：三类土。 2. 挖土深度：0.55 m。 3. 弃土运距：10 km	m^3	20.9					
3	010101004001	挖基坑土方	1. 土壤类别：三类土。 2. 挖土深度：0.55 m	m^3	0.89					
4	010103001001	回填方（室内）	1. 填方材料品种：原土。 2. 填方来源、运距：坑槽边	m^3	12.41					
5	010103001002	回填方（基础）	1. 填方材料品种：原土。 2. 填方来源、运距：坑槽边	m^3	4.36					
6	010401003001	实心砖墙	1. 砖品种、规格、强度等级：标准砖、240 mm×115 mm×53 mm、MU10。 2. 墙体类型：直形墙。 3. 砂浆强度等级、配合比：M5.0 混合砂浆	m^3	23.81					
7	010401012001	零星砌砖（室外台阶）	1. 零星砌砖名称、部位：室外台阶。 2. 砖品种、规格、强度等级：标准砖、240 mm×115 mm×53 mm、MU10。 3. 砂浆强度等级、配合比：M5.0 水泥砂浆。 4. 垫层种类、强度等级：C15 商品混凝土	m^2	7.55					

续表

工程名称：某单层建筑　　　　标段：　　　　第 2 页　共 7 页

序号	项目编码	项目名称	项目特征	计量单位	工程量	金额/元				
						综合单价	合价	其中		
								人工费	机械费	暂估价
8	010401014001	砖地沟（室外排水沟）	1. 砖品种、规格、强度等级：标准砖、240 mm×115 mm×53 mm、MU10。 2. 沟截面尺寸：400 mm×260 mm	m	24.44					
9	010401014003	砖地沟（室内）	1. 砖品种、规格、强度等级：标准砖、240 mm×115 mm×53 mm、MU10。 2. 沟截面尺寸：350 mm×300 mm。 3. 垫层材料种类、厚度：混凝土、厚 100 mm。 4. 混凝土强度等级：C20。 5. 砂浆强度等级：M5.0 水泥砂浆。 6. 盖板品种：不锈钢篦子	m	5.76					
10	010403001001	石基础	1. 石料种类、规格：平毛石、MU30。 2. 基础类型：带型。 3. 砂浆强度等级：M5.0 水泥砂浆	m^3	12.64					
11	010404001001	垫层（碎石）	垫层材料种类、配合比、厚度：碎石、100 mm	m^3	3.71					
12	010501001001	垫层（混凝土）	1. 混凝土种类：商品混凝土。 2. 混凝土强度等级：C15	m^3	0.64					
13	010501003001	独立基础	1. 混凝土种类：商品混凝土。 2. 混凝土强度等级：C25	m^3	0.44					
14	010502001001	矩形柱	1. 混凝土种类：商品混凝土。 2. 混凝土强度等级：C25	m^3	0.38					

续表

工程名称：某单层建筑　　　　标段：　　　　第 3 页　共 7 页

序号	项目编码	项目名称	项目特征	计量单位	工程量	金额/元				
						综合单价	合价	其中		
								人工费	机械费	暂估价
15	010502002001	构造柱	1. 混凝土种类：商品混凝土。 2. 混凝土强度等级：C25	m^3	1.81					
16	010503001001	基础梁（JCL）	1. 混凝土种类：商品混凝土。 2. 混凝土强度等级：C25	m^3	0.9					
17	010503002001	矩形梁	1. 混凝土种类：商品混凝土。 2. 混凝土强度等级：C25	m^3	1.15					
18	010503004001	圈梁	1. 混凝土种类：商品混凝土。 2. 混凝土强度等级：C25	m^3	1.48					
19	010503004002	圈梁（DQL）	1. 混凝土种类：商品混凝土。 2. 混凝土强度等级：C25	m^3	3.42					
20	010503005001	过梁	1. 混凝土种类：商品混凝土。 2. 混凝土强度等级：C25	m^3	0.33					
21	010505001001	有梁板	1. 混凝土种类：商品混凝土。 2. 混凝土强度等级：C25	m^3	14.21					
22	010505007001	天沟	1. 混凝土种类：商品混凝土	m^3	2.78					
23	010507001001	散水	1. 垫层材料种类、厚度：泥结碎石、100 mm。 2. 面层厚度：5 mm，1：2 水泥砂浆。 3. 混凝土种类：商品混凝土。 4. 混凝土强度等级：C15。 5. 变形缝填塞材料种类：建筑油膏	m^2	18.61					
24	010512008001	沟盖板、井盖板、井圈	1. 单件体积：0.013 m^3。 2. 安装高度：−0.3 m。 3. 混凝土强度等级：C25	m^3	0.6					

工程名称：某单层建筑　　　　标段：　　　　

序号	项目编码	项目名称	项目特征	计量单位	工程量	金额/元				
						综合单价	合价	其中		
								人工费	机械费	暂估价
25	010515001001	现浇构件钢筋	钢筋种类、规格：HPB 10 内	t	0.028					
26	010515001002	现浇构件钢筋	钢筋种类、规格：HPB 10 外	t	0.107					
27	010801002001	木质门带套（M-1）	门代号及洞口尺寸：M-1、1 800 mm×2 100 mm	樘	1					
28	010801002002	木质门带套（M-2）	门代号及洞口尺寸：M-2、1 000 mm×2 100 mm	樘	1					
29	010801002003	木质门带套（M-3）	门代号及洞口尺寸：M-3、1 500 mm×2 100 mm	樘	2					
30	010801006001	门锁安装	1. 锁品种：L 型执手插锁。 2. 其他：门轧头、猫眼	个	4					
31	010807001001	金属窗（C-1）	1. 窗代号及洞口尺寸：C-1、2 100 mm×1 800 mm。 2. 框、扇材质：铝合金。 3. 玻璃品种、厚度：4 mm 厚平板玻璃	樘	6					
32	010901001001	瓦屋面	1. 瓦品种、规格：彩色水泥瓦。 2. 黏结层砂浆的配合比：1∶3 水泥砂浆。 3. 防水层品种：高聚物改性沥青防水高聚物改性沥青卷材。 4. 找平层材料、厚度：1∶3 水泥砂浆，15 mm。 5. 保护层材料、厚度：1∶3 水泥砂浆，15 mm	m^2	107.71					

续表

工程名称：某单层建筑　　　　标段：　　　　第 5 页　共 7 页

序号	项目编码	项目名称	项目特征	计量单位	工程量	金额/元				
						综合单价	合价	其中		
								人工费	机械费	暂估价
33	010902004001	屋面排水管	1. 排水管品种、规格：塑料管，ϕ110。 2. 雨水斗、山墙出水口品种、规格：塑料水斗，铸铁水口，塑料弯头。 3. 接缝、嵌缝材料种类：密封胶	m	12					
34	011102003001	块料楼地面	1. 找平层厚度、砂浆配合比：20 mm、1∶2 水泥砂浆。 2. 结合层厚度、砂浆配合比：20 mm、1∶2.5 水泥砂浆。 3. 面层材料品种、规格、颜色：600 mm×600 mm×10 mm 防滑地砖。 4. 嵌缝材料种类：白水泥。 5. 门洞开口处：花岗岩板	m^2	76.96					
35	011107002001	块料台阶面	1. 黏结材料种类：20 mm 厚 1∶2 水泥砂浆。 2. 面层材料品种、规格、颜色：600 mm×600 mm 防滑地砖。 3. 勾缝材料种类：白水泥	m^2	7.55					
36	011202001001	柱、梁面一般抹灰	1. 柱（梁）体类型：混凝土。 2. 底层厚度、砂浆配合比：13 mm，厚 1∶3 水泥砂浆	m^2	5.18					

续表

工程名称：某单层建筑　　　　标段：　　　　第 6 页　共 7 页

序号	项目编码	项目名称	项目特征	计量单位	工程量	金额/元				
						综合单价	合价	其中		
								人工费	机械费	暂估价
37	011204003001	块料墙面（内墙面）	1. 墙体类型：砖墙。 2. 安装方式：8 mm 厚 1∶2 砂浆粘贴。 3. 面层材料品种、规格、颜色：200 mm×300 mm 瓷板墙面。 4. 缝宽、嵌缝材料种类：白水泥。 5. 底层抹灰材料：13 mm，厚 1∶3 水泥砂浆	m^2	117.88					
38	011204003002	块料墙面（外墙面）	1. 墙体类型：砖墙。 2. 安装方式：8 mm 厚 1∶2 水泥砂浆粘贴。 3. 面层材料品种、规格、颜色：200 mm×300 mm 外墙面砖。 4. 缝宽、嵌缝材料种类：10 mm、1∶3 水泥砂浆。 5. 底层抹灰材料：13 mm 厚 1∶3 水泥砂浆	m^2	114.26					
39	011302001001	吊顶天棚	1. 吊顶形式、吊杆规格、高度：梁下悬吊，最高处 1.6 m。 2. 龙骨材料种类、规格、中距：不上人 U 形轻钢龙骨、中距 600 mm×400 mm。 3. 面层材料品种、规格：空腹 PVC 扣板	m^2	74.34					

续表

工程名称：某单层建筑　　　　标段：　　　　第 7 页　共 7 页

序号	项目编码	项目名称	项目特征	计量单位	工程量	金额/元				
						综合单价	合价	其中		
								人工费	机械费	暂估价
40	011401001001	木门油漆	1. 门类型：实木门。 2. 门代号及洞口尺寸：M-1、M-2、M-3。 3. 腻子种类：润油粉。 4. 刮腻子遍数：二遍。 5. 油漆品种、刷漆遍数：调合漆二遍、磁漆一遍	樘	4					
41	011407001001	柱面喷刷涂料	1. 基层类型：抹灰面。 2. 喷刷涂料部位：柱面。 3. 涂料品种、喷刷遍数：彩砂喷涂 二遍	m^2	5.18					
42	011407004001	线条刷涂料	1. 线条宽度：0.3 m。 2. 刷防护材料、油漆：白水泥浆	m	15.55					

表 10.11　单价措施项目清单（表-08）

工程名称：某单层建筑　　　　标段：　　　　第 1 页　共 1 页

序号	项目编码	项目名称	项目特征	计量单位	工程量	金额/元				
						综合单价	合价	其中		
								人工费	机械费	暂估价
1	011701002001	外脚手架	1. 搭设方式：墙外双排。 2. 搭设高度：3.75 m。 3. 脚手架材质：钢管架	m^2	165.89					
2	011701003001	里脚手架	1. 搭设方式：可移动门式架。 2. 搭设高度：3 m。 3. 脚手架材质：钢架	m^2	15.23					
3	011702001002	基础	基础类型：独立基础	m^2	2.52					
4	011702002001	矩形柱		m^2	2.88					
5	011702003001	构造柱		m^2	12.64					
6	011702005001	基础梁	梁截面形状：矩形	m^2	7.52					
7	011702006001	矩形梁		m^2	2.96					
8	011702008001	圈梁		m^2	16.26					
9	011702009001	过梁		m^2	4.11					
10	011702014001	有梁板	支撑高度：平均 3.75 m	m^2	136.54					
11	011702022001	天沟、檐沟	构件类型：天沟	m^2	43.23					

表 10.12　总价措施项目清单（表-12）

工程名称：某单层建筑　　　　标段：　　　　第 1 页　共 1 页

序号	项目编码	项目名称	计算基础	费率/%	金额/元	调整费率/%	调整后金额/元	备注
1	011707001001	安全文明施工费（建筑）						
		环境保护费、安全施工费、文明施工费（建筑）		10.17				
		临时设施费（建筑）		5.48				
2	011707005001	冬、雨季施工增加费，生产工具用具使用费，工程定位复测，工程点交、场地清理费		5.95				
合　计								

编制人（造价人员）：　　　　复核人（造价工程师）：

注：按施工方案计算的措施费，若无"计算基数"和"费率"的数值，也可只填"金额"数值，但应在备注栏说明施工方案出处或计算方法。

表 10.13　其他项目清单（表-13）

工程名称：某单层建筑　　　　标段：　　　　第 1 页　共 1 页

序号	项目名称	金额/元	结算金额/元	备注
1	暂列金额	20 000		详见明细表
2	暂估价			
2.1	材料（设备）结算价			详见明细表
2.2	专业工程暂估价			详见明细表
3	计日工			详见明细表
4	总承包服务费			详见明细表
5	其他			
5.1	人工费调差			
5.2	机械费调差			
5.3	风险费			
5.4	索赔与现场签证			详见明细表
⋮				
合　计				—

注：① 材料（工程设备）暂估单价进入清单项目综合单价，此处不汇总。
② 人工费调差、机械费调差和风险费应在备注栏说明计算方法。

表 10.14　总承包服务费计价表（表-13-5）

工程名称：某单层建筑　　　　标段：　　　　第 1 页　共 1 页

序号	项目名称	项目价值/元	服务内容	计算基础	费率/%	金额/元
1	发包人发包专业工程					
2	发包人提供材料		甲供材料验收保管	甲供材料总价	1	
⋮						
合　计						

注：此表项目名称、服务内容由招标人填写，编制招标控制价时，费率及金额由招标人按有关计价规定确定；投标时，费率及金额由投标人自主报价，计入投标总价中。

表 10.15　发包人提供材料和工程设备一览表（表-21）

工程名称：某单层建筑　　　　标段：　　　　第 1 页　共 1 页

序号	材料（工程设备）名称、规格、型号	单位	数量	单价/元	交货方式	送达地点	备注
1	Ⅰ级钢筋 HPB300 ϕ10 以内	t					
2	Ⅰ级钢筋 HPB300 ϕ10 以外	t					
3	（商）混凝土 C10	m^3					
4	（商）混凝土 C15	m^3					
5	（商）混凝土 C25	m^3					
6	（商）细石混凝土 C20（未计价）	m^3					
7	玻纤胎沥青瓦 1 000×333	m^2					
8	全瓷墙面砖 300×300	m^2					
⋮							

表 10.16　规费税金清单（表-14）

工程名称：某单层建筑　　　　标段：　　　　第 1 页　共 1 页

序号	项目名称	计算基础	计算基数	计算费率/%	金额/元
1	规费	社会保险费、住房公积金、残疾人保证金＋危险作业意外伤害险＋工程排污费			
1.1	社会保险费、住房公积金、残疾人保证金	分部分项定额人工费＋单价措施定额人工费＋其他项目定额人工费		26	
1.2	危险作业意外伤害险	分部分项定额人工费＋单价措施定额人工费＋其他项目定额人工费		1	
1.3	工程排污费				
2	税金	分部分项工程＋措施项目＋其他项目＋规费－不计税工程设备费		3.48	
合　计					

编制人（造价人员）：　　　　复核人（造价工程师）：

10.6 招标控制价文件

依据《建设工程工程量清单计价规范》和《××省建设工程造价计价规则》规定的表格，套价过程及招标控制价文件见表 10.17 ~ 10.34。

表 10.17 封面（封-2）

某单层建筑 工程

招标控制价

招 标 人：××工程建设指挥部

（单位盖章）

造价咨询人：××工程造价咨询公司

（单位盖章）

表 10.18 扉页（扉-2）

某单层建筑 工程

招标控制价

招标控制价（小写）：213 280.50 元

（大写）：贰拾壹万叁仟贰佰捌拾元伍角整

招 标 人：××工程建设指挥部

（单位盖章）

造价咨询人：××工程造价咨询公司

（单位盖章）

法定代表人

或其授权人：

（签字或盖章）

法定代表人

或其授权人：

（签字或盖章）

编 制 人：

（造价人员签字盖专用章）

复 核 人：

（造价工程师签字盖专用章）

编制时间：××年××月××日

复核时间：××年××月××日

表 10.19 总说明（表-01）

1. 工程概况：

① 建设规模：本工程为单层建筑，建筑面积 79.36 m^2。

② 工程特征：砖混结构；240 mm 厚内外实心墙；墙下平毛石带形基础；柱下钢筋混凝土独立基础；混凝土基础梁、独立柱、圈梁、构造柱、屋盖；彩色水泥瓦防水屋面；陶瓷地砖地面；白瓷板内墙面；陶瓷面砖外墙面；PVC 扣板天棚；带套实木门；铝合金推拉窗。

③ 计划工期：60 天。

④ 施工现场实际情况：城市次干道附近，三通一平完成，有空地可使用。

⑤ 自然地理条件：地势平坦，交通便利。

⑥ 环境保护要求：建筑周边有大树，注意保护。

2. 工程招标发包范围：施工图标明的全部工程内容。

3. 工程量清单编制依据：

① ××设计院所出××单层建筑施工图。

②《房屋建筑与装饰工程工程量计算规则》（GB 50854—2013）。

③《云南省建设工程造价计价规则》（DBJ 53/T-58—2013）。

④《云南省房屋建筑与装饰工程工程消耗量定额》（DBJ 53/T-61—2013）。

⑤ 常规施工方案。

⑥ 人工工资单价为 63.88 元/工日（××建标〔××××〕××号文）。

⑦ 未计价材价格参考××××年第××期价格信息。

⑧ 机械台班单价执行《云南省机械仪器仪表台班费用定额》（DBJ 53/T-58—2013）。

4. 工程质量、材料、施工等的特殊要求：工程质量一次验收合格；材料必须进场检验，合格后方能使用；施工中注意控制扬尘，保护周边大树。

5. 其他需要说明的问题：本工程由于工期紧，部分结构配筋图暂缺，为此可列计暂列金额 20 000 元；投标人可先报出钢筋项目的综合单价，工程完工时按实结算。

表 10.20　单位工程招标控制价汇总表（表-04）

工程名称：某单层建筑　　　　标段：　　　　第 1 页　共 1 页

序号	汇总内容	金额/元	其中：暂估价/元
1	分部分项工程	152 794.52	
1.1	人工费	25 402.85	
1.2	材料费	112 684.56	
1.3	设备费		
1.4	机械费	1 193.96	
1.5	管理费和利润	13 513.18	
2	措施项目	22 543.48	
2.1	单价措施项目	17 035.52	
2.1.1	人工费	7 251.97	
2.1.2	材料费	5 218.84	
2.1.3	机械费	692.14	
2.1.4	管理费和利润	3 872.59	
2.2	总价措施项目费	5 507.96	
2.2.1	安全文明施工费	3 990.72	
2.2.1.1	临时设施费	1 397.39	
2.2.2	其他总价措施项目费	1 517.24	
3	其他项目	21 953.14	—
3.1	暂列金额	20 000	
3.2	专业工程暂估价		
3.3	计日工		
3.4	总承包服务费	320.37	
3.5	其他	1 632.78	
4	规费	8 816.8	—
5	税金	7 172.56	—
招标控制价合计 = 1 + 2 + 3 + 4 + 5		213 280.50	

表 10.21　分部分项工程计价表（表-08）

工程名称：某单层建筑　　　　标段：　　　　第 1 页　共 7 页

序号	项目编码	项目名称	项目特征	计量单位	工程量	金额/元				
						综合单价	合价	其中		
								人工费	机械费	暂估价
1	010101001001	平整场地	1. 土壤类别：三类土	m^2	79.36	7.62	604.72	395.21		
2	010101003001	挖沟槽土方	1. 土壤类别：三类土。 2. 挖土深度：0.55 m。 3. 弃土运距：10 km	m^3	20.9	57.6	1 203.84	752.61	49.95	
3	010101004001	挖基坑土方	1. 土壤类别：三类土。 2. 挖土深度：0.55 m	m^3	0.89	98.37	87.55	57.22		
4	010103001001	回填方（室内）	1. 填方材料品种：原土。 2. 填方来源、运距：坑槽边	m^3	12.41	24.21	300.45	177.09	28.29	
5	010103001002	回填方（基础）	1. 填方材料品种：原土。 2. 填方来源、运距：坑槽边	m^3	4.36	58.76	256.19	154.56	18.92	
6	010401003001	实心砖墙	1. 砖品种、规格、强度等级：标准砖、240 mm×115 mm×53 mm、MU10。 2. 墙体类型：直形墙。 3. 砂浆强度等级、配合比：M5.0 混合砂浆	m^3	23.81	455.35	10 841.88	2 171.95	82.62	
7	010401012001	零星砌砖（室外台阶）	1. 零星砌砖名称、部位：室外台阶。 2. 砖品种、规格、强度等级：标准砖、240 mm×115 mm×53 mm、MU10。 3. 砂浆强度等级、配合比：M5.0 水泥砂浆。 4. 垫层种类、强度等级：C15 商品混凝土	m^2	7.55	160.77	1 213.81	300.72	14.87	
		本页小计					14 508.44	4 009.36	194.65	

续表

工程名称：某单层建筑　　　　标段：　　　　第 2 页　共 7 页

序号	项目编码	项目名称	项目特征	计量单位	工程量	金额/元				
						综合单价	合价	其中		
								人工费	机械费	暂估价
8	010401014001	砖地沟（室外排水沟）	1. 砖品种、规格、强度等级：标准砖、240 mm×115 mm×53 mm、MU10。 2. 沟截面尺寸：400 mm×260 mm。 3. 垫层材料种类、厚度：混凝土、厚100 mm。 4. 混凝土强度等级：C20。 5. 砂浆强度等级：M5.0 水泥砂浆	m	24.44	202.7	4 953.99	1 263.06	368.8	
9	010401014003	砖地沟（室内）	1. 砖品种、规格、强度等级：标准砖、240 mm×115 mm×53 mm、MU10。 2. 沟截面尺寸：350 mm×300 mm。 3. 垫层材料种类、厚度：混凝土、厚100 mm。 4. 混凝土强度等级：C20。 5. 砂浆强度等级：M5.0 水泥砂浆。 6. 盖板品种：不锈钢篦子	m	5.76	232.1	1 336.9	376.36	90.49	
10	010403001001	石基础	1. 石料种类、规格：平毛石、MU30。 2. 基础类型：带型。 3. 砂浆强度等级：M5.0 水泥砂浆	m^3	12.64	305.31	3 859.12	1 102.97	49.17	
11	010404001001	垫层（碎石）	1. 垫层材料种类、配合比、厚度：碎石、100 mm	m^3	3.71	150.8	559.47	122.76		
12	010501001001	垫层（混凝土）	1. 混凝土种类：商品混凝土。 2. 混凝土强度等级：C15	m^3	0.64	340.42	217.87	28.01	0.94	
		本页小计					10 927.35	2 893.16	509.4	

续表

工程名称：某单层建筑　　　　标段：　　　　第 3 页　共 7 页

序号	项目编码	项目名称	项目特征	计量单位	工程量	金额/元				
						综合单价	合价	其中		
								人工费	机械费	暂估价
13	010501003001	独立基础	1. 混凝土种类：商品混凝土。 2. 混凝土强度等级：C25	m^3	0.44	345.32	151.94	15.52	0.52	
14	010502001001	矩形柱	1. 混凝土种类：商品混凝土。 2. 混凝土强度等级：C25	m^3	0.38	392.12	149.01	24.66	0.73	
15	010502002001	构造柱	1. 混凝土种类：商品混凝土。 2. 混凝土强度等级：C25	m^3	1.81	412.18	746.05	141.99	3.49	
16	010503001001	基础梁（JCL）	1. 混凝土种类：商品混凝土。 2. 混凝土强度等级：C25	m^3	0.9	355.57	320.01	36.22	1.74	
17	010503002001	矩形梁	1. 混凝土种类：商品混凝土。 2. 混凝土强度等级：C25	m^3	1.15	381.14	438.31	65.09	2.22	
18	010503004001	圈梁	1. 混凝土种类：商品混凝土。 2. 混凝土强度等级：C25	m^3	1.48	442.09	654.29	138.02	2.86	
19	010503004002	圈梁（DQL）	1. 混凝土种类：商品混凝土。 2. 混凝土强度等级：C25	m^3	3.42	442.09	1 511.95	318.98	6.6	
20	010503005001	过梁	1. 混凝土种类：商品混凝土。 2. 混凝土强度等级：C25	m^3	0.33	475.72	156.99	37.97	0.64	
21	010505001001	有梁板	1. 混凝土种类：商品混凝土。 2. 混凝土强度等级：C25	m^3	14.21	357.14	5 074.96	524.63	27.43	
		本页小计					9 203.51	1 303.08	46.23	

续表

工程名称：某单层建筑　　　　标段：　　　　第 4 页　共 7 页

序号	项目编码	项目名称	项目特征	计量单位	工程量	金额/元				
						综合单价	合价	其中		
								人工费	机械费	暂估价
22	010505007001	天沟	1. 混凝土种类：商品混凝土	m^3	2.78	463.01	1 287.17	299.07	8.59	
23	010507001001	散水	1. 垫层材料种类、厚度：泥结碎石、100 mm。 2. 面层厚度：5 mm，1∶2 水泥砂浆。 3. 混凝土种类：商品混凝土。 4. 混凝土强度等级：C15。 5. 变形缝填塞材料种类：建筑油膏	m^2	18.61	66.65	1 240.36	342.8	22.52	
24	010512008001	沟盖板、井盖板、井圈	1. 单件体积：0.013 m^3。 2. 安装高度：−0.3 m。 3. 混凝土强度等级：C25	m^3	0.6	727.69	436.61	107.67	113.82	
25	010515001001	现浇构件钢筋	1. 钢筋种类、规格：HPB 10 内	t	0.028	5 489.58	153.71	26.38	1.34	
26	010515001002	现浇构件钢筋	1. 钢筋种类、规格：HPB 10 外	t	0.107	5 058.09	541.22	49.01	12.5	
27	010801002001	木质门带套（M-1）	1. 门代号及洞口尺寸：M-1、1 800 mm×2 100 mm	樘	1	5 848.95	5 848.95	84.75	1.81	
28	010801002002	木质门带套（M-2）	1. 门代号及洞口尺寸：M-2、1 000 mm×2 100 mm	樘	1	3 249.41	3 249.41	47.09	1	
29	010801002003	木质门带套（M-3）	1. 门代号及洞口尺寸：M-3、1 500 mm×2 100 mm	樘	2	4 874.13	9 748.26	141.26	3.02	
30	010801006001	门锁安装	1. 锁品种：L 型执手插锁。 2. 其他：门轧头、猫眼	个	4	145.36	581.44	127.72		
		本页小计					23 087.13	1 225.75	164.6	

续表

工程名称：某单层建筑　　　　标段：　　　　

序号	项目编码	项目名称	项目特征	计量单位	工程量	金额/元				
						综合单价	合价	其中		
								人工费	机械费	暂估价
31	010807001001	金属窗（C-1）	1. 窗代号及洞口尺寸：C-1、2 100 mm×1 800 mm。 2. 框、扇材质：铝合金。 3. 玻璃品种、厚度：4 mm 厚平板玻璃	樘	6	1 231.73	7 390.38	522.42	11.94	
32	010901001001	瓦屋面	1. 瓦品种、规格：彩色水泥瓦。 2. 黏结层砂浆的配合比:1∶3 水泥砂浆。 3. 防水层品种：高聚物改性沥青防水高聚物改性沥青卷材。 4. 找平层材料、厚度：1∶3 水泥砂浆，15 mm。 5. 保护层材料、厚度：1∶3 水泥砂浆，15 mm	m^2	107.71	206.78	22 272.27	2 465.48	38.78	
33	010902004001	屋面排水管	1. 排水管品种、规格：塑料管，ϕ110。 2. 雨水斗、山墙出水口品种、规格：塑料水斗，铸铁水口，塑料弯头。 3. 接缝、嵌缝材料种类：密封胶	m	12	208.28	2 499.36	414.48		
34	011102003001	块料楼地面	1. 找平层厚度、砂浆配合比：20 mm、1∶2 水泥砂浆。 2. 结合层厚度、砂浆配合比：20 mm、1∶2.5 水泥砂浆。 3. 面层材料品种、规格、颜色：600 mm×600 mm×10 mm 防滑地砖。 4. 嵌缝材料种类：白水泥。 5. 门洞开口处：花岗岩板	m^2	76.96	277.69	21 371.02	1 700.05	72.34	
35	011107002001	块料台阶面	1. 黏结材料种类：20 mm，厚 1∶2 水泥砂浆。 2. 面层材料品种、规格、颜色：600 mm×600 mm 防滑地砖。 3. 勾缝材料种类：白水泥	m^2	7.55	387.36	2 924.57	222.8	8.38	
		本页小计					56 457.6	5 325.23	131.44	

续表

工程名称：某单层建筑　　　　标段：　　　　第 6 页　共 7 页

序号	项目编码	项目名称	项目特征	计量单位	工程量	金额/元				
						综合单价	合价	其中		
								人工费	机械费	暂估价
36	011202001001	柱、梁面一般抹灰	1. 柱（梁）体类型：混凝土。 2. 底层厚度、砂浆配合比：13 mm 厚 1∶3 水泥砂浆	m^2	5.18	18.45	95.57	44.91	1.09	
37	011204003001	块料墙面（内墙面）	1. 墙体类型：砖墙。 2. 安装方式：8 mm 厚 1∶2 砂浆粘贴。 3. 面层材料品种、规格、颜色：200 mm×300 mm 瓷板墙面。 4. 缝宽、嵌缝材料种类：白水泥。 5. 底层抹灰材料：13 mm 厚 1∶3 水泥砂浆	m^2	117.88	84.18	9 923.14	3 323.04	87.23	
38	011204003002	块料墙面（外墙面）	1. 墙体类型：砖墙。 2. 安装方式：8 mm 厚 1∶2 水泥砂浆粘贴。 3. 面层材料品种、规格、颜色：200 mm×300 mm 外墙面砖。 4. 缝宽、嵌缝材料种类：10 mm、1∶3 水泥砂浆。 5. 底层抹灰材料：13 mm 厚 1∶3 水泥砂浆	m^2	114.26	164.61	18 808.34	4 640.1	44.56	
39	011302001001	吊顶天棚	1. 吊顶形式、吊杆规格、高度：梁下悬吊，最后处 1.6 m。 2. 龙骨材料种类、规格、中距：不上人 U 形轻钢龙骨、中距 600 mm×400 mm。 3. 面层材料品种、规格：空腹 PVC 扣板	m^2	74.34	116.87	8 688.12	2 257.71	10.41	
		本页小计					37 515.17	10 265.76	143.29	

续表

工程名称：某单层建筑　　　　标段：　　　　第 7 页　共 7 页

序号	项目编码	项目名称	项目特征	计量单位	工程量	金额/元				
						综合单价	合价	其中		
								人工费	机械费	暂估价
40	011401001001	木门油漆	1. 门类型：实木门。 2. 门代号及洞口尺寸：M-1、M-2、M-3。 3. 腻子种类：润油粉。 4. 刮腻子遍数：二遍。 5. 油漆品种、刷漆遍数：调合漆二遍、磁漆一遍	樘	4	167.6	670.4	334.56		
41	011407001001	柱面喷刷涂料	1. 基层类型：抹灰面。 2. 喷刷涂料部位：柱面。 3. 涂料品种、喷刷遍数：彩砂喷涂二遍	m^2	5.18	79.9	413.88	39.73	4.35	
42	011407004001	线条刷涂料	1. 线条宽度：0.3 m。 2. 刷防护材料、油漆：白水泥浆	m	15.55	0.71	11.04	6.22		
⋮										
		本页小计					1 095.32	380.51	4.35	
		合计					152 794.52	25 402.85	1 193.96	

表 10.22　分部分项工程综合单价分析表（表-09）

工程名称：某单层建筑　　　　标段：　　　　第 1 页　共 8 页

序号	项目编码	项目名称	计量单位	工程量	清单综合单价组成明细											综合单价
					定额编号	定额名称	定额单位	数量	单价			合价				
									人工费	材料费	机械费	人工费	材料费	机械费	管理费和利润	
1	010101001001	平整场地	m^2	79.36	01010121	人工场地平整	100 m^2	0.021 1	235.72	0.00	0.00	4.98	0.00	0.00	2.64	7.62
2	010101003001	挖沟槽土方	m^3	20.9	01010004	人工挖沟槽、基坑 三类土 深度 2 m 以内	100 m^3	0.011 4	3 076.40	0.00	0.00	35.03	0.00	0.00	18.57	57.60
					01010102	人工装车 自卸汽车运土方 运距 1 km 以内	1 000 m^3	0.000 1	10 577.89	67.20	10 739.83	0.98	0.01	0.99	1.04	
					01010103*9	人工装车 自卸汽车运土方 运距每增加 1 km	1 000 m^3	0.000 1	0.00	0.00	15 138.00	0.00	0.00	1.40	0.74	
3	010101004001	挖基坑土方	m^3	0.89	01010004	人工挖沟槽、基坑 三类土 深度 2 m 以内	100 m^3	0.020 9	3 076.40	0.00	0.00	64.29	0.00	0.00	34.08	98.37
4	010103001001	回填方（室内）	m^3	12.41	01010124	人工夯填 地坪	100 m^3	0.010 0	1 427.08	0	227.6	14.27	0.00	2.28	8.77	24.21
5	010103001002	回填方（基础）	m^3	4.36	01010125	人工夯填 基础	100 m^3	0.018 9	1 878.07	0	229.9	35.45	0.00	4.34	21.09	58.76
6	010401003001	实心砖墙	m^3	23.81	01040009	混水砖墙 1 砖	10 m^3	0.100 0	912.21	3 121.72	34.67	91.22	312.17	3.47	50.18	455.35
7	010401012001	零星砌砖（室外台阶）	m^2	7.55	01010122	人工原土打夯	100 m^2	0.010 0	90.71	0	16.13	0.91	0.00	0.16	0.57	160.77
					01040084	砖砌台阶	100 m^2	0.010 0	3 104.57	7 054.38	79.69	31.05	70.54	0.80	16.88	
					01090012	地面垫层 混凝土地坪 现浇混凝土	10 m^3	0.010 0	782.53	2 704.5	99.94	7.83	27.05	1.00	4.68	

续表

工程名称：某单层建筑　　　　标段：　　　　第 2 页　共 8 页

序号	项目编码	项目名称	计量单位	工程量	清单综合单价组成明细											综合单价
					定额编号	定额名称	定额单位	数量	单价			合价				
									人工费	材料费	机械费	人工费	材料费	机械费	管理费和利润	
8	010401014001	砖地沟（室外排水沟）	m	24.44	01140221	砖砌排水沟（西南11J812）深 400 厚 240 宽 260（1a）	100 m	0.010 0	2 921.3	10 786.92	361.5	29.21	107.87	3.62	17.40	202.70
					01010004	人工挖沟槽、基坑 三类土 深度 2 m 以内	100 m^3	0.005 4	3 076.4	0	0	16.58	0.00	0.00	8.79	
					01010124	人工夯填 地坪	100 m^3	0.000 9	1 427.08	0	227.6	1.28	0.00	0.20	0.79	
					01010102	人工装车 自卸汽车运土方 运距 1 km 以内	1 000 m^3	0.000 4	10 577.89	67.2	10 739.83	4.61	0.03	4.68	4.92	
					01010103*9	人工装车 自卸汽车运土方 运距 每增加 1 km	1 000 m^3	0.000 4	0	0	15 138	0.00	0.00	6.59	3.49	
9	010401014003	砖地沟（室内）	m	5.76	01040094	沟篦子 不锈钢	m^2	0.500 0	7.41	3.02	0	3.71	1.51	0.00	1.96	232.1
					01140222 换	砖砌排水沟（西南11J812）深 400 厚 240 宽 380（1b）	100 m	0.010 0	3 919.93	11 420.89	423.28	39.20	114.21	4.23	23.02	
					01010004	人工挖沟槽、基坑 三类土 深度 2 m 以内	100 m^3	0.005 4	3 076.4	0	0	16.56	0.00	0.00	8.78	
					01010124	人工夯填 地坪	100 m^3	0.000 9	1 427.08	0	227.6	1.26	0.00	0.20	0.78	
					01010102	人工装车 自卸汽车运土方 运距 1 km 以内	1 000 m^3	0.000 4	10 577.89	67.2	10 739.83	4.61	0.03	4.68	4.92	
					01010103*9	人工装车 自卸汽车运土方 运距 每增加 1 km	1 000 m^3	0.000 4	0	0	15 138	0.00	0.00	6.60	3.50	

续表

工程名称：某单层建筑　　　　标段：　　　　第 3 页　共 8 页

序号	项目编码	项目名称	计量单位	工程量	清单综合单价组成明细											综合单价
					定额编号	定额名称	定额单位	数量	单价			合价				
									人工费	材料费	机械费	人工费	材料费	机械费	管理费和利润	
10	010403001001	石基础	m^3	12.64	01040040	石基础 平毛石	10 m^3	0.100 0	872.6	1 677.5	38.93	87.26	167.75	3.89	48.31	305.31
11	010404001001	垫层（碎石）	m^3	3.71	01090005	地面垫层 碎石干铺	10 m^3	0.100 0	330.9	1 001.7	0	33.09	100.17	0.00	17.54	150.8
12	010501001001	垫层（混凝土）	m^3	0.64	01050068	商品混凝土施工 基础垫层 混凝土	10 m^3	0.100 0	437.58	2 719.29	14.73	43.76	271.93	1.47	23.97	340.42
13	010501003001	独立基础	m^3	0.44	01050072	商品混凝土施工 独立基础 混凝土及钢筋混凝土	10 m^3	0.100 0	352.62	2 901.35	11.91	35.26	290.14	1.19	19.32	345.32
14	010502001001	矩形柱	m^3	0.38	01050082	商品混凝土施工 矩形柱 断面周长 1.2 m 以内	10 m^3	0.100 0	649.02	2 908.63	19.34	64.90	290.86	1.93	35.42	392.12
15	010502002001	构造柱	m^3	1.81	01050088	商品混凝土施工 构造柱	10 m^3	0.100 0	784.45	2 901.35	19.34	78.45	290.14	1.93	42.60	412.18
16	010503001001	基础梁（JCL）	m^3	0.9	01050093	商品混凝土施工 基础梁	10 m^3	0.100 0	402.44	2 919.83	19.34	40.24	291.98	1.93	22.35	355.57
17	010503002001	矩形梁	m3	1.15	01050094	商品混凝土施工 单梁连续梁	10 m^3	0.100 0	565.98	2 925.26	19.34	56.60	292.53	1.93	31.02	381.14
18	010503004001	圈梁	m^3	1.48	01050096	商品混凝土施工 圈梁	10 m^3	0.100 0	932.65	2 973.88	19.34	93.27	297.39	1.93	50.46	442.09
19	010503004002	圈梁（DQL）	m^3	3.42	01050096	商品混凝土施工 圈梁	10 m^3	0.100 0	932.65	2 973.88	19.34	93.27	297.39	1.93	50.46	442.09
20	010503005001	过梁	m^3	0.33	01050097	商品混凝土施工 过梁	10 m^3	0.100 0	1 150.48	2 976.65	19.34	115.05	297.67	1.93	62.00	475.72

续表

工程名称：某单层建筑　　　　标段：　　　　第 4 页　共 8 页

序号	项目编码	项目名称	计量单位	工程量	清单综合单价组成明细											综合单价
					定额编号	定额名称	定额单位	数量	单价			合价				
									人工费	材料费	机械费	人工费	材料费	机械费	管理费和利润	
21	010505001001	有梁板	m^3	14.21	01050109	商品混凝土施工 有梁板	10 m^3	0.100 0	369.23	2 986.47	19.34	36.92	298.65	1.93	20.59	357.14
22	010505007001	天沟	m^3	2.78	01050128 换	商品混凝土施工 挑檐天沟	10 m^3	0.100 0	1 075.74	2 951.96	30.94	107.57	295.20	3.09	58.65	463.01
23	010507001001	散水	m^2	18.61	01010122	人工原土打夯	100 m^2	0.010 0	90.71	0	16.13	0.91	0.00	0.16	0.57	66.65
					01080213	填缝 建筑油膏	100 m	0.015 7	355.17	337.91	0	5.58	5.31	0.00	2.96	
					01090041	散水面层（商品混凝土）混凝土厚 60 mm	100 m^2	0.010 0	777.68	2 174.21	7.82	7.78	21.74	0.08	4.16	
					01090002	地面垫层 泥结碎石	10 m^3	0.010 0	415.86	1 016.88	97.16	4.16	10.16	0.97	2.72	
24	010512008001	沟盖板、井盖板、井圈	m^3	0.6	01050173 换	预制混凝土 地沟盖板	10 m^3	0.101 7	975.45	2 431.77	289.48	99.17	247.23	29.43	68.16	727.69
					01050318	板安装 平板不焊接 每个构件体积 0.2 m^3 以内	10 m^3	0.100 0	522.41	51.99	542.03	52.24	5.20	54.20	56.42	
					01050214	预制混凝土构件运输 1 类构件 运距 1 km 以内	10 m^3	0.101 7	173.75	29.04	822.65	17.66	2.95	83.64	53.69	
					01050215*5	预制混凝土构件运输 1 类构件 运距 每增加 1 km 以内	10 m^3	0.101 7	102.2	0	220.65	10.39	0.00	22.43	17.40	

续表

工程名称：某单层建筑　　　　标段：　　　　第 5 页　共 8 页

序号	项目编码	项目名称	计量单位	工程量	清单综合单价组成明细											
					定额编号	定额名称	定额单位	数量	单价			合价				综合单价
									人工费	材料费	机械费	人工费	材料费	机械费	管理费和利润	
25	010515001001	现浇构件钢筋	t	0.028	01050352	现浇构件 圆钢 ϕ10 内	t	1.000 0	942.23	3 998.35	47.89	942.23	3 998.35	47.89	524.76	5 489.58
26	010515001002	现浇构件钢筋	t	0.107	01050353	现浇构件 圆钢 ϕ10 外	t	1.000 0	458.02	4 235.47	116.81	458.02	4 235.47	116.81	304.66	5 058.09
27	010801002001	木质门带套（M-1）	樘	1	01070012	木门安装 成品木门（带门套）	100 m^2	0.037 8	2 242.19	151 253.6	47.84	84.75	5 717.39	1.81	45.88	5 848.95
28	010801002002	木质门带套（M-2）	樘	1	01070012	木门安装 成品木门（带门套）	100 m^2	0.021 0	2 242.19	151 253.6	47.84	47.09	3 176.33	1.00	25.49	3 249.41
29	010801002003	木质门带套（M-3）	樘	2	01070012	木门安装 成品木门（带门套）	100 m^2	0.031 5	2 242.19	151 253.6	47.84	70.63	4 764.49	1.51	38.23	4 874.13
30	010801006001	门锁安装	个	4	01070160	特殊五金安装 L 型执手锁	把	1.000 0	25.55	78	0	25.55	78.00	0.00	13.54	145.36
					01070163	特殊五金安装 门轧头（门碰珠）	付	1.000 0	3.19	6.5	0	3.19	6.50	0.00	1.69	
					01070165	特殊五金安装 门眼（猫眼）	只	1.000 0	3.19	12	0	3.19	12.00	0.00	1.69	
31	010807001001	金属窗（C-1）	樘	6	01070074	铝合金窗（成品）安装 推拉窗	100 m^2	0.037 8	2 303.51	29 006.17	52.62	87.07	1 096.43	1.99	47.20	1 231.73

续表

工程名称：某单层建筑　　　　标段：　　　　第 6 页　共 8 页

序号	项目编码	项目名称	计量单位	工程量	清单综合单价组成明细											综合单价
					定额编号	定额名称	定额单位	数量	单价			合价				
									人工费	材料费	机械费	人工费	材料费	机械费	管理费和利润	
32	010901001001	瓦屋面	m^2	107.7	1080020	屋面铺设彩色沥青瓦	100 m^2	0.010 0	683.52	10 372.83	0	6.84	103.73	0.00	3.62	206.78
					01080046	高聚物改性沥青防水卷材 满铺	100 m^2	0.010 0	553.2	4 945.12	0	5.53	49.45	0.00	2.93	
					01090019	找平层 水泥砂浆 硬基层上 20 mm	100 m^2	0.010 0	501.46	705.73	29.29	5.01	7.06	0.29	2.81	
					01090020 *－1	找平层 水泥砂浆 每增减 5 mm	100 m^2	0.010 0	－95.82	－168.3	－7.39	－0.96	－1.68	－0.07	－0.55	
					01090025	水泥砂浆 面层 20 mm 厚	100 m^2	0.010 0	742.92	779.29	21.73	7.43	7.79	0.22	4.05	
					01090020 *－1	找平层 水泥砂浆 每增减 5 mm	100 m^2	0.010 0	－95.82	－168.3	－7.39	－0.96	－1.68	－0.07	－0.55	
33	010902004001	屋面排水管	m	12	01080089	铸铁雨水口 直径 100 mm	10 个	0.033 3	206.33	744.96	0	6.88	24.83	0.00	3.65	208.28
					01080094	塑料排水管 单屋面排水管系统直径 $\phi 110$	10 m	0.100 0	184.61	1 132.94	0	18.46	113.29	0.00	9.78	
					01080098	塑料水斗直径 $\phi 110$	10 个	0.033 3	192.28	265.1	0	6.41	8.84	0.00	3.40	
					01080100	塑料弯头	10 个	0.033 3	83.68	253.9	0	2.79	8.46	0.00	1.48	
34	011102003001	块料楼地面	m^2	76.96	01090013	地面垫层 混凝土地坪 商品混凝土	10 m^3	0.009 7	437.58	2 603.5	14.73	4.24	25.24	0.14	2.32	277.69
					01090073	花岗石楼地面 拼花	100 m^2	0.000 2	3 171	9 431.04	29.2	0.57	1.70	0.01	0.31	
					01090108	陶瓷地砖 楼地面 周长在 2 400 mm 以内	100 m^2	0.009 7	1 782.89	22 289.36	81.88	17.28	215.97	0.79	9.58	

续表

工程名称：某单层建筑　　　　标段：　　　　第 7 页　共 8 页

序号	项目编码	项目名称	计量单位	工程量	清单综合单价组成明细											综合单价
					定额编号	定额名称	定额单位	数量	单价			合价				
									人工费	材料费	机械费	人工费	材料费	机械费	管理费和利润	
35	011107002001	块料台阶面	m²	7.55	01090112	陶瓷地砖 台阶	100 m²	0.010 0	2 951.26	34 104.1	111.04	29.51	341.04	1.11	16.23	387.36
36	011202001001	柱、梁面一般抹灰	m²	5.18	01100061	装饰抹灰 1∶3 水泥砂浆打底抹底 13 mm 厚 柱面	100 m²	0.010 0	866.85	495.61	20.86	8.67	4.96	0.21	4.70	18.45
37	011204003001	块料墙面（内墙面）	m²	117.9	01100059	装饰抹灰 1∶3 水泥砂浆打底抹底厚 13 mm 砖墙	100 m²	0.009 6	700.76	480.49	21.73	6.71	4.60	0.21	3.67	84.18
					01100134	瓷板 200 mm×300 mm 砂浆粘贴墙面	100 m²	0.010 0	2 148.28	3 567.43	53.24	21.48	35.67	0.53	11.67	
38	011204003002	块料墙面（外墙面）	m²	114.3	01100059	装饰抹灰 1∶3 水泥砂浆打底抹底厚 13 mm 砖墙	100 m²	0.009 9	700.76	480.49	21.73	6.92	4.74	0.21	3.78	164.61
					01100147	外墙面 水泥砂浆粘贴面砖 周长 1 200 mm 以内	100 m²	0.010 0	3 369.61	9 732.58	17.1	33.70	97.33	0.17	17.95	
39	011302001001	吊顶天棚	m²	74.34	01110035	装配式 U 型轻钢天棚龙骨（不上人型）龙骨间距 600 mm×400 mm 平面	100 m²	0.010 0	1 417.31	3 543.67	13.99	14.17	35.44	0.14	7.59	116.87
					01110128	天棚面层 空腹 PVC 扣板	100 m²	0.010 0	1 619.74	3 481.26	0	16.20	34.81	0.00	8.58	

续表

工程名称：某单层建筑　　　　标段：　　　　第 8 页　共 8 页

序号	项目编码	项目名称	计量单位	工程量	清单综合单价组成明细											
					定额编号	定额名称	定额单位	数量	单价			合价				综合单价
									人工费	材料费	机械费	人工费	材料费	机械费	管理费和利润	
40	011401001001	木门油漆	樘	4	01120005	木材面油漆 润油粉、调合漆二遍、磁漆一遍 单层木门	100 m^2	0.030 5	2 746.84	1 301.29	0	83.64	39.62	0.00	44.33	167.6
41	011407001001	柱面喷刷涂料	m^2	5.18	01120228	彩砂喷涂 抹灰面	100 m^2	0.010 0	766.56	6 728.48	83.67	7.67	67.28	0.84	4.51	79.9
42	011407004001	线条刷涂料	m	15.55	01120240	刷白水泥浆二遍 抹灰面 光面	100 m^2	0.003 2	127.76	31.26	0	0.40	0.10	0.00	0.21	0.71

注：本表中单价、合价、综合单价单位均为元。

表 10.23　分部分项工程综合单价材料明细表（表-10）

工程名称：某单层建筑　　　　标段：　　　　第 1 页　共 8 页

序号	项目编码	项目名称	计量单位	工程量	材料组成明细						
					主要材料名称、规格、型号	单位	数量	单价/元	合价/元	暂估材料单价/元	暂估材料合价/元
2	010101003001	挖沟槽土方	m^3	20.9	其他材料费			—	0.01	—	0
					材料费小计			—	0.01	—	
6	010401003001	实心砖墙	m^3	23.81	标准砖 240 mm×115 mm×53 mm	千块	0.53	450	238.5		
					混合砂浆（细砂）M5.0 P.S 32.5（未计价）	m^3	0.239 6	192.28	46.07		
					其他材料费			—	0.59	—	0
					材料费小计			—	285.16	—	
7	010401012001	零星砌砖（室外台阶）	m^2	7.55	标准砖 240 mm×115 mm×53 mm	千块	0.119 2	450	53.64		
					混合砂浆（细砂）M5.0 P.S 32.5（未计价）	m^3	0.055	192.28	10.58		
					（商）混凝土 C15	m^3	0.101 7	265	26.95		
					其他材料费			—	0.41	—	0
					材料费小计			—	91.58	—	
8	010401014001	砖地沟（室外排水沟）	m	24.44	标准砖 240 mm×115 mm×53 mm	千块	0.123 9	450	55.76		
					水泥砂浆 1：3（未计价）	m^3	0.000 5	222.82	0.11		
					（商）细石混凝土 C20（未计价）	m^3	0.095 4	275	26.24		
					水泥砂浆 M5	m^3	0.058 9	310	18.26		
					其他材料费			—	7.51	—	0
					材料费小计			—	107.87	—	

续表

工程名称：某单层建筑　　　　标段：　　　　第 2 页　共 8 页

序号	项目编码	项目名称	计量单位	工程量	材料组成明细						
					主要材料名称、规格、型号	单位	数量	单价/元	合价/元	暂估材料单价/元	暂估材料合价/元
9	010401014003	砖地沟（室内）	m	5.76	标准砖 240 mm×115 mm×53 mm	千块	0.112 6	450	50.67		
					水泥砂浆 1∶3（未计价）	m^3	0.026 2	222.82	5.84		
					不锈钢篦子	m^2	0.505	0.8	0.4		
					水泥砂浆 M5	m^3	0.053 5	310	16.59		
					其他材料费			—	46.73	—	0
					材料费小计			—	120.23	—	
10	010403001001	石基础	m^3	12.64	毛石	m^3	1.234	68	83.91		
					水泥砂浆（细砂）M5.0 P.S 32.5（未计价）	m^3	0.269	165.94	44.64		
					其他材料费			—	0.45	—	0
					材料费小计			—	129	—	
11	010404001001	垫层（碎石）	m^3	3.71	细砂	m^3	0.331	70	23.17		
					碎石 40 mm	m^3	1.1	70	77		
					材料费小计			—	100.17	—	
12	010501001001	垫层（混凝土）	m^3	0.64	（商）混凝土 C15	m^3	1.015	265	268.98		
					其他材料费			—	2.95	—	0
					材料费小计			—	271.93	—	
13	010501003001	独立基础	m^3	0.44	（商）混凝土 C25	m^3	1.015	285	289.28		
					其他材料费			—	0.86	—	0
					材料费小计			—	290.13	—	

续表

工程名称：某单层建筑　　　　标段：　　　　第 3 页　共 8 页

序号	项目编码	项目名称	计量单位	工程量	材料组成明细						
					主要材料名称、规格、型号	单位	数量	单价/元	合价/元	暂估材料单价/元	暂估材料合价/元
14	010502001001	矩形柱	m^3	0.38	（商）混凝土 C25	m^3	1.015	285	289.28		
					其他材料费			—	1.59	—	0
					材料费小计			—	290.86	—	
15	010502002001	构造柱	m^3	1.81	（商）混凝土 C25	m^3	1.015	285	289.28		
					其他材料费			—	0.86	—	0
					材料费小计			—	290.13	—	
16	010503001001	基础梁（JCL）	m^3	0.9	（商）混凝土 C25	m^3	1.015	285	289.28		
					其他材料费			—	2.71	—	0
					材料费小计			—	291.98	—	
17	010503002001	矩形梁	m^3	1.15	（商）混凝土 C25	m^3	1.015	285	289.28		
					其他材料费			—	3.25	—	0
					材料费小计			—	292.53	—	
18	010503004001	圈梁	m^3	1.48	（商）混凝土 C25	m^3	1.015	285	289.28		
					其他材料费			—	8.11	—	0
					材料费小计			—	297.39	—	
19	010503004002	圈梁（DQL）	m^3	3.42	（商）混凝土 C25	m^3	1.015	285	289.28		
					其他材料费			—	8.11	—	0
					材料费小计			—	297.39	—	

续表

工程名称：某单层建筑　　　　标段：　　　　第 4 页　共 8 页

序号	项目编码	项目名称	计量单位	工程量	材料组成明细						
					主要材料名称、规格、型号	单位	数量	单价/元	合价/元	暂估材料单价/元	暂估材料合价/元
20	010503005001	过梁	m^3	0.33	（商）混凝土 C25	m^3	1.015 2	285	289.33		
					其他材料费			—	8.39	—	0
					材料费小计			—	297.72	—	
21	010505001001	有梁板	m^3	14.21	（商）混凝土 C25	m^3	1.015	285	289.28		
					其他材料费			—	9.37	—	0
					材料费小计			—	298.65	—	
22	010505007001	天沟	m^3	2.78	其他材料费			—	295.2	—	0
					材料费小计			—	295.2	—	
23	010507001001	散水	m^2	18.61	碎石 40 mm	m^3	0.117 2	70	8.2		
					（商）混凝土 C15	m^3	0.071 1	265	18.84		
					建筑油膏（沥青防水油膏）	kg	1.378 1	3.65	5.03		
					抹灰水泥砂浆 1∶2（未计价）	m^3	0.005 1	265.64	1.35		
					模板板枋材	m^3	0.000 4	1 500	0.6		
					瓜子石 5～15	m^3	0.011 6	80	0.93		
					黏土	m^3	0.030 1	33.21	1		
					其他材料费			—	0.87	—	0
					材料费小计			—	36.83	—	
24	010512008001	沟盖板、井盖板、井圈	m^3	0.6	其他材料费			—	251.99	—	0
					材料费小计			—	251.99	—	

续表

工程名称：某单层建筑　　　　标段：　　　　

序号	项目编码	项目名称	计量单位	工程量	材料组成明细						
					主要材料名称、规格、型号	单位	数量	单价/元	合价/元	暂估材料单价/元	暂估材料合价/元
25	010515001001	现浇构件钢筋	t	0.028	Ⅰ级钢筋 HPB300 ϕ10 以内	t	1.021 4	3 840	3 922.18		
					其他材料费			—	81.55	—	0
					材料费小计			—	4 003.72	—	
26	010515001002	现浇构件钢筋	t	0.107	Ⅰ级钢筋 HPB300 ϕ10 以外	t	1.019 6	4 070	4 149.77		
					其他材料费			—	84.06	—	0
					材料费小计			—	4 233.84	—	
27	010801002001	木质门带套（M-1）	樘	1	成品木门（带门套）	m^2	3.78	1 500	5670		
					一等板枋材	m^3	0.002 3	1 500	3.45		
					其他材料费			—	43.93	—	0
					材料费小计			—	5 717.38	—	
28	010801002002	木质门带套（M-2）	樘	1	成品木门（带门套）	m^2	2.1	1 500	3150		
					一等板枋材	m^3	0.001 3	1 500	1.95		
					其他材料费			—	24.4	—	0
					材料费小计			—	3 176.35	—	
29	010801002003	木质门带套（M-3）	樘	2	成品木门（带门套）	m^2	3.15	1 500	4725		
					一等板枋材	m^3	0.001 9	1 500	2.85		
					其他材料费			—	36.61	—	0
					材料费小计			—	4 764.46	—	

续表

工程名称：某单层建筑　　　　标段：　　　　第 6 页　共 8 页

序号	项目编码	项目名称	计量单位	工程量	材料组成明细						
					主要材料名称、规格、型号	单位	数量	单价/元	合价/元	暂估材料单价/元	暂估材料合价/元
30	010801006001	门锁安装	个	4	L 形执手插锁	把	1	78	78		
					门轨头	副	1	6.5	6.5		
					门眼（猫眼）	只	1	12	12		
					材料费小计			—	96.5	—	
31	010807001001	金属窗（C-1）	樘	6	铝合金推拉窗	m^2	3.78	275	1 039.5		
					其他材料费			—	56.93	—	0
					材料费小计			—	1 096.43	—	
32	010901001001	瓦屋面	m^2	107.71	水泥砂浆 1∶3（未计价）	m^3	0.045 1	222.82	10.05		
					抹灰水泥砂浆 1∶2（未计价）	m^3	0.020 2	265.64	5.37		
					彩色水泥瓦 420 mm×330 mm	千块	0.011 1	500	5.55		
					Ⅰ级钢筋 HPB300 ϕ10 以内	t	0.001 2	3840	4.61		
					高聚物改性沥青防水卷材δ= 3 mm	m^2	1.246 7	32	39.89		
					其他材料费			—	12.36	—	0
					材料费小计			—	77.83	—	
33	010902004001	屋面排水管	m	12	铸铁雨水口（带罩）	套	0.349	65	22.69		
					塑料排水管	m	1.054	98	103.29		
					排水管伸缩节	个	0.101	12	1.21		
					排水管检查口	个	0.111	23	2.55		
					塑料雨水斗 100 带罩	个	0.336 7	25	8.42		
					现浇混凝土 C20 碎石（最大粒径 16 mm）P.S 42.5（未计价）	m^3	0.001	215.17	0.22		

续表

工程名称：某单层建筑　　　　标段：　　　　第 7 页　共 8 页

序号	项目编码	项目名称	计量单位	工程量	材料组成明细						
					主要材料名称、规格、型号	单位	数量	单价/元	合价/元	暂估材料单价/元	暂估材料合价/元
33	010902004001	屋面排水管	m	12	塑料弯头ϕ110	个	0.336 7	25	8.42		
					其他材料费			—	8.41	—	0
					材料费小计			—	155.2	—	
34	011102003001	块料楼地面	m^2	76.96	抹灰水泥砂浆 1∶2（未计价）	m^3	0.019 9	265.64	5.29		
					（商）混凝土 C10	m^3	0.097 9	255	24.96		
					花岗岩板拼花δ= 20	m^2	0.018 4	85	1.56		
					陶瓷地面砖 600 mm×600 mm	m^2	0.993 2	210	208.57		
					其他材料费			—	1.04	—	0
					材料费小计			—	241.43	—	
35	011107002001	块料台阶面	m^2	7.55	抹灰水泥砂浆 1∶2（未计价）	m^3	0.029 9	265.64	7.94		
					陶瓷地砖	m^2	1.569	210	329.49		
					其他材料费			—	1.38	—	0
					材料费小计			—	338.82	—	
36	011202001001	柱、梁面一般抹灰	m^2	5.18	水泥砂浆 1∶3（未计价）	m^3	0.015 5	222.82	3.45		
					水泥砂浆 1∶2.5（未计价）	m^3	0.006 7	236.71	1.59		
					其他材料费			—	0.06	—	0
					材料费小计			—	5.1	—	
37	011204003001	块料墙面（内墙面）	m^2	117.88	水泥砂浆 1∶3（未计价）	m^3	0.021	222.82	4.68		
					抹灰水泥砂浆 1∶2（未计价）	m^3	0.008 2	265.64	2.18		
					内墙瓷板 200 mm×300 mm	m^2	1.035	31	32.09		
					其他材料费			—	0.84	—	0
					材料费小计			—	39.78	—	

续表

工程名称：某单层建筑　　　　标段：　　　　第 8 页　共 8 页

序号	项目编码	项目名称	计量单位	工程量	材料组成明细						
					主要材料名称、规格、型号	单位	数量	单价/元	合价/元	暂估材料单价/元	暂估材料合价/元
38	011204003002	块料墙面（外墙面）	m^2	114.26	水泥砂浆 1∶3（未计价）	m^3	0.017 2	222.82	3.83		
					抹灰水泥砂浆 1∶2（未计价）	m^3	0.015	265.64	3.98		
					全瓷墙面砖 300 mm×300 mm	m^2	1.04	90	93.6		
					其他材料费			—	0.98	—	0
					材料费小计			—	102.4	—	
39	011302001001	吊顶天棚	m^2	74.34	轻钢龙骨不上人型（平面）600 mm×400 mm	m^2	1.015	30	30.45		
					PVC 扣板	m^2	1.05	28	29.4		
					PVC 边条	m	1.458 3	3.2	4.67		
					其他材料费			—	5.73	—	0
					材料费小计			—	70.25	—	
40	011401001001	木门油漆	樘	4	无光调合漆	kg	1.550 8	12.45	19.31		
					醇酸磁漆	kg	0.652 6	18.36	11.98		
					其他材料费			—	8.34	—	0
					材料费小计			—	39.63	—	
41	011407001001	柱面喷刷涂料	m^2	5.18	丙烯酸彩砂涂料	kg	3.8	17.6	66.88		
					水泥 32.5	kg	0.3	0.33	0.1		
					其他材料费			—	0.31	—	0
					材料费小计			—	67.28	—	
42	011407004001	线条刷涂料	m	15.55	其他材料费			—	0.1	—	0
					材料费小计			—	0.1	—	

表 10.24　单价措施项目计价表（表-08）

工程名称：某单层建筑　　　　标段：　　　　第 1 页　共 1 页

序号	项目编码	项目名称	项目特征	计量单位	工程量	金额/元				
						综合单价	合价	其中		
								人工费	机械费	暂估价
1	011701002001	外脚手架		m^2	165.89	11.09	1 839.72	447.9	106.17	
2	011701003001	里脚手架		m^2	15.23	3.39	51.63	29.24	1.37	
3	011702001002	基础		m^2	2.52	38.82	97.83	36.21	5.7	
4	011702002001	矩形柱		m^2	2.88	51.67	148.81	64.48	6.28	
5	011702003001	构造柱		m^2	12.64	41.73	527.47	250.4	19.34	
6	011702005001	基础梁		m^2	7.52	42.19	317.27	139.35	11.96	
7	011702006001	矩形梁		m^2	2.96	62.16	183.99	80.19	7.4	
8	011702008001	圈梁		m^2	16.26	50.38	819.18	320.48	40.65	
9	011702009001	过梁		m^2	4.11	73.31	301.3	131.56	7.32	
10	011702014001	有梁板		m^2	136.54	56.39	7 699.49	3 170.46	423.27	
11	011702022001	天沟、檐沟		m^2	43.23	116.79	5 048.83	2 581.7	62.68	
		本页小计					17 035.52	7 251.97	692.14	
		合计					17 035.52	7 251.97	692.14	

表 10.25　单价措施项目综合单价分析表（表-09）

工程名称：某单层建筑　　　　标段：　　　　第 1 页　共 2 页

序号	项目编码	项目名称	计量单位	工程量	清单综合单价组成明细											
					定额编号	定额名称	定额单位	数量	单价			合价				综合单价
									人工费	材料费	机械费	人工费	材料费	机械费	管理费和利润	
1	011701002001	外脚手架	m^2	165.89	01150136	外脚手架 钢管架 5 m以内 双排	100 m^2	0.010	269.57	628.81	63.87	2.70	6.29	0.64	0.45	11.09
2	011701003001	里脚手架	m^2	15.23	01150159	里脚手架 钢管架	100 m^2	0.010	192.28	35.67	8.52	1.92	0.36	0.09	0.13	3.39
3	011702001002	基础	m^2	2.52	01150249	现浇混凝土模板 独立基础 混凝土及钢筋混凝土 组合钢模板	100 m^2	0.010	1 437.04	1 448.26	226.26	14.37	14.48	2.26	1.81	38.82
4	011702002001	矩形柱	m^2	2.88	01150270	现浇混凝土模板 矩形柱 组合钢模板	100 m^2	0.010	2 239.06	1 514.16	218.23	22.39	15.14	2.18	2.11	51.67
5	011702003001	构造柱	m^2	12.64	01150275	现浇混凝土模板 构造柱 组合钢模板	100 m^2	0.010	1 980.92	981.5	152.52	19.81	9.82	1.53	1.65	41 73
6	011702005001	基础梁	m^2	7.52	01150277	现浇混凝土模板 基础梁 组合钢模板	100 m^2	0.010	1 852.97	1 217.9	158.53	18.53	12.18	1.59	1.63	42.19

续表

工程名称：某单层建筑　　　　标段：　　　　第 2 页　共 2 页

序号	项目编码	项目名称	计量单位	工程量	清单综合单价组成明细											
					定额编号	定额名称	定额单位	数量	单价			合价				综合单价
									人工费	材料费	机械费	人工费	材料费	机械费	管理费和利润	
7	011702006001	矩形梁	m^2	2.96	01150279	现浇混凝土模板 单梁连续梁 组合钢模板	100 m^2	0.010	2 709.28	1 809.98	249.8	27.09	18.10	2.50	2.47	62.16
8	011702008001	圈梁	m^2	16.26	01150284	现浇混凝土模板 圈梁直形 组合钢模板	100 m^2	0.010	1 970.89	1 761.99	249.8	19.71	17.62	2.50	2.16	50.38
9	011702009001	过梁	m^2	4.11	01150287	现浇混凝土模板 过梁 组合钢模板	100 m^2	0.010	3 200.77	2 248.64	178.46	32.01	22.49	1.78	2.30	73.31
10	011702014001	有梁板	m^2	136.54	01150294	现浇混凝土模板 有梁板 组合钢模板	100 m^2	0.010	2 322.04	1 764.1	309.76	23.22	17.64	3.10	2.63	56.39
11	011702022001	天沟、檐沟	m^2	43.23	01150314	现浇混凝土模板 挑檐天沟	10 m^3	0.006 4	9 286.24	3 717.83	225.17	59.72	23.91	1.45	3.30	116.79

注：本表中单价、合价、综合单价单位均为元。

表 10.26　单价措施项目综合单价材料明细表（表-10）

工程名称：某单层建筑　　　　标段：　　　　第 1 页　共 4 页

序号	项目编码	项目名称	计量单位	工程量	材料组成明细						
					主要材料名称、规格、型号	单位	数量	单价/元	合价/元	暂估材料单价/元	暂估材料合价/元
1	011701002001	外脚手架	m^2	165.89	焊接钢管 $\phi 48\times3.5$	t·天	0.675	3.2	2.16		
					直角扣件	百套·天	1.681 4	0.8	1.35		
					对接扣件	百套·天	0.236 7	0.8	0.19		
					回转扣件	百套·天	0.067 7	0.8	0.05		
					底座	百套·天	0.204 8	0.5	0.1		
					其他材料费			—	2.31	—	0
					材料费小计			—	6.16	—	
2	011701003001	里脚手架	m^2	15.23	焊接钢管 $\phi 48\times3.5$	t·天	0.013	3.2	0.04		
					直角扣件	百套·天	0.084 2	0.8	0.07		
					对接扣件	百套·天	0.003 5	0.8	0		
					其他材料费			—	0.23	—	0
					材料费小计			—	0.34	—	
3	011702001002	基础	m^2	2.52	焊接钢管 $\phi 48\times3.5$	t·天	0.226	3.2	0.72		
					直角扣件	百套·天	0.348 1	0.8	0.28		
					对接扣件	百套·天	0.064 7	0.8	0.05		
					回转扣件	百套·天	0.02	0.8	0.02		
					底座	百套·天	0.010 6	0.5	0.01		
					组合钢模板综合	m^2·天	7.332 7	0.15	1.1		
					其他材料费			—	12.42	—	0
					材料费小计			—	14.59	—	

续表

工程名称：某单层建筑　　　　标段：　　　　第 2 页　共 4 页

序号	项目编码	项目名称	计量单位	工程量	材料组成明细						
					主要材料名称、规格、型号	单位	数量	单价/元	合价/元	暂估材料单价/元	暂估材料合价/元
4	011702002001	矩形柱	m^2	2.88	焊接钢管ϕ48×3.5	t·天	0.698 5	3.2	2.24		
					直角扣件	百套·天	1.076 1	0.8	0.86		
					对接扣件	百套·天	0.199 9	0.8	0.16		
					回转扣件	百套·天	0.061 7	0.8	0.05		
					底座	百套·天	0.032 6	0.5	0.02		
					组合钢模板综合	m^2·天	16.44	0.15	2.47		
					其他材料费			—	9.28	—	0
					材料费小计			—	15.06	—	
5	011702003001	构造柱	m^2	12.64	焊接钢管ϕ48×3.5	t·天	0.493 8	3.2	1.58		
					直角扣件	百套·天	0.760 8	0.8	0.61		
					对接扣件	百套·天	0.141 4	0.8	0.11		
					回转扣件	百套·天	0.043 6	0.8	0.03		
					底座	百套·天	0.023 1	0.5	0.01		
					组合钢模板综合	m^2·天	16.321 6	0.15	2.45		
					其他材料费			—	5.08	—	0
					材料费小计			—	9.88	—	
6	011702005001	基础梁	m^2	7.52	组合钢模板综合	m^2·天	8.070 5	0.15	1.21		
					其他材料费			—	10.91	—	0
					材料费小计			—	12.12	—	

续表

工程名称：某单层建筑　　　　标段：　　　　第 3 页　共 4 页

序号	项目编码	项目名称	计量单位	工程量	材料组成明细						
					主要材料名称、规格、型号	单位	数量	单价/元	合价/元	暂估材料单价/元	暂估材料合价/元
7	011702006001	矩形梁	m^2	2.96	焊接钢管$\phi 48\times 3.5$	t·天	1.452 6	3.2	4.65		
					直角扣件	百套·天	2.237 8	0.8	1.79		
					对接扣件	百套·天	0.415 8	0.8	0.33		
					回转扣件	百套·天	0.128 4	0.8	0.1		
					底座	百套·天	0.067 9	0.5	0.03		
					组合钢模板综合	m^2·天	22.387 9	0.15	3.36		
					其他材料费	—	7.88	—	0	—	0
					材料费小计	—	18.14	—		—	
8	011702008001	圈梁	m^2	16.26	焊接钢管	t·天	1.056 4	3.2	3.38		
					直角扣件	百套·天	1.627 5	0.8	1.3		
					对接扣件	百套·天	0.302 4	0.8	0.24		
					回转扣件	百套·天	0.093 4	0.8	0.07		
					底座	百套·天	0.049 4	0.5	0.02		
					组合钢模板综合	m^2·天	16.105 3	0.15	2.42		
					其他材料费			—	10.14	—	0
					材料费小计			—	17.58	—	
9	011702009001	过梁	m^2	4.11	焊接钢管$\phi 48\times 3.5$	t·天	1.452 6	3.2	4.65		
					直角扣件	百套·天	2.237 8	0.8	1.79		
					对接扣件	百套·天	0.415 8	0.8	0.33		

续表

工程名称：某单层建筑　　　　标段：　　　　第 4 页　共 4 页

序号	项目编码	项目名称	计量单位	工程量	材料组成明细						
					主要材料名称、规格、型号	单位	数量	单价/元	合价/元	暂估材料单价/元	暂估材料合价/元
9	011702009001	过梁	m^2	4.11	回转扣件	百套·天	0.128 4	0.8	0.1		
					底座	百套·天	0.067 9	0.5	0.03		
					组合钢模板综合	m^2·天	21.363 2	0.15	3.2		
					其他材料费			—	12.34	—	0
					材料费小计			—	22.46	—	
10	011702014001	有梁板	m^2	136.54	焊接钢管 $\phi 48\times 3.5$	t·天	1.213 4	3.2	3.88		
					直角扣件	百套·天	1.869 3	0.8	1.5		
					对接扣件	百套·天	0.347 3	0.8	0.28		
					回转扣件	百套·天	0.107 3	0.8	0.09		
					底座	百套·天	0.056 7	0.5	0.03		
					组合钢模板综合	m^2·天	20.856 6	0.15	3.13		
					其他材料费	—	8.76	—	0		
					材料费小计	—	17.66	—			
11	011702022001	天沟、檐沟	m^2	43.23	组合钢模板综合	m^2·天	36.904 7	0.15	5.54		
					U 型卡	百套·天	7.525 1	0.15	1.13		
					其他材料费			—	17.23	—	0
					材料费小计			—	23.9	—	

表 10.27　总价措施项目计价表（表-12）

工程名称：某单层建筑　　　　　　　　　　标段：　　　　　　　　　　第 1 页　共 1 页

序号	项目编码	项目名称	计算基础	费率/%	金额/元	调整费率/%	调整后金额/元	备注
1	011707001001	安全文明施工费（建筑）			4 612			
	1	环境保护费、安全施工费、文明施工费（建筑）	建筑定额人工费+建筑定额机械费×8%	10.17	2 997.06			
	2	临时设施费（建筑）	建筑定额人工费+建筑定额机械费×8%	5.48	1 614.94			
2	011707005001	冬、雨季施工增加费，生产工具用具使用费，工程定位复测，工程点交、场地清理费	分部分项定额人工费+分部分项定额机械费×8%	5.95	1 753.44			
合　计					6 365.44			

注：按施工方案计算的措施费，若无“计算基数”和“费率”的数值，也可只填“金额”数值，但应在备注栏说明施工方案出处或计算方法。

表 10.28　其他项目计价汇总表（表-13）

工程名称：某单层建筑　　　　　　　　　　标段：　　　　　　　　　　第 1 页　共 1 页

序号	项目名称	金额/元	结算金额/元	备注
1	暂列金额	20 000		详见明细表
2	暂估价			
2.1	材料（设备）结算价			详见明细表
2.2	专业工程暂估价			详见明细表
3	计日工			详见明细表
4	总承包服务费			详见明细表
5	其他			
5.1	人工费调差			
5.2	机械费调差			
5.3	风险费			
5.4	索赔与现场签证			详见明细表
合　计		20 000		—

注：① 材料（工程设备）暂估单价进入清单项目综合单价，此处不汇总。
② 人工费调差、机械费调差和风险费应在备注栏说明计算方法。

表 10.29　暂列金额明细表（表-13-1）

工程名称：某单层建筑　　　　　　　　　标段：　　　　　　　　　第 1 页　共 1 页

序号	项目名称	计量单位	暂定金额/元	备注
1	暂列金额		20 000	部分图纸暂缺
合　计			20 000	—

注：此表由招标人填写，如不能详列，也可只列暂列金额总额，投标人应将上述暂列金额计入投标总价中。

表 10.30　总承包服务费计价表（表-13-5）

工程名称：某单层建筑　　　　　　　　　标段：　　　　　　　　　第 1 页　共 1 页

序号	项目名称	项目价值/元	服务内容	计算基础	费率/%	金额/元
1	发包人发包专业工程					
2	发包人提供材料		甲供材料验收保管	32 036.03	1	320.36
合　计		—	—		—	320.36

注：① 此表项目名称、服务内容由招标人填写，编制招标控制价时，费率及金额由招标人按有关计价规定确定。
② 投标时，费率及金额由投标人自主报价，计入投标总价中。

表 10.31　发包人提供材料和工程设备一览表（表-21）

工程名称：某单层建筑　　　　　　　　　标段：　　　　　　　　　第 1 页　共 1 页

序号	材料（工程设备）名称、规格、型号	单位	数量	单价/元	合价/元	交货方式	送达地点	备注
1	Ⅰ级钢筋 HPB300 ϕ10 以内	t	0.035	3 840	134.40	成本加运费	工地指定堆放点	
2	Ⅰ级钢筋 HPB300 ϕ10 以外	t	0.109	4 070	443.63	成本加运费	工地指定堆放点	
3	（商）混凝土 C10	m^3	7.535	255	1 921.43	成本加运费	工地指定位置	
4	（商）混凝土 C15	m^3	2.74	265	726.10	成本加运费	工地指定位置	
5	（商）混凝土 C25	m^3	24.482	285	6 977.37	成本加运费	工地指定位置	
6	（商）细石混凝土 C20（未计价）	m^3	2.332	275	641.30	成本加运费	工地指定位置	
7	玻纤胎沥青瓦 1 000 mm×333 mm	m^2	256.027	41	10 497.11	成本加运费	工地仓库	
8	全瓷墙面砖 300 mm×300 mm	m^2	118.83	90	10 694.70	成本加运费	工地仓库	
	合计				32 036.03			

表 10.32 规费税金计价表（表-14）

工程名称：某单层建筑　　　　标段：　　　　第 1 页　共 1 页

序号	项目名称	计算基础	计算基数	计算费率/%	金额/元
1	规费	社会保险费、住房公积金、残疾人保证金＋危险作业意外伤害险＋工程排污费	8 816.8		8 816.8
1.1	社会保险费、住房公积金、残疾人保证金	分部分项定额人工费＋单价措施定额人工费＋其他项目定额人工费	32 654.82	26	8 490.25
1.2	危险作业意外伤害险	分部分项定额人工费＋单价措施定额人工费＋其他项目定额人工费	32 654.82	1	326.55
1.3	工程排污费				
2	税金	分部分项工程＋措施项目＋其他项目＋规费－不计税工程设备费		11.36	7 172.56
合　计					15 989.36

编制人（造价人员）：　　　　复核人（造价工程师）：

表 10.33 招标控制价公布表

招标人名称：　　　　时间：　年　月　日

序号	名称	金　额	
		小写	大　写
1	分部分项工程费	152 794.52	壹拾伍万贰仟柒佰玖拾肆元伍角贰分
2	措施费	22 543.48	贰万贰仟伍佰肆拾叁元肆角捌分
2.1	环境保护、临时设施、安全、文明费合计	3 990.72	叁仟玖佰玖拾元柒角贰分
2.2	脚手架、模板、垂直运输、大机进出场及安拆费合计	0	零元整
2.3	其他措施费	18 552.76	壹万捌仟伍佰伍拾贰元柒角陆分
3	其他项目费	21 953.14	贰万壹仟玖佰伍拾叁元壹角肆分
4	规费	8 816.8	捌仟捌佰壹拾陆元捌角
5	税金	7 172.56	柒仟壹佰柒拾贰元伍角陆分
6	其他		
7	招标控制价总价	213 280.5	贰拾壹万叁仟贰佰捌拾元伍角
8	备注		

编制单位：（公章）　　　　招标人：（公章）

造价工程师（签字并盖注册章）：

表 10.34　经济指标分析表

工程名称：某单层建筑　　　　　　　　标段：　　　　　　　　第 1 页　共 1 页

序号	材料名	材料量	单位	单方用量	建筑面积
1	钢材	0.03	t	0	79.36
2	钢筋	0.26	t	0.003	79.36
3	木材	0.32	m^3	0.004	79.36
4	水泥	10.35	t	0.13	79.36
5	砖	17.2	千块	0.217	79.36
6	砂	32.05	m^3	0.404	79.36
7	碎石	6.84	m^3	0.086	79.36
8	现浇混凝土	0.63	m^3	0.008	79.36
9	商品混凝土	40.53	m^3	0.511	79.36
10	木模板	0.67	m^3	0.008	79.36
11	钢模板		kg	0	79.36

第3篇　课程设计资料

第11章　某三层砖混结构别墅楼工程施工图

11.1　建筑设计施工图

设计说明如下：

（1）本工程为三层砖混结构别墅楼。

（2）±0.00以上所有内外墙均为240 mm厚，M5混合砂浆砌筑标准砖。

（3）①轴线外立面贴240 mm厚保温隔热层。

（4）门窗尺寸及做法见表11.1。

表11.1　门 窗 表

类型	设计代号	洞口尺寸/mm		数量	备注
		宽	高		
窗	C1A	1 800	2 000	2	铝合金或塑钢推拉窗
	C1B	1 800	1 800	2	铝合金或塑钢推拉窗
	C2	1 200	1 800	4	铝合金或塑钢推拉窗
	C3	900	1 800	2	铝合金或塑钢推拉窗
	GC1	1 800	1 200	2	铝合金或塑钢推拉窗
门	M1	1 800	2 400	7	无亮子带套实木门
	M2	900	2 400	7	无亮子带套实木门
	M3	800	2 100	4	无亮子塑料平开门
	M4	1 800	2 100	1	无亮子塑钢推拉门

注：门、窗可根据市场成品确定样式。

（5）外墙面做法：20 mm厚1∶2水泥砂浆打底，1∶2.5水泥砂浆贴240 mm×60 mm面砖，缝宽10 mm，勾平缝。

（6）屋面做法：混凝土现浇板上1∶2水泥砂浆找平层，1∶2.5水泥砂浆贴陶瓷瓦屋面。

（7）楼梯间屋顶防水做法：混凝土现浇板上 1：2 水泥砂浆找平层，高聚物改性沥青卷材防水层。

（8）室外台阶做法：80 mm 厚 C10 混凝土地坪垫层，M5 水泥砂浆砖砌踏步，1：2.5 水泥砂浆贴花岗岩面层。

（9）室外硬地面做法：100 mm 厚 C10 混凝土地坪垫层，20 mm 厚 1：2 水泥砂浆面层，提浆抹光。

（10）室外散水做法：100 mm 厚泥结碎石垫层，60 mm 厚 C10 混凝土散水，5 mm 厚 1：2 水泥砂浆加浆抹光，沥青砂浆填缝。

（11）楼梯栏杆做法：不锈钢金属扶手带栏杆。

（12）油漆做法：所有木门刷白色调和漆二遍、磁漆一遍。

（13）图中未注明的门垛尺寸均为 120 mm。

（14）室内装饰装修做见表 11.2。

表 11.2　室内装饰表

序号	名称	做法出处	装修部位								
			卧室	客厅	餐厅	过厅	楼梯间	卫生间	厨房	储藏室	阁楼
1	强化木地板地面	西南 11J312-3172D	○	○							
2	强化木地板楼面	西南 11J312-3172L	○	○						○	
3	花岗岩地面	西南 11J312-3143D			○	○					
4	花岗岩楼面	西南 11J312-3143L			○	○					
5	花岗岩楼梯面	西南 11J312-3149					○				
8	花岗岩踢脚线	西南 11J312-4109T			○	○	○				
6	防滑地砖地面	西南 11J312-3122D						○	○		
7	防滑地砖楼面	西南 11J312-3122L						○	○		
9	水磨石楼面（分格）	西南 11J312-3117L									○
10	水磨石踢脚线	西南 11J312-4105T									
11	混合砂浆内墙面	西南 11J515-N03	○	○	○	○	○			○	○
12	双飞粉墙面	西南 11J515-N03	○	○	○	○	○			○	○
13	白瓷砖墙面	西南 11J515-N10						○	○		
14	混合砂浆天棚面	西南 11J515-P05	○	○	○	○	○			○	○
15	双飞粉天棚面	西南 11J515-P05	○	○	○	○	○			○	○
16	塑料条扣板吊顶	西南 11J515-P12						○	○		

三层砖混结构别墅楼工程施工图如图 11.1 ~ 图 11.11 所示。

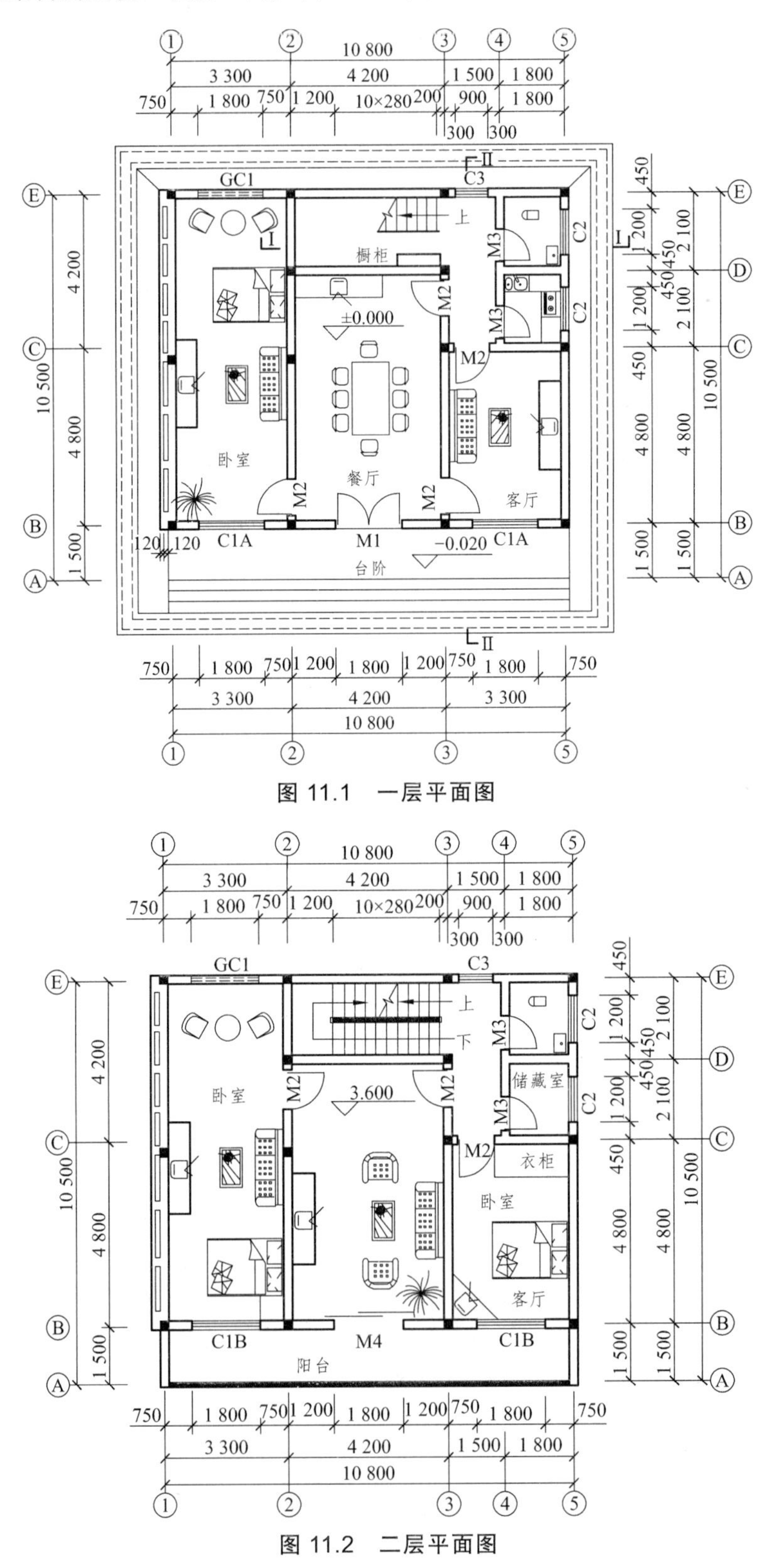

图 11.1　一层平面图

图 11.2　二层平面图

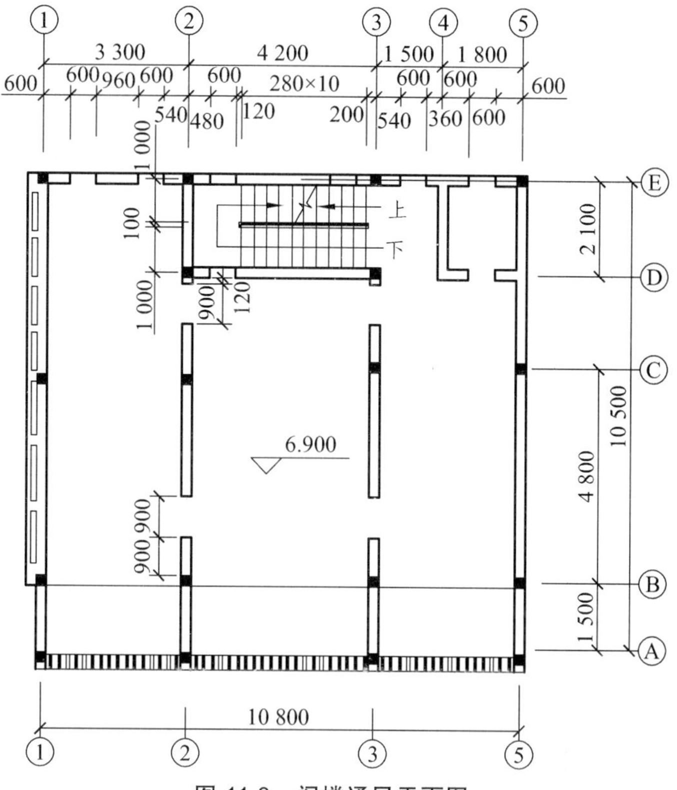

图 11.3 阁楼通风平面图

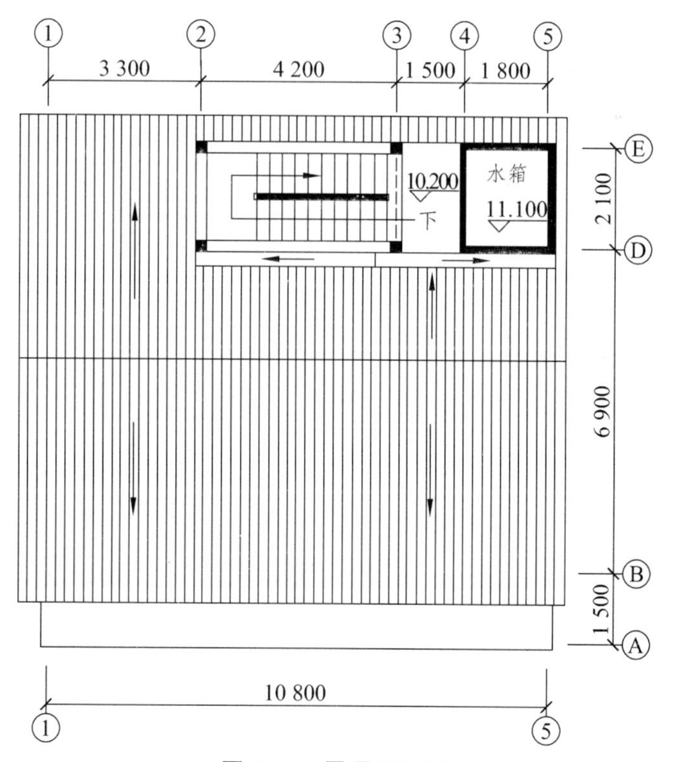

图 11.4 屋顶平面图

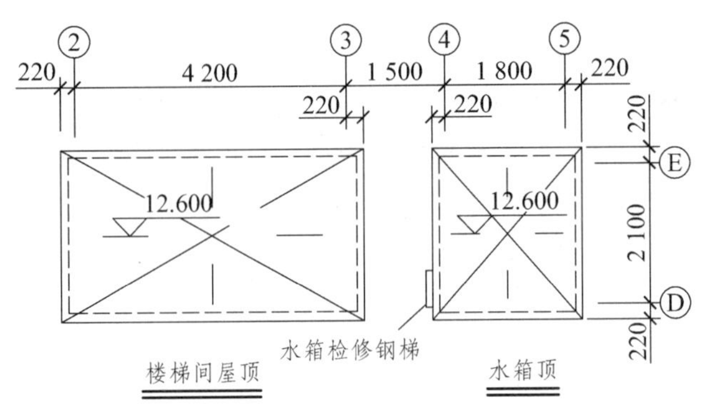

图 11.5 楼梯间屋顶、水箱顶平面大样图

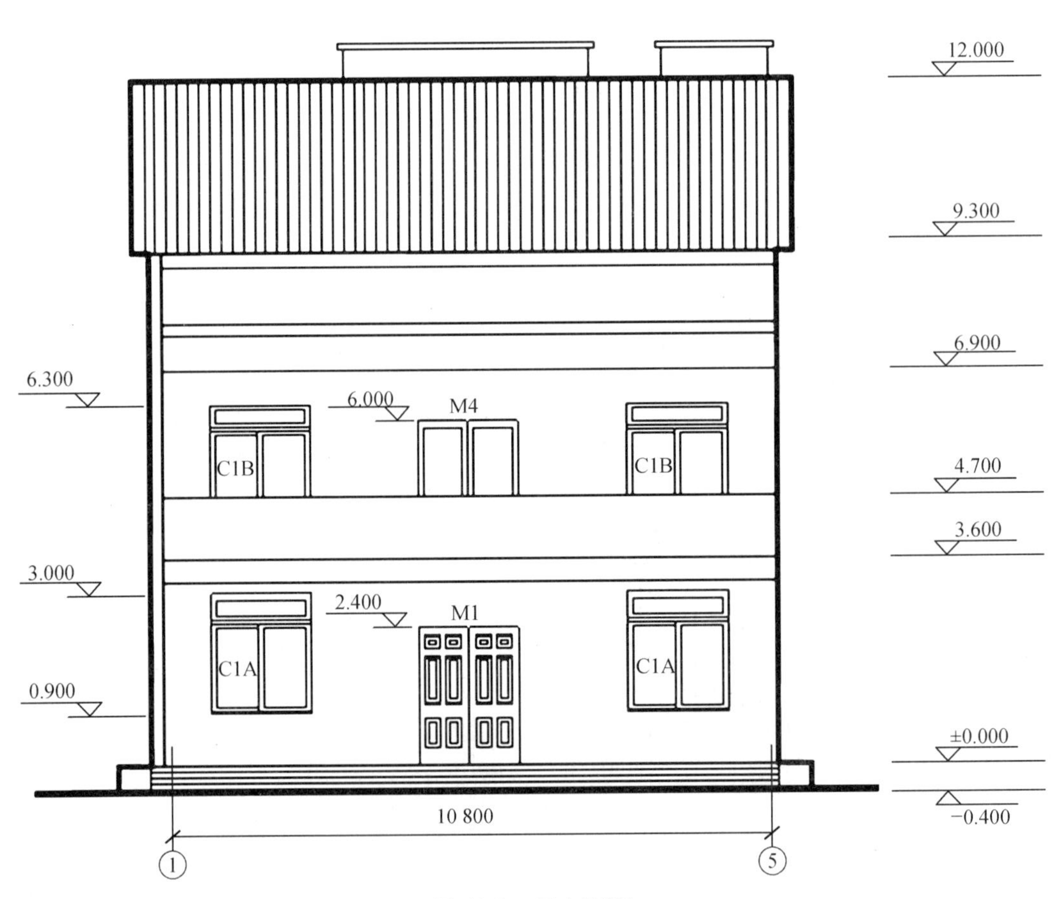

图 11.6 正立面图

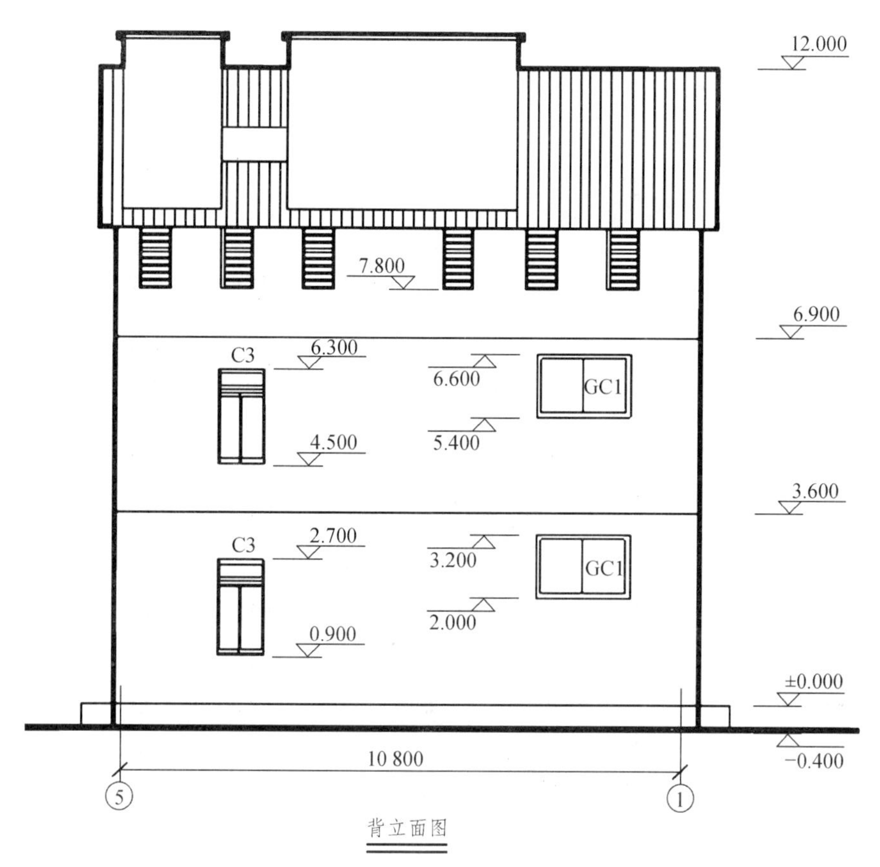

图 11.7　背立面图

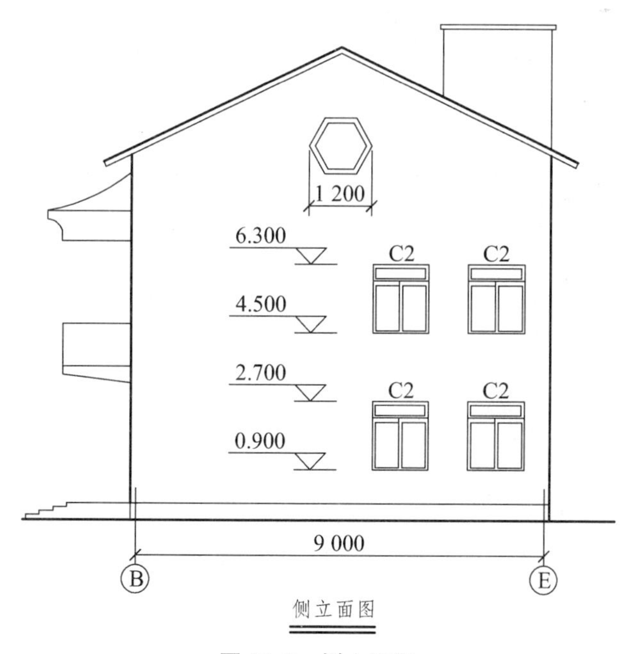

图 11.8　侧立面图

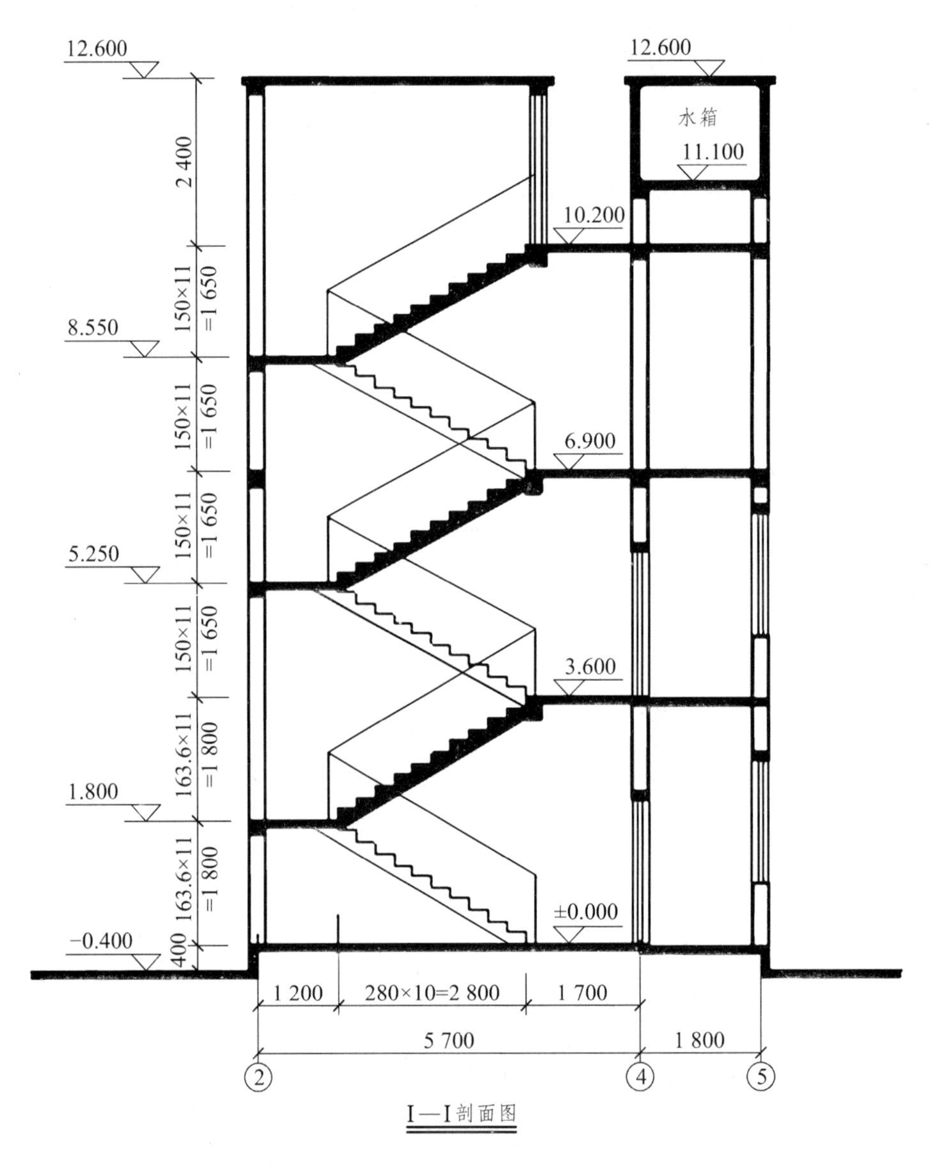
12.600
12.600
水箱
11.100
10.200
2 400
150×11
=1 650
8.550
150×11
=1 650
6.900
150×11
=1 650
5.250
150×11
=1 650
3.600
163.6×11
=1 800
1.800
163.6×11
=1 800
±0.000
−0.400
400
1 200
280×10=2 800
1 700
5 700
1 800
2
4
5
I—I剖面图

图 11.9　Ⅰ—Ⅰ剖面图

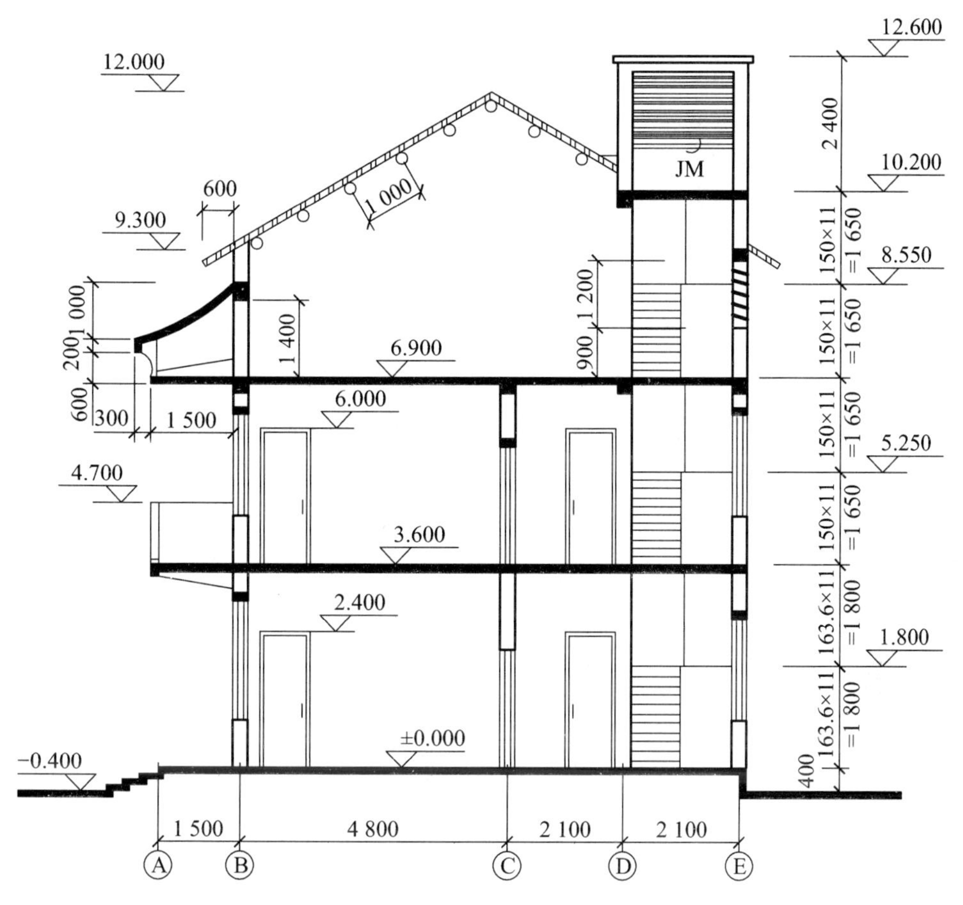

图 11.10　Ⅱ—Ⅱ剖面图

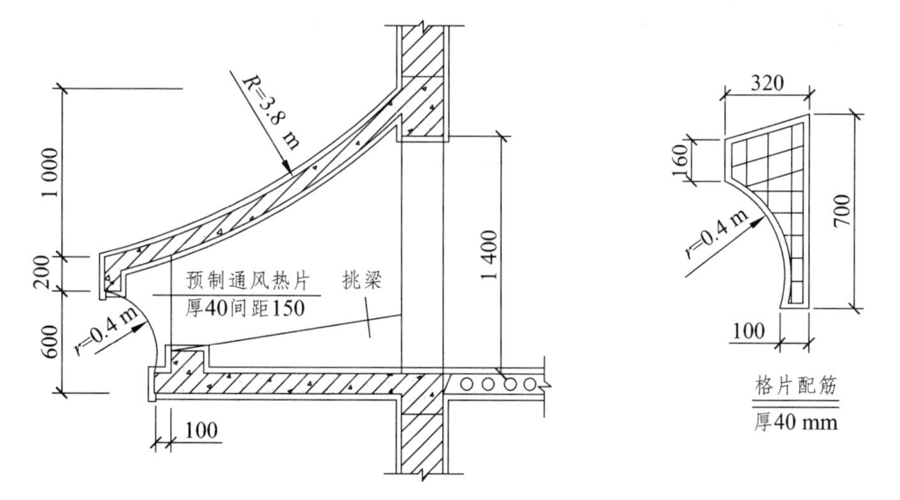

图 11.11　阁楼层通风檐口、格片大样图

11.2　结构设计施工图

设计说明如下：

（1）本工程 ± 0.00 以下所有内外墙均为 240 mm 厚，M7.5 水泥砂浆砌筑标准砖。

（2）基础混凝土为 C20，其余混凝土为 C25。

（3）门窗洞口过梁长为洞口宽两边各加 250 mm，截面尺寸 240 mm × 240 mm。

（4）构造柱纵筋向下伸入地圈梁，向上伸入屋顶圈梁，锚固 400 mm，横向设 2ϕ6@500 拉结筋与墙体拉结，拉结长度 1 000 mm 或伸至洞边。

本工程结构设计施工图如图 11.12 ~ 图 11.31 所示。

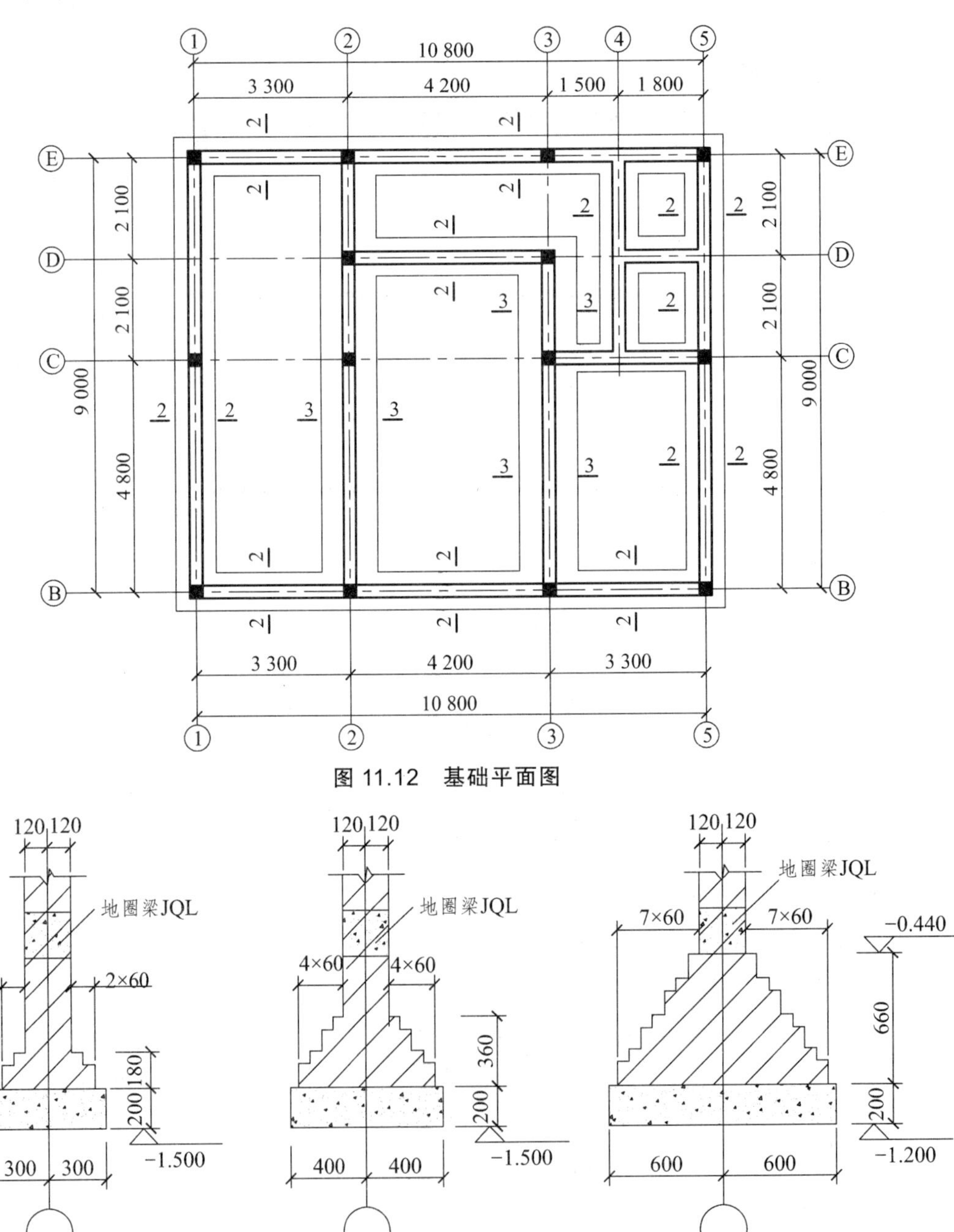

图 11.12　基础平面图

图 11.13　基础断面图

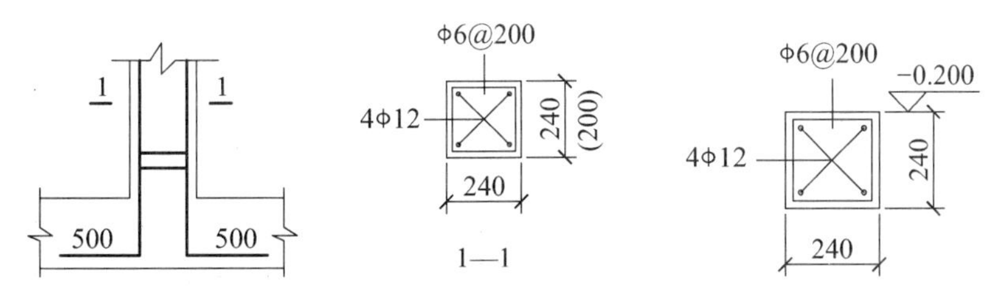

图 11.14　构造柱、地圈梁配筋图

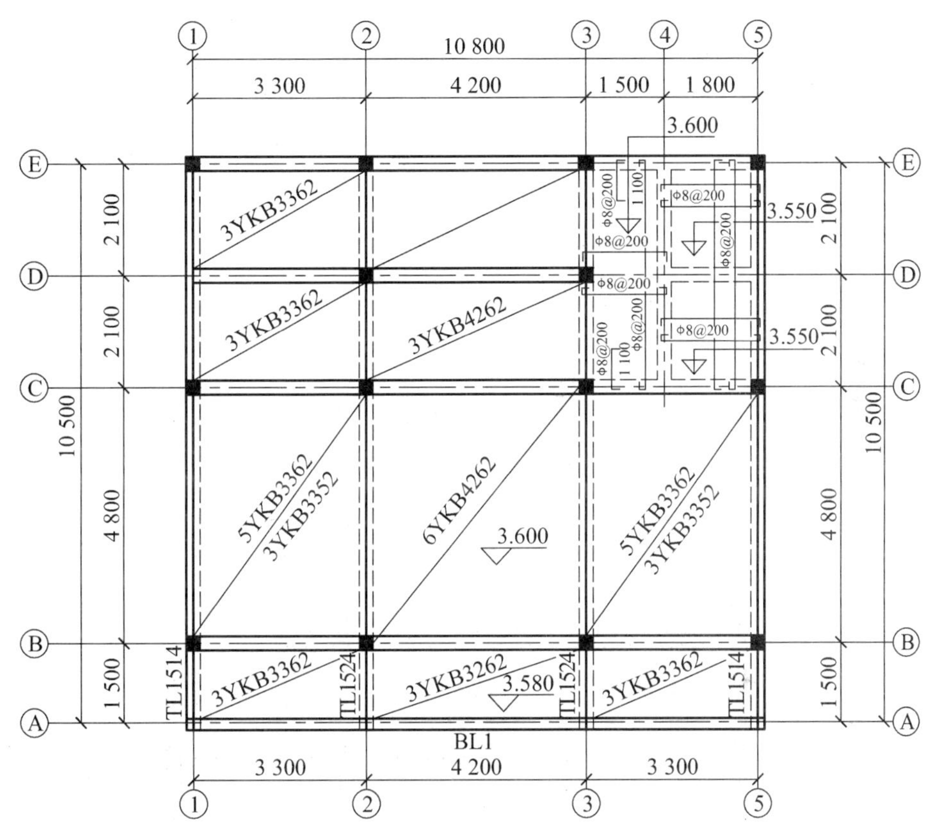

图 11.15　二层结构平面布置图

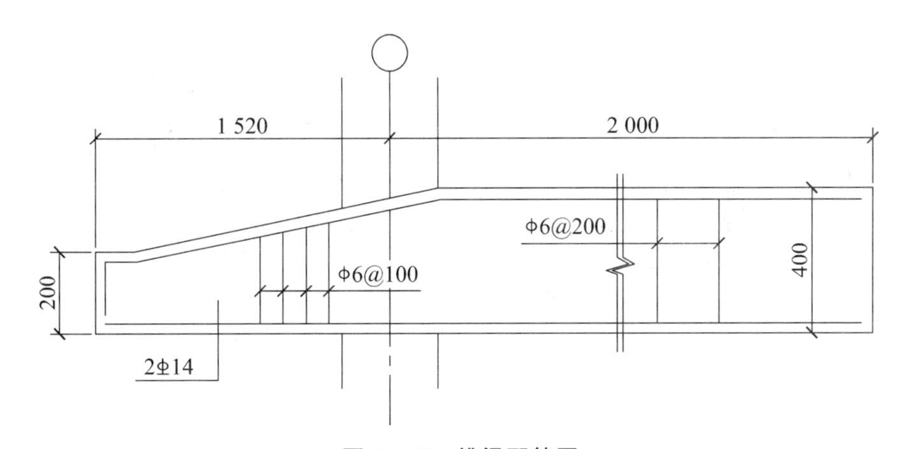

图 11.16　挑梁配筋图

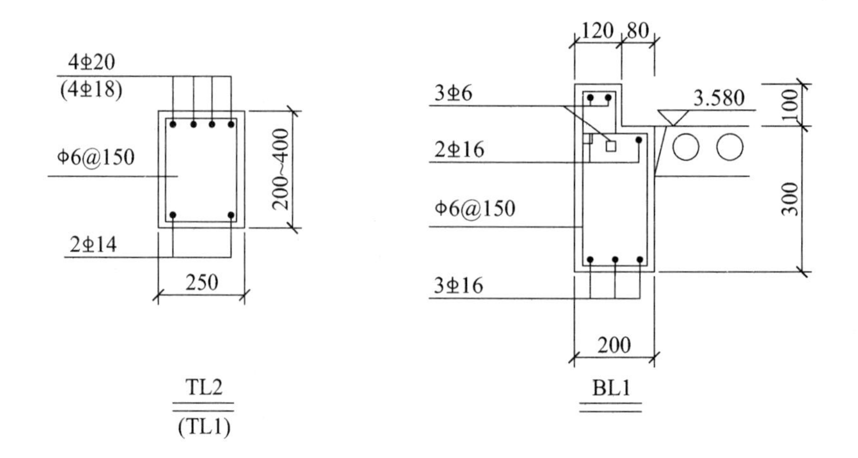

图 11.17　TL、BL1 配筋图

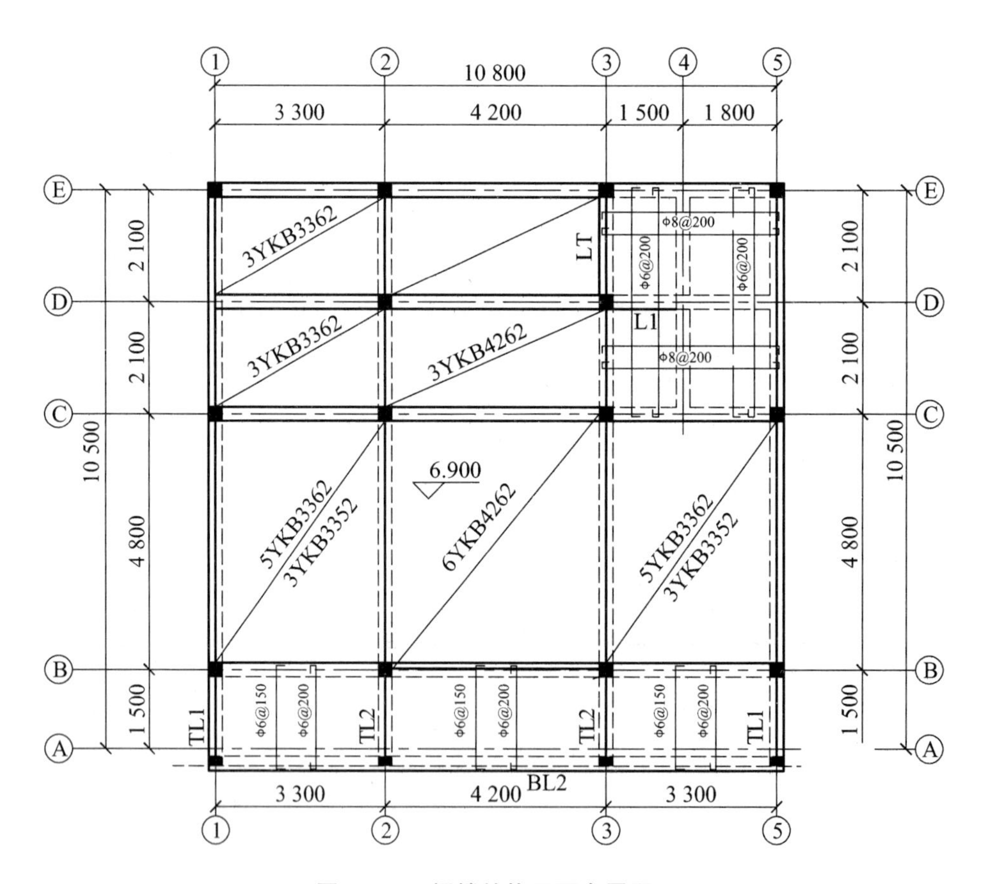

图 11.18　阁楼结构平面布置图

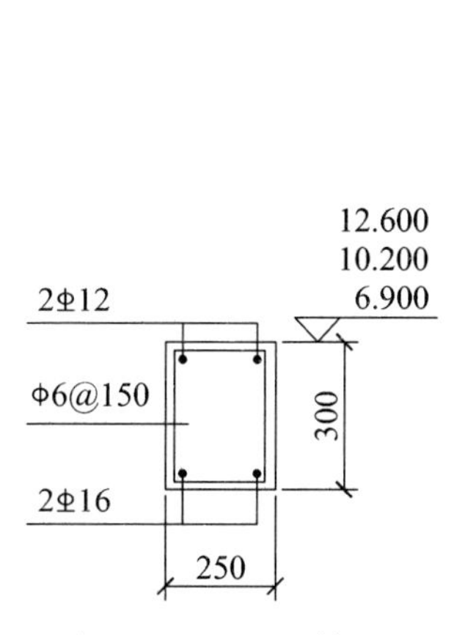

图 11.19　L1 配筋图

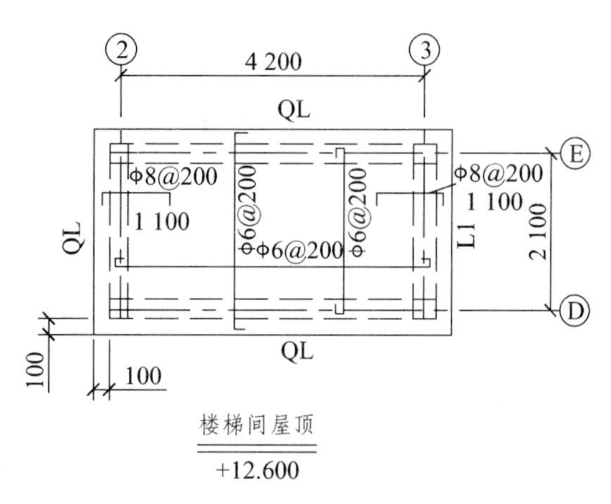

图 11.20　楼梯间屋顶配筋图

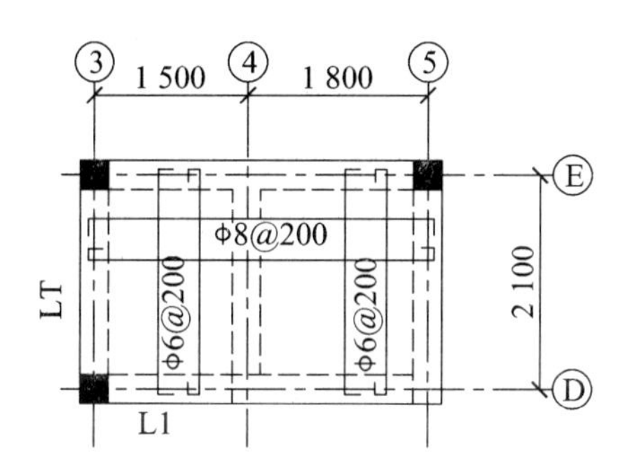

图 11.21　屋顶上架空板配筋图

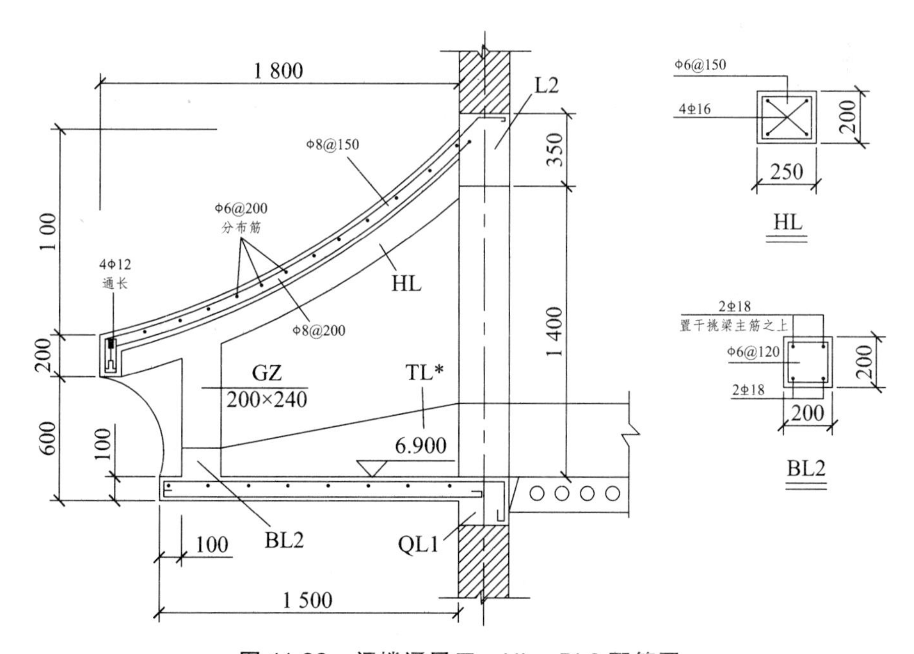

图 11.22　阁楼通风口、HL、BL2 配筋图

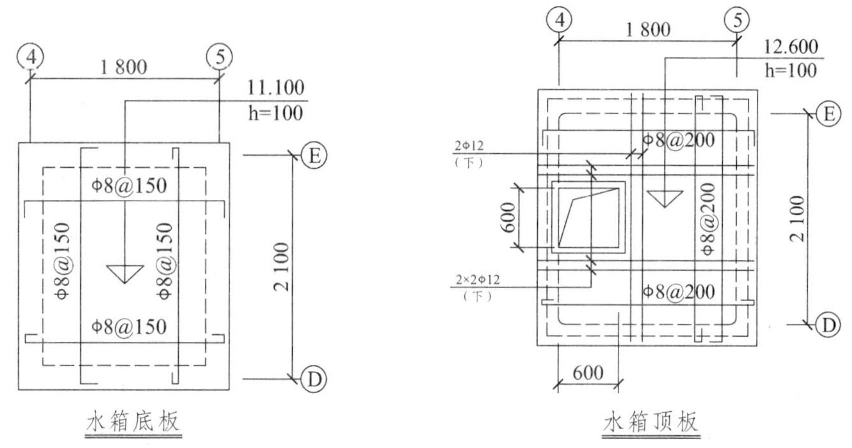

图 11.23 屋顶水箱配筋图（一）

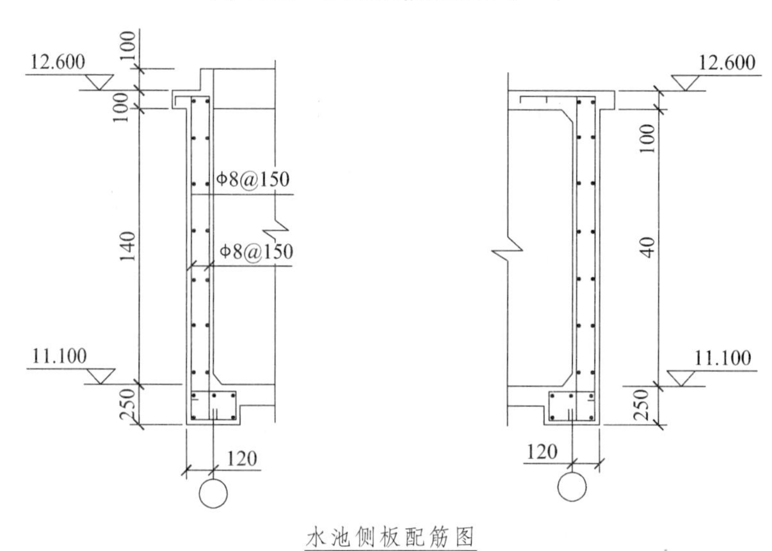

图 11.24 屋顶水箱配筋图（二）

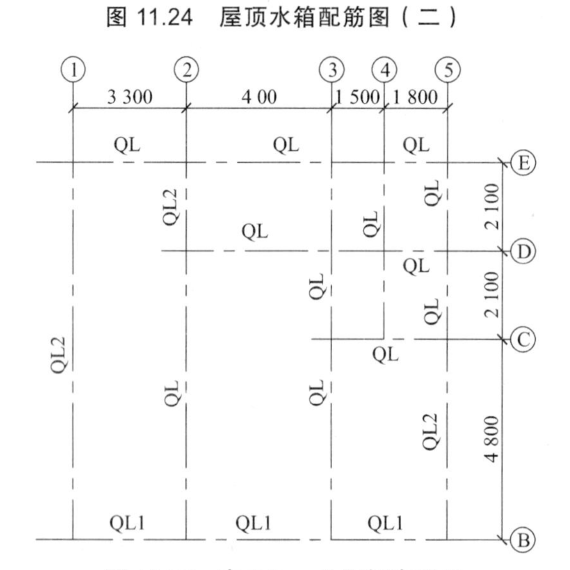

图 11.25 高 6.9 m 处圈梁布置图

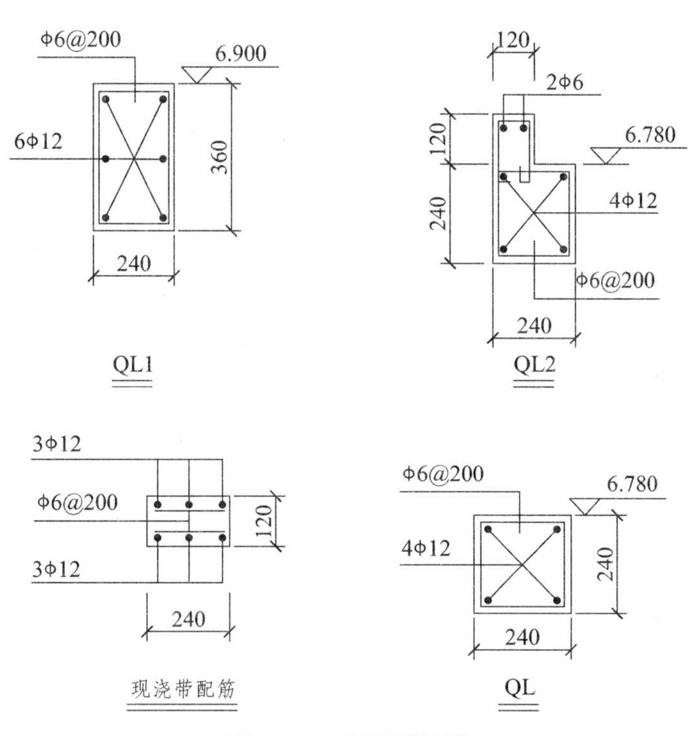

图 11.26　圈梁配筋图

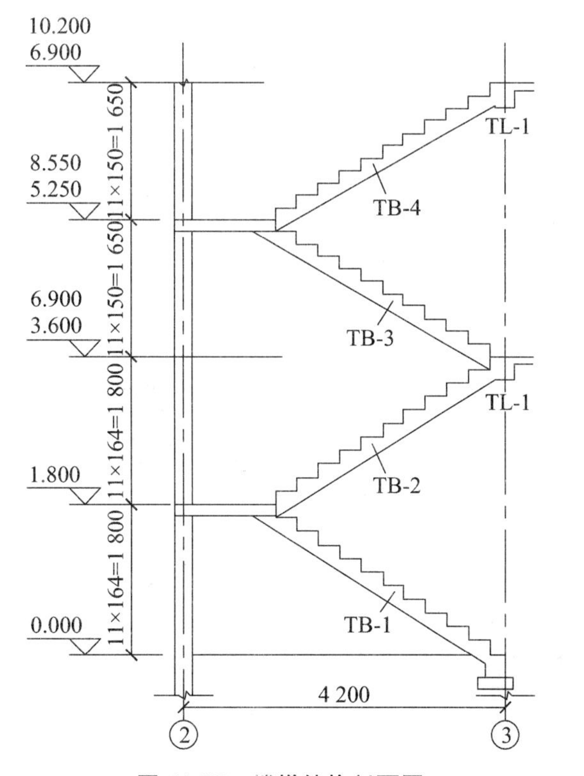

图 11.27　楼梯结构剖面图

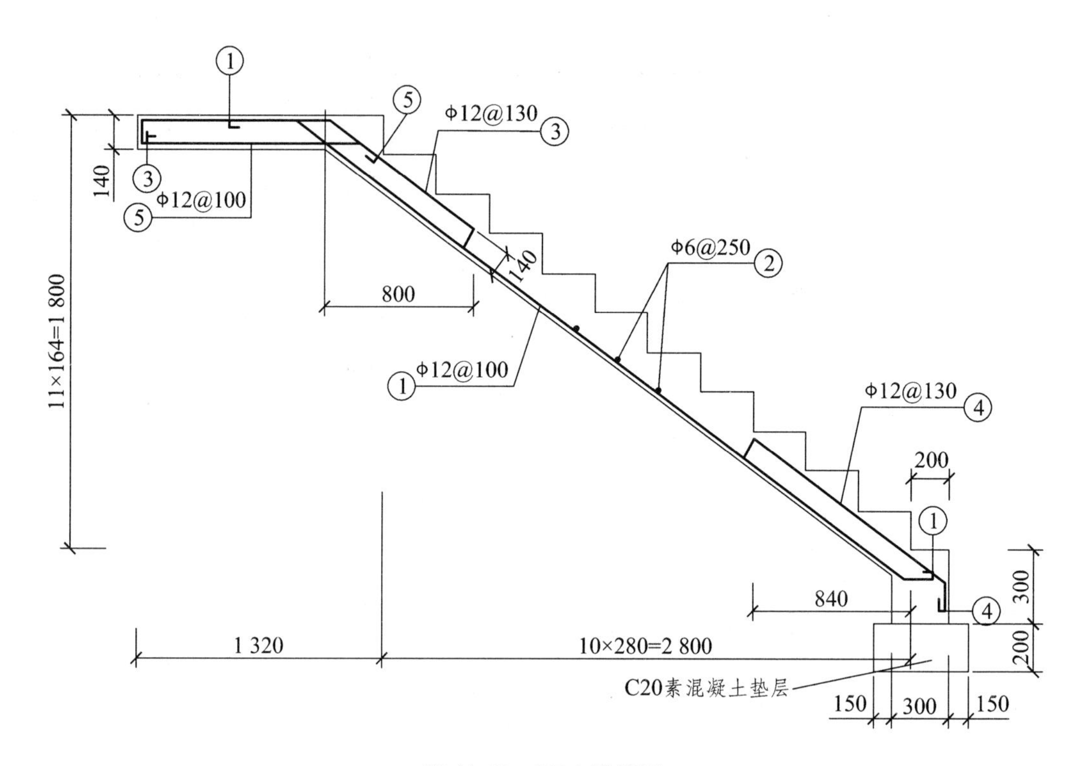

图 11.28　TB1 配筋图

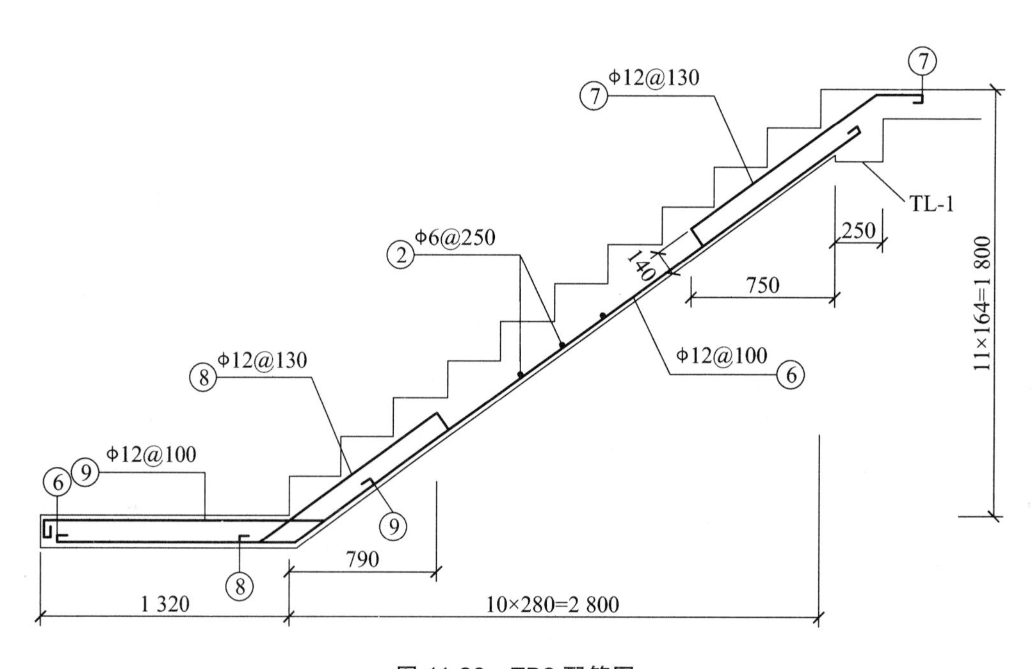

图 11.29　TB2 配筋图

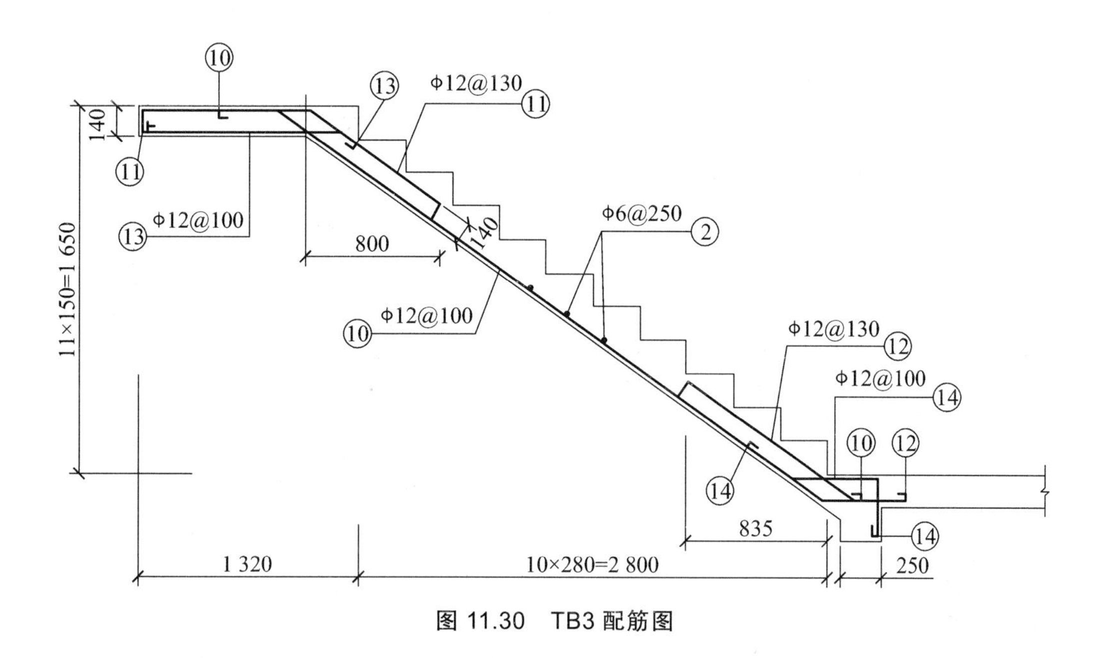

图 11.30　TB3 配筋图

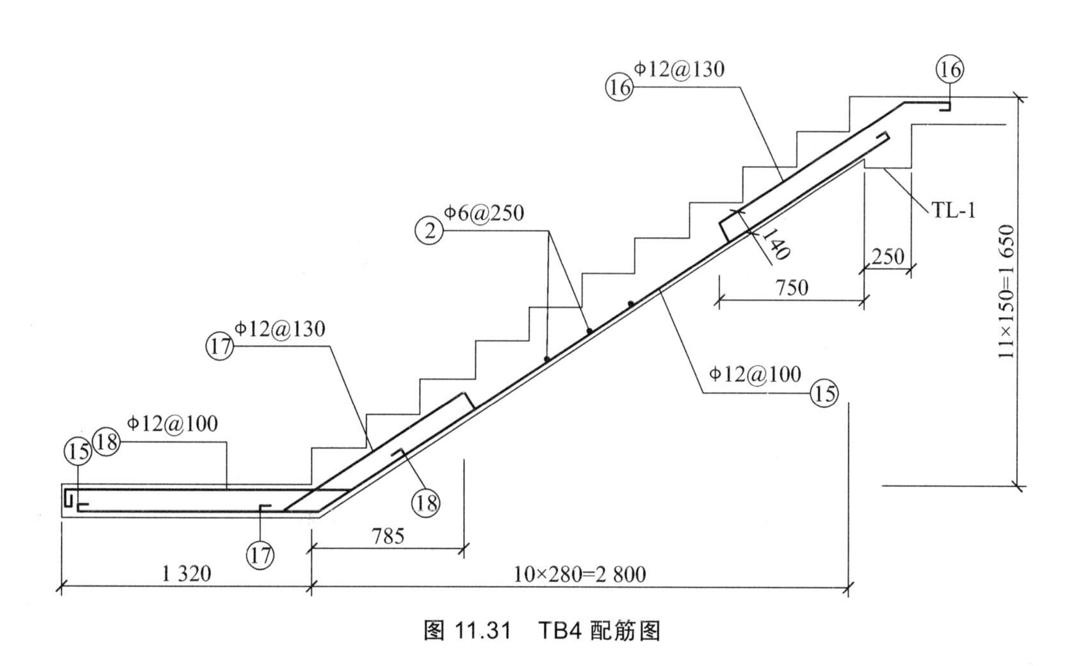

图 11.31　TB4 配筋图

第12章　某三层框架结构商住楼工程施工图

12.1　设计说明

1. 设计依据

（1）规划局批准的规划方案。

（2）《设计任务委托书》及设计合同书。

（3）甲方提供的建设用地红线图、地形图及甲方同意的设计方案。

（4）现行的国家有关建筑设计规范、规程和规定。

2. 项目概况

（1）建筑功能为商铺与住宅。

（2）主要经济技术指标：建筑面积 780.64 m^2。

（3）建筑层数、高度：本建筑层数为三层，总高度为 10.2 m。

（4）建筑结构形式为框架结构，建筑耐久年限为Ⅱ级（设计使用年限 50 年）。抗震设防烈度为Ⅷ度。

（5）耐火等级为二级。

3. 设计标高

（1）本工程 ± 0.000 相当于绝对高程 1 271.400。

（2）各层标注标高为结构面标高。

（3）本工程标高以 m 为单位，总平面尺寸以 m 为单位，其他尺寸以 mm 为单位。

4. 墙体工程

（1）非承重的外围护墙采用 190 厚混凝土小型空心砌块，用 M10 混合砂浆砌筑，其构造和技术要求详见滇 03J04 图集。

（2）建筑物的内隔墙为 190 厚混凝土小型空心砌块，用 M5 混合砂浆砌筑，其构造和技术要求详见滇 03J04 图集。

（3）卫生间四周墙体除内隔墙外均用黏土实心砖、M5.0 混合砂浆砌筑 1/2 砖墙。

（4）女儿墙用黏土实心砖、M5.0 混合砂浆砌筑 3/4 砖墙。

（5）墙体留洞及封堵。

① 砌筑墙预留洞见建施和设备图。

② 砌筑墙体预留洞过梁见结施说明。

③ 预留洞的封堵：混凝土墙留洞的封堵见结施，其余砌筑墙留洞待管道设备安装完毕后，用 C15 细石混凝土填实；变形缝处双墙留洞的封堵，应在双墙分别增设套管，套管与穿墙管之间嵌堵沥青麻丝。

5. 屋面工程

（1）本工程的屋面防水等级为二级，防水层合理使用年限为 15 年，设防做法为二道防水，防水做法详图中注（SBS 改性沥青卷材防水 4 mm 厚铝箔面）。

（2）屋面做法及屋面节点索引见建施“屋面平面图”有关详图。

（3）屋面排水组织见屋面平面图，屋面排水坡向雨水口进入雨水管。女儿墙，雨水口等部位的防水处理，请按有关规范施工，屋面预留孔洞须在铺设防水层前完成，避免事后打洞，出屋面所有管道与孔洞结合部位均作防水处理。

6. 门窗工程

（1）本工程铝合金门窗所用型材应符合国家标准。外门窗除注明外一律采用白色铝合金白色玻璃。且制作安装过程中应作防火及防腐处理，满足国家现行相关规范。

（2）门窗洞口的两侧须用钢筋混凝土浇铸或用实心砖砌筑，以保证门窗与墙体连接稳固。

（3）门窗立面均表示洞口尺寸，门窗在加工前请认真核实门窗数量，洞口尺寸。

7. 外装修工程

（1）外装修设计和做法索引见“立面图”及外墙详图。

（2）承包商进行二次设计轻钢结构、装饰物等，经确认后，向建筑设计单位提供预埋件的设置要求。

（3）外装修选用的各项材料其材质、规格、颜色等，均由施工单位提供样板，经建设和设计单位确认后进行封样，并据此验收。

（4）外装饰性钢木作建筑构件效果由设计控制，具体安装制作现场配合解决。

8. 内装修工程

（1）内装修工程执行《建筑内部装修设计防火规范》（GB 50222—1995），楼地面部分执行《建筑地面设计规范》（GB 50037—2013）。

（2）内装修见表 12.1。

（3）楼地面构造交接处和地坪高度变化处，除图中另有注明者外均位于齐平门扇开启面处。

（4）凡设有地漏房间应做防水层，图中未注明整个房间做坡度者，均在地漏周围 1 m 范围内做 1% ~ 2%坡度坡向地漏；卫生间地坪完成面低于相邻房间 50 mm。

（5）内装修选用的各项材料，均由施工单位制作样板和选样，经确认后进行封样，并据此进行验收。

9. 油漆涂料工程

（1）室内装修所采用的油漆涂料见“室内装修做法表”。

（2）内木门油醇酸清漆。

（3）装饰构架选用深蓝色调合漆，做法详西南 11J312（钢构件除锈后先刷两遍防锈漆）。

（4）栏杆扶手等铁件黑色醇酸磁漆，做法详西南 11J312。

（5）各项油漆均由施工单位制作样板，经确认后进行封样，并据此进行验收。

表 12.1　室内装修表

楼层	房间用途	楼地面装饰	内墙面装饰	天棚面装饰
一层	商铺	水磨石地面	混合砂浆墙面	混合砂浆顶面
	楼梯	水磨石楼梯面	混合砂浆墙面	混合砂浆顶面
	卫生间	地砖地面	白瓷砖墙面	塑料吊顶
二层	商铺	水磨石楼面	混合砂浆墙面	混合砂浆顶面
	客/餐厅	水磨石楼面	混合砂浆墙面	混合砂浆顶面
	楼梯	水磨石楼梯面	混合砂浆墙面	混合砂浆顶面
	卫生间	地砖楼面	白瓷砖墙面	塑料吊顶
	厨房	地砖楼面	白瓷砖墙面	塑料吊顶
	卧室	强化木地板楼面	混合砂浆墙面	混合砂浆顶面
三层	楼梯	水磨石楼梯面	混合砂浆墙面	混合砂浆顶面
	卫生间	地砖楼面	白瓷砖墙面	塑料吊顶
	卧室	强化木地板楼面	混合砂浆墙面	混合砂浆顶面
	主卧/更衣	强化木地板楼面	混合砂浆墙面	混合砂浆顶面

10. 室外工程（室外设施）

外挑檐、雨篷、室外台阶、坡道、散水、排水沟或散水带明沟做法见平面图注。

11. 建筑设备、设施工程

（1）卫生洁具、成品隔断由建设单位与设计单位商定，并应与施工配合。

（2）灯具等影响美观的器具须经建设单位与设计单位确认样品后，方可批量加工、安装。

12. 其他施工中注意事项

（1）图中所选用标准图中有对结构工种的预埋件、预留洞，如楼梯、平台钢栏杆、门窗、建筑配件等，本图所标注的各种留洞与预埋件应与各工种密切配合后，确认无误方可施工。

（2）两种材料的墙体交接处，应根据饰面材质在做饰面前加钉金属网或在施工中加贴玻璃丝网格布，防止裂缝。

（3）预埋木砖及贴邻墙体的木质面均做防腐处理，露明铁件均做防锈处理。

（4）门窗过梁详结施。

（5）楼板留洞的封堵：待设备管线安装完毕后，用 C20 细石混凝土封堵密实。

（6）施工中应严格执行国家各项施工质量验收规范。

13. 节能设计

（1）本工程建筑建设地点属温和地区，即 VB 区。

（2）本项目建筑外墙总面积 720.7 m^2，外窗面积 238.44 m^2，窗墙比为 0.50。
（3）本建筑外围护结构传热系数 K 值（$W/m^2 \cdot °C$）：

墙体：空心砌块（190 厚）双面粉刷，其中一面有保温粉剂　1.48

门窗：单层玻璃窗　1.45 ~ 1.46

屋面：陶粒混凝土保温隔热层，最薄处 60 mm 厚　0.9

（4）本项目无空气调节系统。

12.2　设计图纸

三层框架结构商住楼工程施工图图纸目录见表 12.2，具体施工图如图 12.1 ~ 图 12.26 所示。

表 12.2　图纸目录

图纸内容	图号	图纸内容	图号
建筑设计说明	建施 1/10	结构设计说明（一）	结施 1/17
一层平面图	建施 2/10	结构设计说明（二）	结施 2/17
二层平面图	建施 3/10	结构设计说明（三）	结施 3/17
三层平面图	建施 4/10	结构设计说明（四）、构造筋大样图	结施 4/17
屋面层平面图	建施 5/10	基础平面图	结施 5/17
正立面、背立面、侧立面图	建施 6/10	基础剖面图	结施 6/17
1—1 剖面图、卫生间大样图	建施 7/10	基础-标高 11.1 m 柱结构平面布置图	结施 7/17
变截面边梁大样图、玻璃栏板大样图	建施 8/10	柱配筋表	结施 8/17
1#、2#楼梯平面图、楼梯间剖面图	建施 9/10	标高 3.9 m 二层梁配筋图	结施 9/17
门窗表、门窗大样图	建施 10/10	标高 7.5 m 三层梁配筋图	结施 10/17
		标高 11.1 m 屋面梁配筋图	结施 11/17
		标高 3.9 m 二层板配筋图	结施 12/17
		标高 7.5 m 三层板配筋图	结施 13/17
		标高 11.1 m 屋面板配筋图	结施 14/17
		变断面边梁配筋图	结施 15/17
		1#楼梯配筋图	结施 16/17
		2#楼梯配筋图	结施 17/17

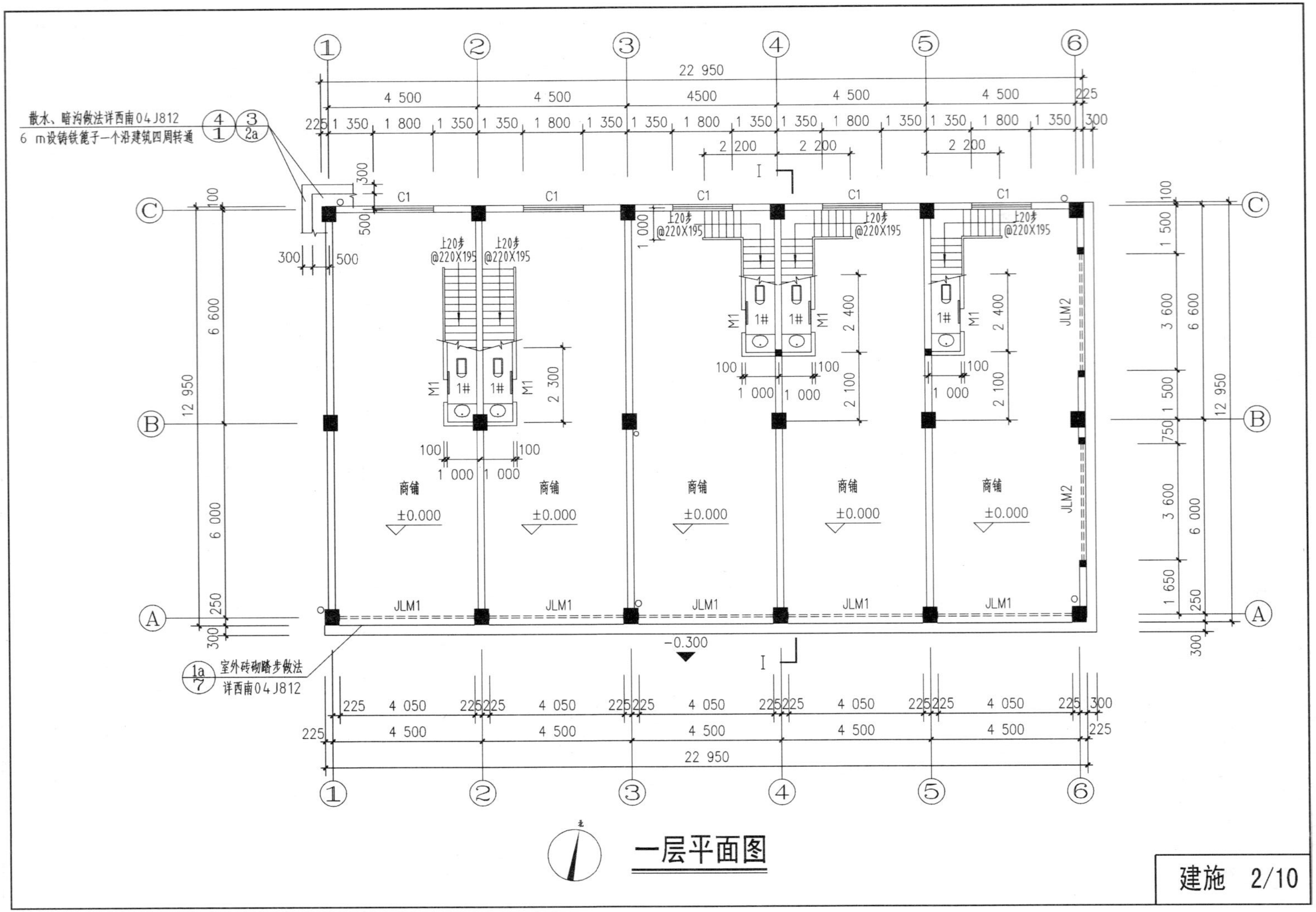

散水、暗沟做法详西南04J812
6 m设铸铁篦子一个沿建筑四周转通

室外砖砌踏步做法
详西南04J812

一层平面图

建施 2/10

图 12.1 一层平面图

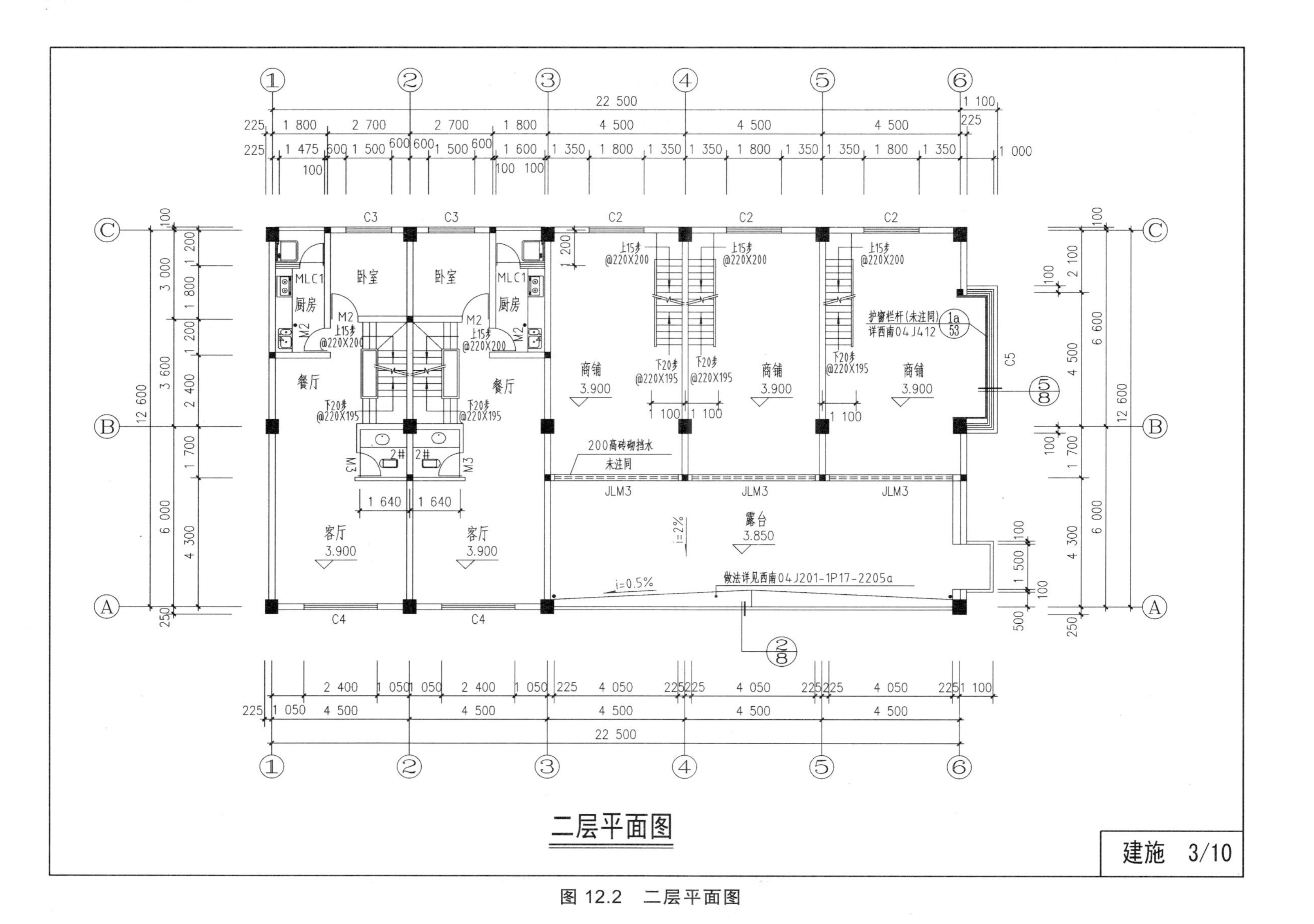

卧室
厨房
MLC1
M2
M3
2#
餐厅
客厅
3.900
商铺
3.900
露台
3.850
C2
C3
C4
C5
JLM3
上15步
@220X200
下20步
@220X195
护窗栏杆(未注同)
详西南04J412
200高砖砌挡水
未注同
i=2%
i=0.5%
做法详见西南04J201-1P17-2205a
22 500
12 600
二层平面图
建施 3/10

图 12.2 二层平面图

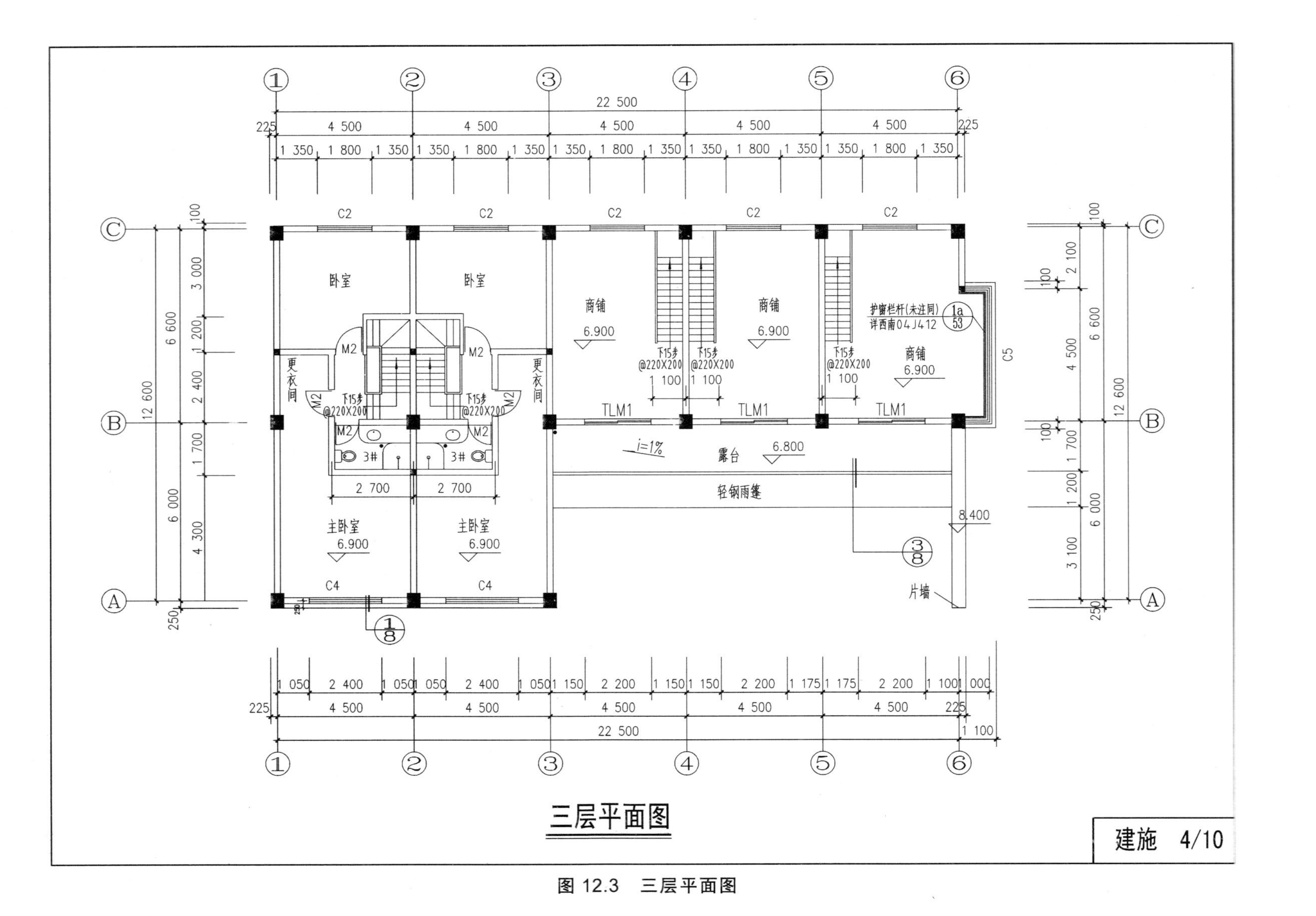
三层平面图
建施 4/10
卧室
卧室
商铺
商铺
商铺
更衣间
主卧室
露台
轻钢雨篷
片墙
护窗栏杆(未注同)
详西南04J412
TLM1
C2
C4
C5
M2
3#
下15步
@220X200
i=1%
22 500
12 600

图 12.3　三层平面图

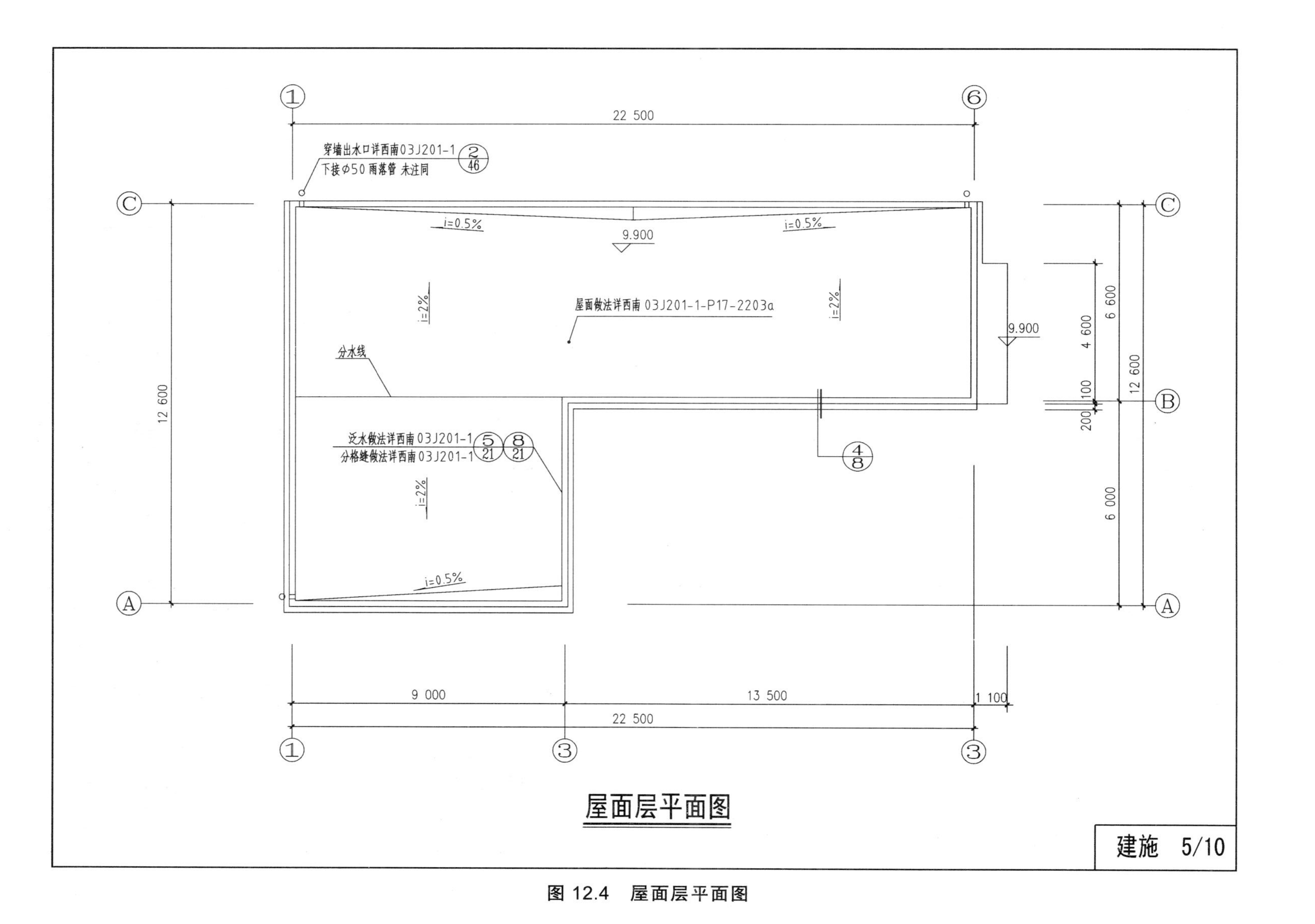

22 500
穿墙出水口详西南03J201-1 2/46
下接φ50雨落管 未注同
i=0.5%
9.900
i=0.5%
i=2%
屋面做法详西南03J201-1-P17-2203a
i=2%
分水线
9.900
6 600
4 600
100
200
12 600
泛水做法详西南03J201-1 5/21
分格缝做法详西南03J201-1 8/21
4/8
i=2%
6 000
i=0.5%
9 000
13 500
1 100
22 500
屋面层平面图
建施 5/10

图 12.4 屋面层平面图

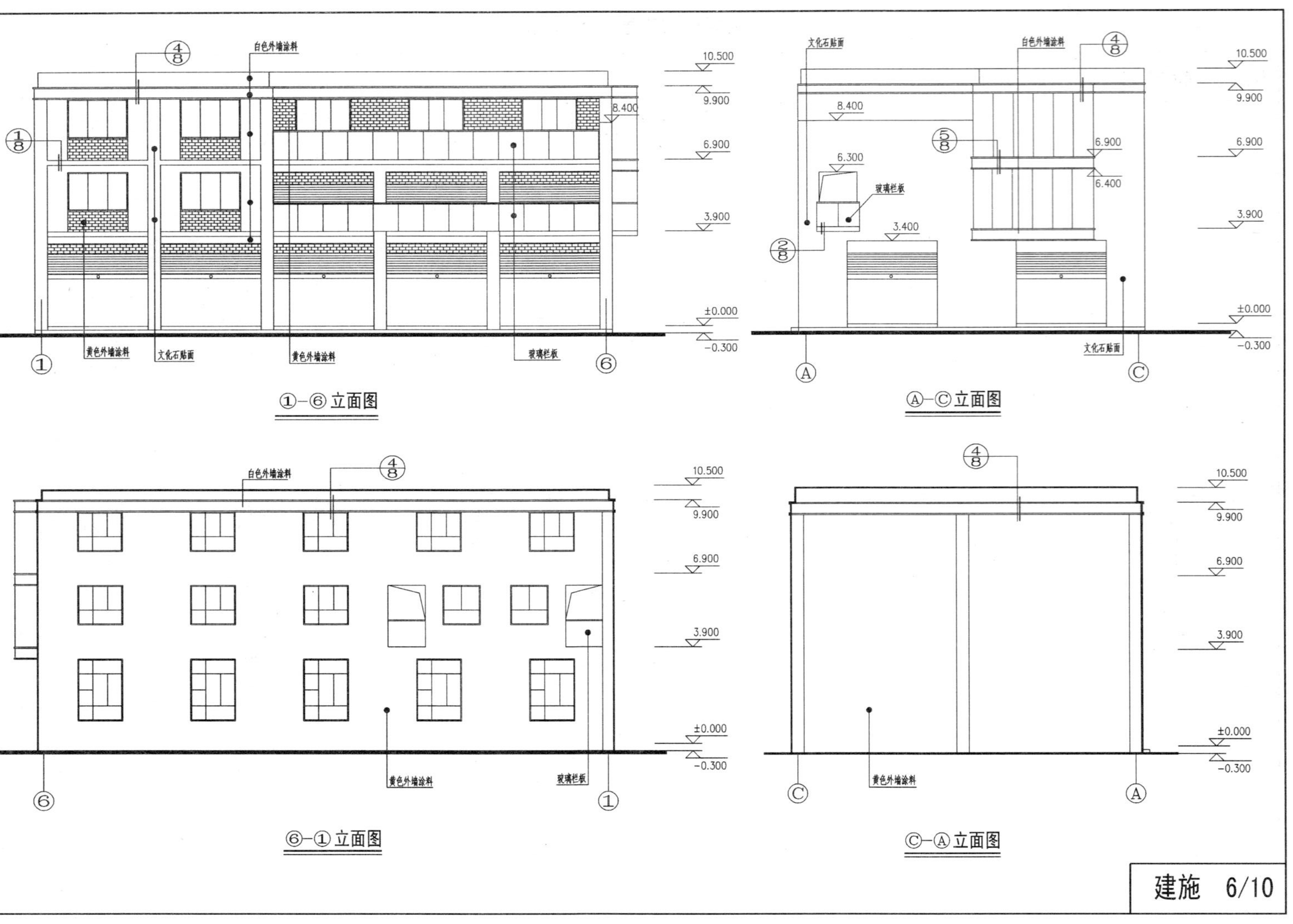
①–⑥立面图
Ⓐ–Ⓒ立面图
⑥–①立面图
Ⓒ–Ⓐ立面图
白色外墙涂料
黄色外墙涂料
文化石贴面
玻璃栏板
10.500
9.900
8.400
6.900
6.400
6.300
3.900
3.400
±0.000
-0.300
建施 6/10

图 12.5 立面图

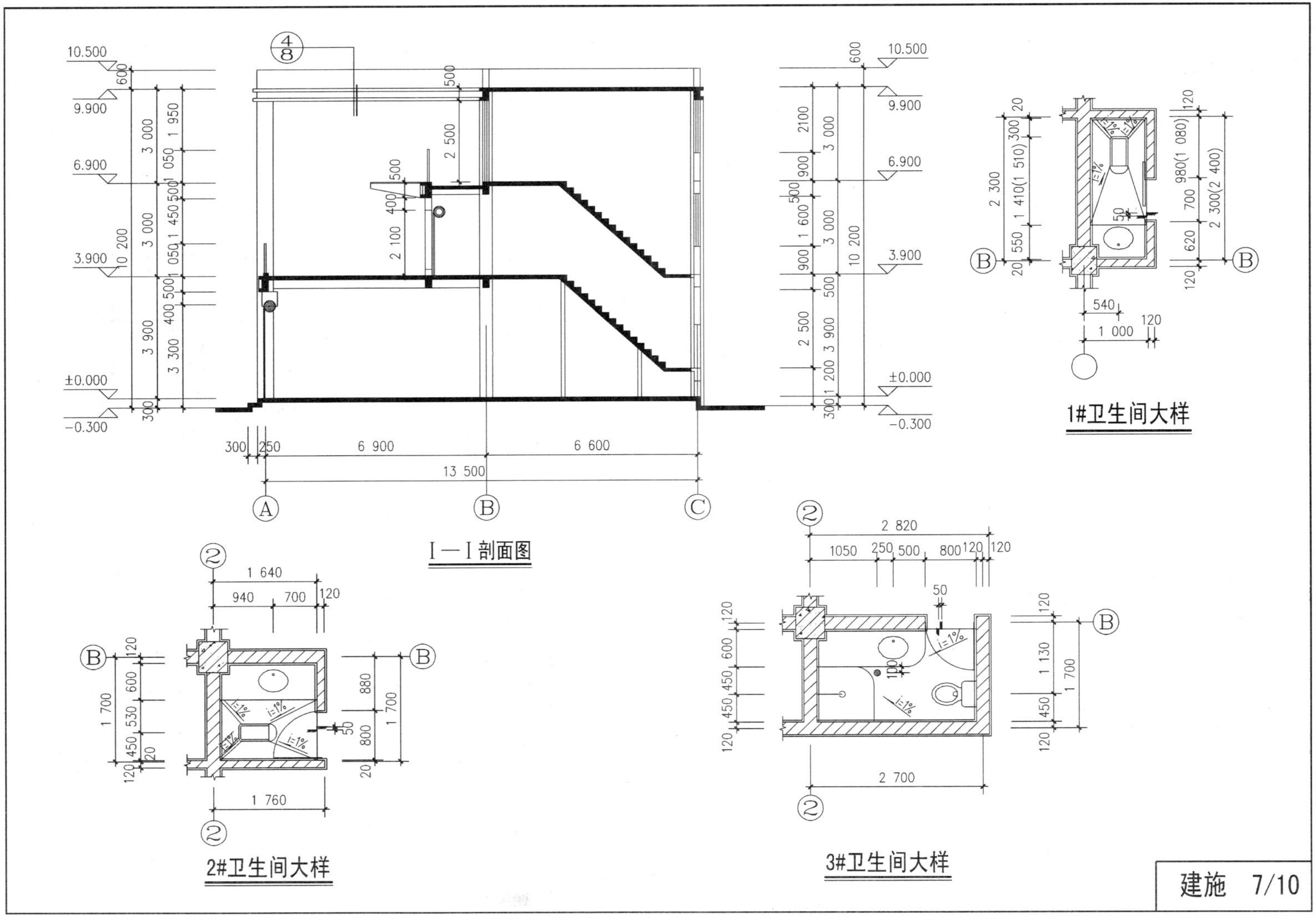

Ⅰ—Ⅰ剖面图

1#卫生间大样

2#卫生间大样

3#卫生间大样

建施 7/10

图 12.6 剖面及大样图

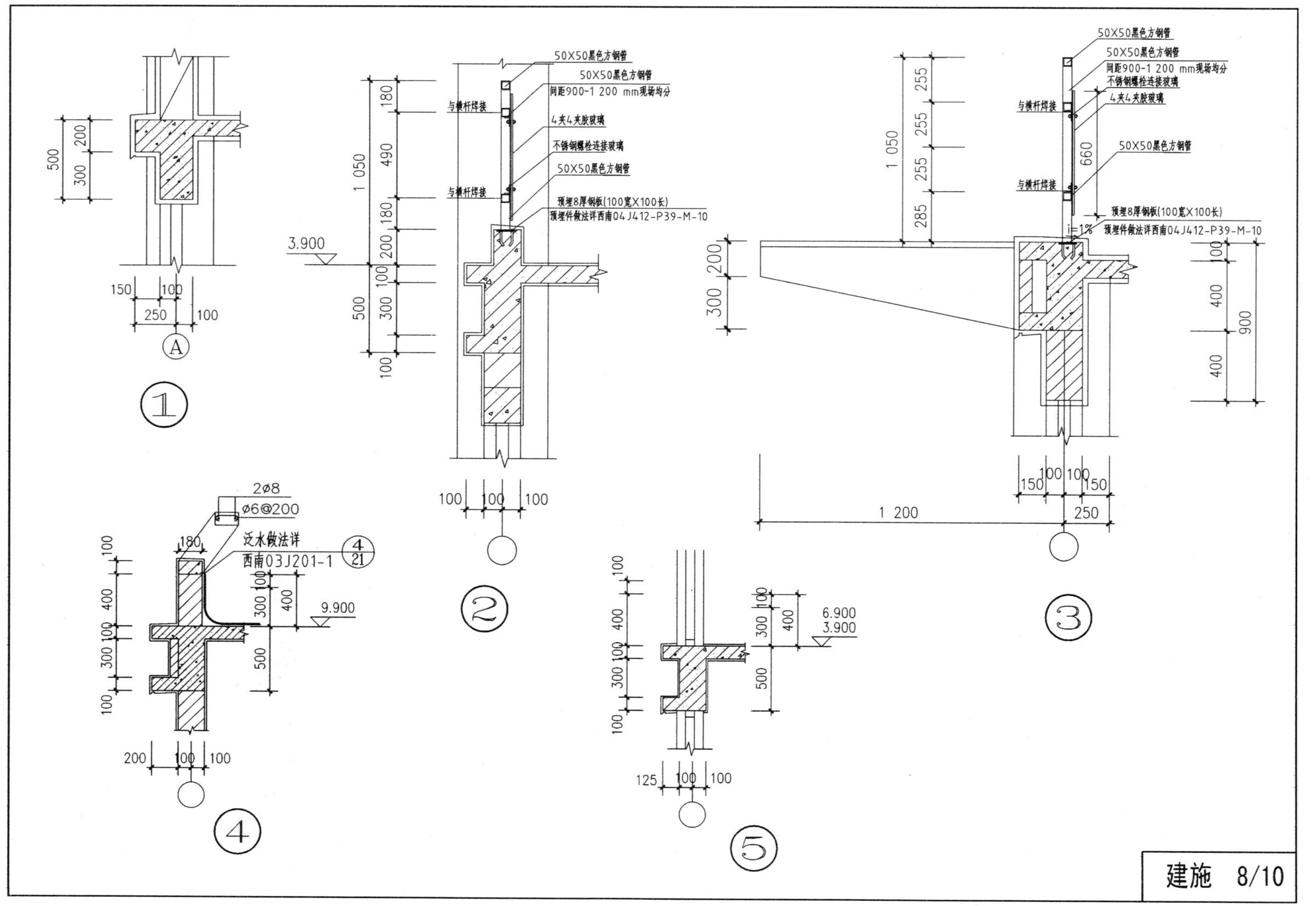
50X50黑色方钢管
间距900-1 200 mm现场均分
不锈钢螺栓连接玻璃
4夹4夹胶玻璃
与横杆焊接
预埋8厚钢板(100宽X100长)
预埋件做法详西南04J412-P39-M-10
i=1%
泛水做法详
西南03J201-1
2ø8
ø6@200
3.900
9.900
6.900
建施 8/10

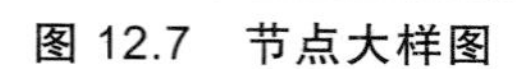
图 12.7　节点大样图

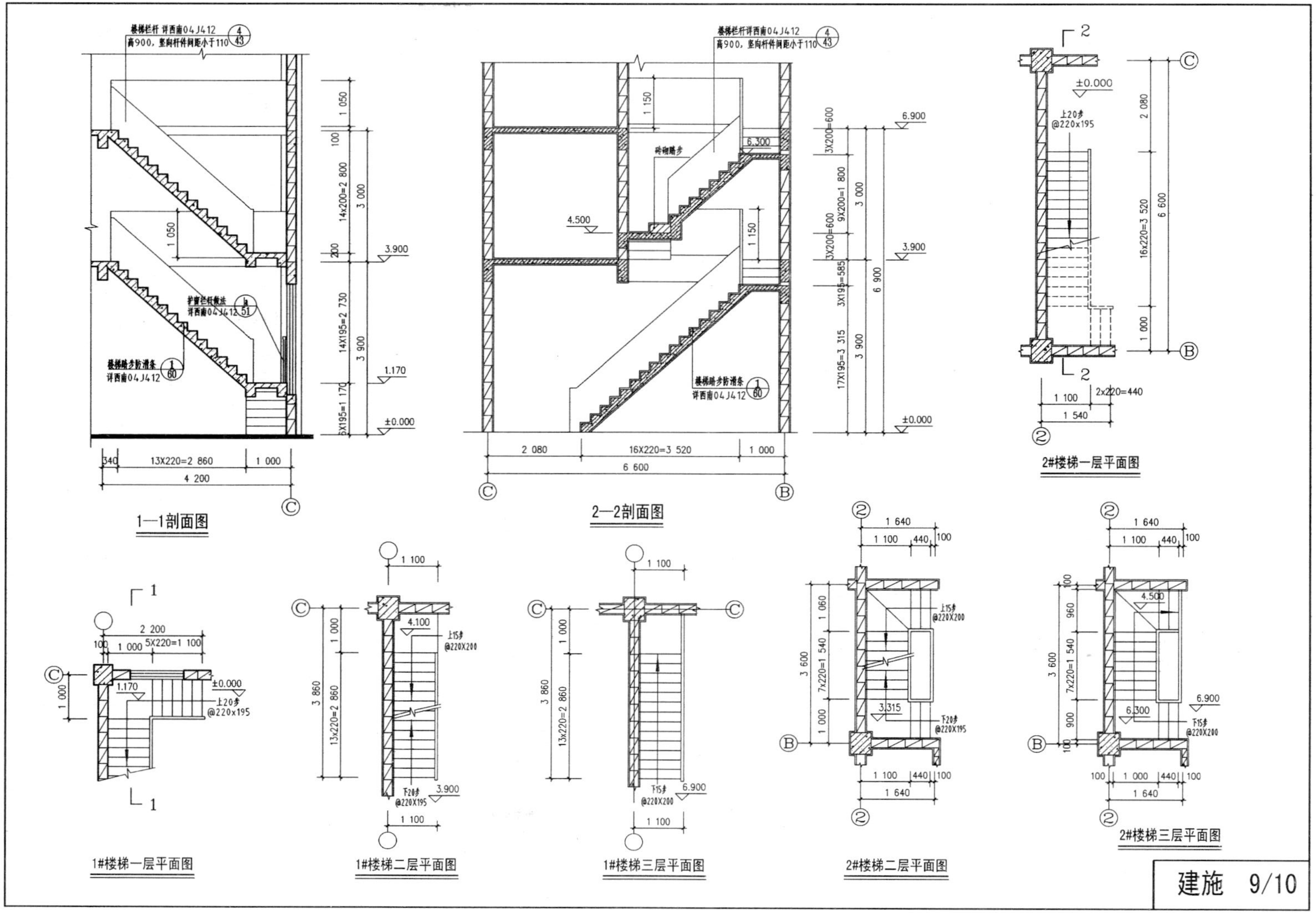
楼梯栏杆 详西南04J412 4/43
高900，竖向杆件间距小于110
护窗栏杆做法 详西南04J412 1a/51
楼梯踏步防滑条 详西南04J412 1/60
1—1剖面图
楼梯栏杆详西南04J412 4/43
高900，竖向杆件间距小于110
砖砌踏步
楼梯踏步防滑条 详西南04J412 1/60
2—2剖面图
2#楼梯一层平面图
1#楼梯一层平面图
1#楼梯二层平面图
1#楼梯三层平面图
2#楼梯二层平面图
2#楼梯三层平面图
建施 9/10

图 12.8 楼梯详图

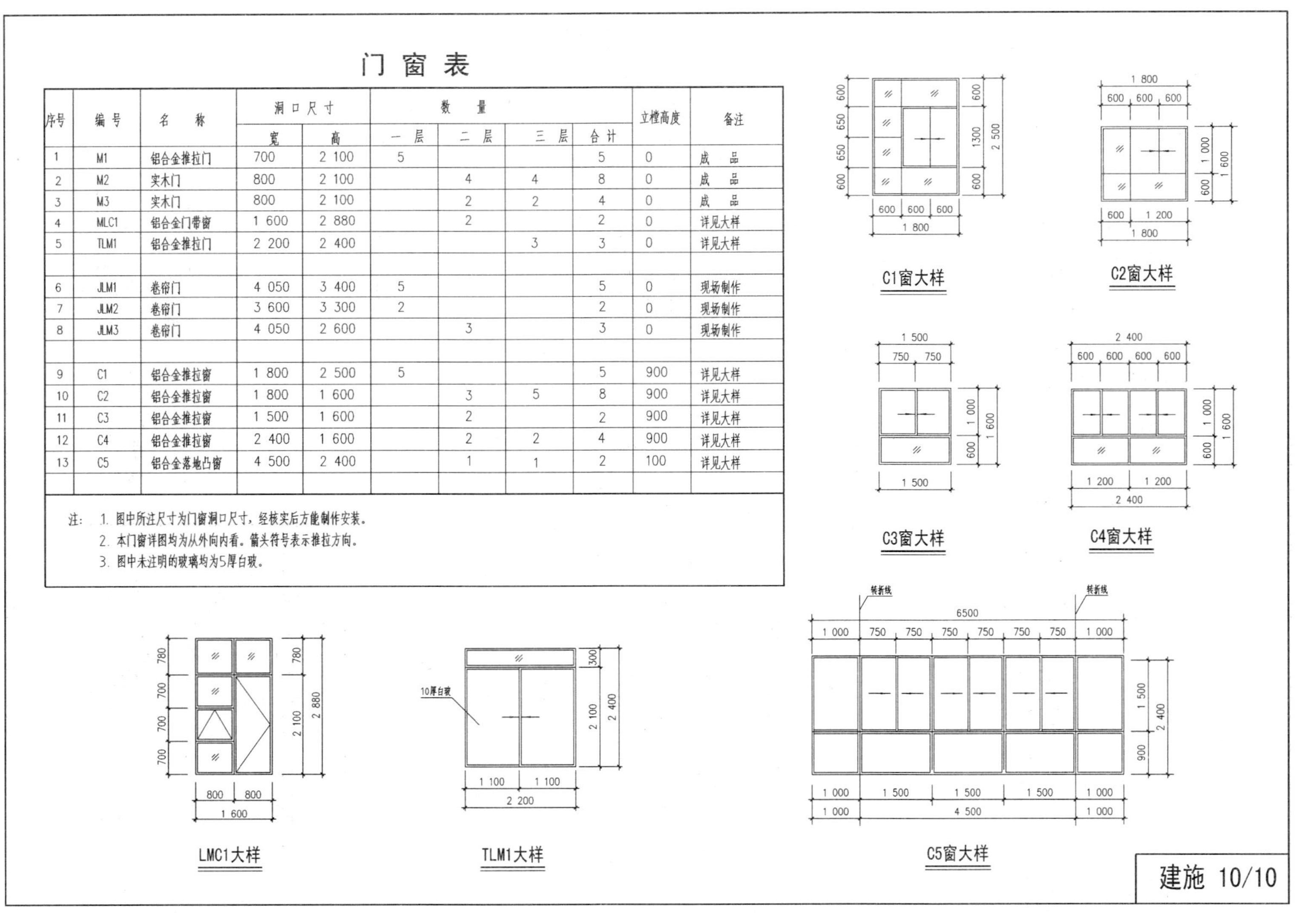

门 窗 表

序号	编号	名称	洞口尺寸		数量				立樘高度	备注
			宽	高	一层	二层	三层	合计		
1	M1	铝合金推拉门	700	2 100	5			5	0	成　品
2	M2	实木门	800	2 100		4	4	8	0	成　品
3	M3	实木门	800	2 100		2	2	4	0	成　品
4	MLC1	铝合金门带窗	1 600	2 880		2		2	0	详见大样
5	TLM1	铝合金推拉门	2 200	2 400			3	3	0	详见大样
6	JLM1	卷帘门	4 050	3 400	5			5	0	现场制作
7	JLM2	卷帘门	3 600	3 300	2			2	0	现场制作
8	JLM3	卷帘门	4 050	2 600		3		3	0	现场制作
9	C1	铝合金推拉窗	1 800	2 500	5			5	900	详见大样
10	C2	铝合金推拉窗	1 800	1 600		3	5	8	900	详见大样
11	C3	铝合金推拉窗	1 500	1 600		2		2	900	详见大样
12	C4	铝合金推拉窗	2 400	1 600		2	2	4	900	详见大样
13	C5	铝合金落地凸窗	4 500	2 400		1	1	2	100	详见大样

注：1. 图中所注尺寸为门窗洞口尺寸，经核实后方能制作安装。
2. 本门窗详图均为从外向内看。箭头符号表示推拉方向。
3. 图中未注明的玻璃均为5厚白玻。

图 12.9　门窗表及大样图

结构设计总说明

一、本工程结构设计遵循的标准、规范、规程

1.《建筑结构可靠度设计统一标准》 (GB 50068—2001)

2.《建筑结构荷载规范》 (GB 50009—2001)

3.《混凝土结构设计规范》 (GB 50010—2002)

4.《建筑抗震设计规范》 (GB 50011—2001)

5.《建筑地基基础设计规范》 (GB 50007—2002)

6.结构设计选用图集为:《混凝土结构施工图平面整体表示方法制图规则和构造详图》(03G101-1),《建筑物抗震构造详图》(03G329-1)。

二、一般说明

1.结构形式:上部为框架结构。基础为柱下钢筋混凝土条形基础。

2.图中构件代号:框架柱 KZ-;框架梁 KL-;一般梁 L-;悬挑梁 XL-;梁上柱 LZ-;楼梯柱 TZ-;楼梯梁 TL-;平台梁 PL-。

3.单位与高程:未注明者标高为米,其他为毫米,本工程±0.000相当绝对高程详建施图。

三、工程设计等级及类别

根据有关规定和工程地质条件,本工程相关设计等级、类别和参数采用如下:

(1) 结构设计使用年限: 50年

(2) 建筑结构安全等级: 二级

(3) 建筑抗震设防类别: 丙类

(4) 抗震设防烈度: Ⅷ度,设计地震分组为第二组,地震加速度为0.2g

(5) 钢筋混凝土结构抗震等级: 框架为二级

(6) 建筑场地类别: III类;特征周期 0.55s

(7) 地基基础设计等级: 丙级

(8) 混凝土结构耐久性: 按环境一类(室内环境)环境二类a(±0.00以下及露天部分)规定的基本要求施工。

四、楼屋面设计采用均布活荷载

走廊,楼梯间	2.5 kN/m^2	商铺	3.5 kN/m^2
阳台、露台	2.5 kN/m^2	卧室及客厅	2.0 kN/m^2
不上人屋面,雨篷	0.5 kN/m^2	上人屋面	2.0 kN/m^2
基本风压:	Wo=0.3 kN/m^2	地面粗糙度:	B 类

施工期间的堆料、施工荷载,使用期间的使用荷载均不得超载。

五、基础工程设计说明详见基础图

六、主要结构材料

1.混凝土强度等级: (1) 框架柱:全高均为C25;(2) 梁及板:全高均为C25;(3) 楼梯:C25;(4) 过梁、圈梁、构造柱以及未注明的构件:C20

2.钢筋:

ϕ——HPB235 $f_{yk}=235$ N/mm^2

ϕ——HPB335 $f_{yk}=335$ N/mm^2

ϕ——HPB400 $f_{yk}=400$ N/mm^2

3.焊条:E43XX型 用于HPB235、三号钢焊接

E50XX型 用于HRB335、HRB400焊接

4.砌体隔墙:

填充墙为M5混合砂浆砌筑190厚MU3.0黏土空心砖,局部用M5混合砂浆砌筑120厚MU10.0烧结黏土实心砖。

5.钢筋接头形式和要求:

1) 框架柱、框架梁内的贯通钢筋应优先采用焊接或机械连接接头。当采用焊接接头时,应严格执行焊接规程中的有关要求。

2) 梁、板中一般纵向钢筋的接头:当 d<22时,可采用绑扎搭接接头或焊接接头,焊接强度不得小于钢筋强度,焊后接头处毛刺打光。当25≥d≥22时, 应采用焊接连接。

3) 框架结构构件的纵向受力钢筋的抗拉强度实测值与屈服强度实测值的比值不应小于1.25;且钢筋的屈服强度实测值与强度标准值的比值不应大于1.3。

结施 1/17

图 12.10 结构设计说明(一)

结构设计总说明

七、钢筋混凝土部分设计说明

1.本工程采用标准图集混《凝土结构施工图平面整体表示方法制图规则和构造详图》（03G101-1）绘制，施工单位必须按照本设计图纸和《03G101-1》配套图集的相关规定及构造要求进行施工。施工图中未注明的构造要求按照标准图的有关要求执行。

5.板底筋相同的相邻跨板施工时其底筋可以连通。

2.受力钢筋保护层厚度：框架柱30 mm，梁25 mm；　板：15 mm;构造柱：20 mm。

3.纵向受拉钢筋锚固长度 L_{aE}（抗震）和 L_a 按图集《03G101-1》P33、P34页的规定施工。

4.单向板底筋的分布筋及单向板、双向板支座筋的分布筋，除图中注明外，屋面及外露结构采用 Φ6@200，楼面采用Φ6@250。

施工图中未注明的构造要求应按照标准图的有关要求执行。

6.凡在板上砌隔墙时，应在墙下板内底部增设加强筋（图中注明除外），当板跨L≤1 500时为2Φ14；当板跨1 500<L<2 500时为3Φ14；当板跨≥2 500时为3Φ16，并锚固于两端支座内L_a。

7.板上孔洞应预留，避免后凿.楼板开洞加强除图中注明外，当孔洞直径（矩形洞长边尺寸）≤300时，可不设附加筋，板上钢筋绕过洞外，不需切断；当孔洞直径（矩形洞长边尺寸）>300且≤1 000时，按附图二加强。

8.悬挑板在转角处应设置加强筋，详见图三。悬挑板悬挑长度L≥1 000时按图四增设板底配筋。

9.双向板的底部钢筋，短跨钢筋置下部，长跨钢筋置上部。

10.当板底与梁底平齐时，板的下部钢筋伸入梁内须弯折后置于梁的下部纵向钢筋之上。

11.悬挑梁、板的底模须在混凝土强度达到设计强度的100%后方可拆除。

12.悬挑梁配筋除遵守国标 03G101-1图集的构造外,必须按下图要求配置附加钢筋。

13.为了减小屋面板温度收缩及裂缝凡屋面板支座负筋未拉通者，均采用双向Φ6@200与支座搭接，　筋搭接长为250 mm。

14.除图中注明之外，凡梁腹板高度大于450 mm的梁均应在梁中部两侧附加2Φ12腰筋，腰筋的拉筋直径同该跨梁箍筋，间距为该跨梁箍筋的2倍。具体构造详《03G101-1》P62页。

15.当柱混凝土强度等级不高于梁混凝土一个等级时，梁柱节点处混凝土可随梁混凝土强度等级浇筑。

16.主梁内在次梁作用处，箍筋应贯通布置，凡未在次梁两侧注明箍筋者，均在次梁两侧各设3组箍筋，箍筋肢数、直径同梁箍筋，间距50 mm。次梁吊筋在梁配筋图中表示。

17.主次梁高度相同时，次梁的下部纵向钢筋应置于主梁下部纵向钢筋之上。

18.梁内第一根箍筋距柱边或梁边50 mm起。

19.当梁在柱节点位置弯（转）折,施工时尽量使梁主钢筋互锚,以减少梁筋截断锚入柱中当支座两侧梁平面有错位时,梁主筋在支座内的锚固应按端跨节点考虑。

20.钢筋制作必须严格按照图纸规定进行,钢筋在成型前必须校直,清污,以保证钢筋几何尺寸精确及钢筋与混凝土之间良好黏结。

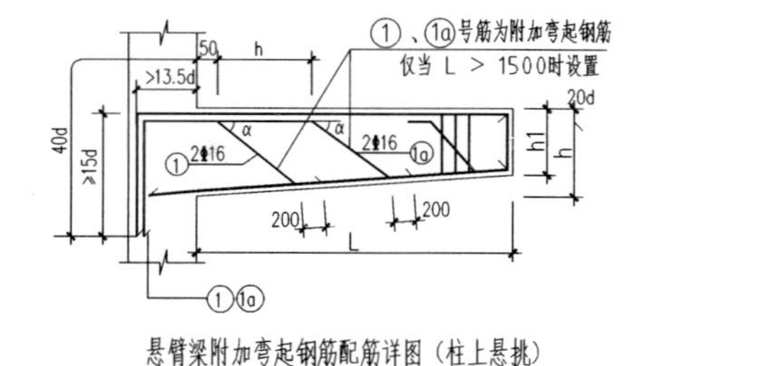

悬臂梁附加弯起钢筋配筋详图（柱上悬挑）

h≤800，α=45°，h ＞800，α=60°，d为最大受力钢筋直径

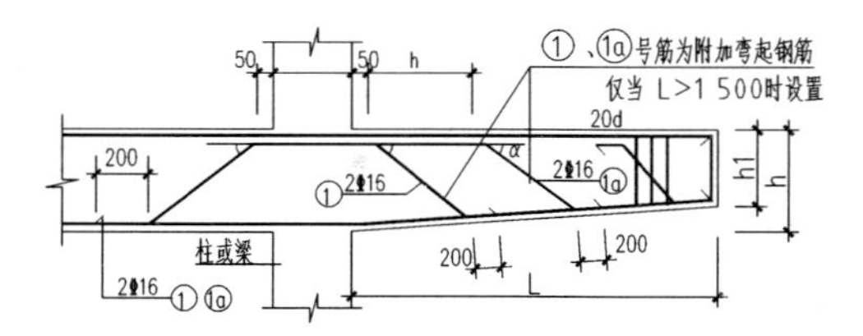

悬臂梁附加弯起钢筋配筋详图

h≤800，α=45°，h ＞800，α=60°，d为最大受力钢筋直径

结施　2/17

图 12.11　结构设计说明（二）

结构设计总说明

21.箍筋末端应作135°弯钩，弯钩的平直长度为10d。
22.柱应按建筑施工图中填充墙的位置预留拉结筋。
23.柱与现浇过梁、圈梁连接处，在柱内应预留插铁，插铁伸出柱外皮长度为$1.2l_{\alpha}$，
锚入柱内长度为l_{α}。
24.对跨度较大的梁、板（梁跨大于4 000 mm,板跨大于4 000 mm），施工时必须按施工规范起拱，建议跨中起拱不小于0.2%。悬臂构件均按跨度的0.4%起拱，且起拱高度不小于20 mm。
25.屋面板混凝土须采用低水化热水泥，控制砂石含泥量和水灰比，加强养护，以减少开裂。
26.现浇板中预埋PVC管的交叉处上下各加一层双向钢筋，网片（φ4-100）网片长不小于0.4 m。
为使楼板不开裂，同一处不得多于两层管交叉。
27.地梁、框架梁穿洞构造图五。
28.构造柱布置详建筑图，根据建筑图构造柱尺寸，按本图构造柱配筋详选用。

八、填充墙

1.填充墙的材料、平面位置见建筑图，不得随意更改。
2.当砌体高度超过4 m时，墙体半高应设置与柱连接。
3.双向板短跨≥4.5 m者，板角加加强筋（构造详图一）。
4.当房间需要填料填充时，要求填料容重6 kN/m³。
5.钢筋混凝土构造柱必须先砌墙后浇筑，构造柱与墙体的连接处宜砌成马牙槎，并沿柱高每隔500设2φ6拉筋， 每边伸入墙内长度不小于1 m。
6. 所有框架柱、抗震墙及构造柱与填充砌体连接处，沿砌体高每500设2φ6拉筋并沿砌体水平通长设置，拉筋入柱或墙内200 mm并带弯钩。做法详见昆明市建设局《钢筋混凝土结构空心砖填充墙构造图集》（试行）。
7.填充墙砌至板、梁底附近后，应待砌体沉实后再用斜砌法把下部砌体与上部板、梁间用砌块逐块敲紧填实，构造柱顶采用干硬性混凝土碾实。
8.门窗顶未达梁底时均需设置过梁，过梁按《03G322-1》图集上荷载等级I级选用，过梁宽同墙厚，柱边洞口过梁改为现浇。

九、各专业间配合注意事项及其他

1.防雷接地:利用柱内纵向钢筋作为防雷接地引下线，顶层柱的纵向钢筋露出屋面与避雷带支架可靠连接，作为防雷接地引下线的柱内纵向钢筋应与基础钢筋可靠焊接。
2.楼板设计未考虑施工荷载，由于施工需要而必须在结构构件上架设起重设备或堆放重物时，应取得设计单位的同意，并采取相应的加强措施。
3.各种钢筋在代换时，除必须满足按强度折算的面积要求外，尚须注意要等屈服强度代换，满足代换后对构件刚度、裂逢宽度、钢筋黏结力没有影响，并做好施工记录。
4.施工时必须与建筑、水、电、通风专业密切配合，勿使预留孔垌、预埋管线、电缆（含电缆桥架）及预埋铁件遗漏。施工前，务必按各专业设计图纸及工艺要求检查复核孔洞、管线及铁件等直至合格后方可浇筑混凝土，不得事后打凿。
5.有特殊构造要求的轻质墙体按其各自的技术要求处理。
6.凡混凝土构件与门窗、吊顶、卫生设备及各类管卡支架的连接固定，如没有具体要求，均采用膨胀螺栓或混凝土射钉枪施工，施工时应避开。

十、沉降观测

本工程应按基础图所注明的位置设置沉降观测点，建筑物沉降观测的具体要求详见《建筑变形测量规程（JGJ/T 8-97）中的有关规定，观测点做法详本页图一。
沉降观测应由具有相应资质的单位承担。

十一、备 注

1.本结构设计总说明未详尽之处按各项具体结构设计图纸施工或按现行施工验收规范的有关规定施工。
2.本工程施工应遵守各有关施工规范及规程。施工中若遇问题，应及时与设计院联系，协商解决。

结施 3/17

图 12.12 结构设计说明（三）

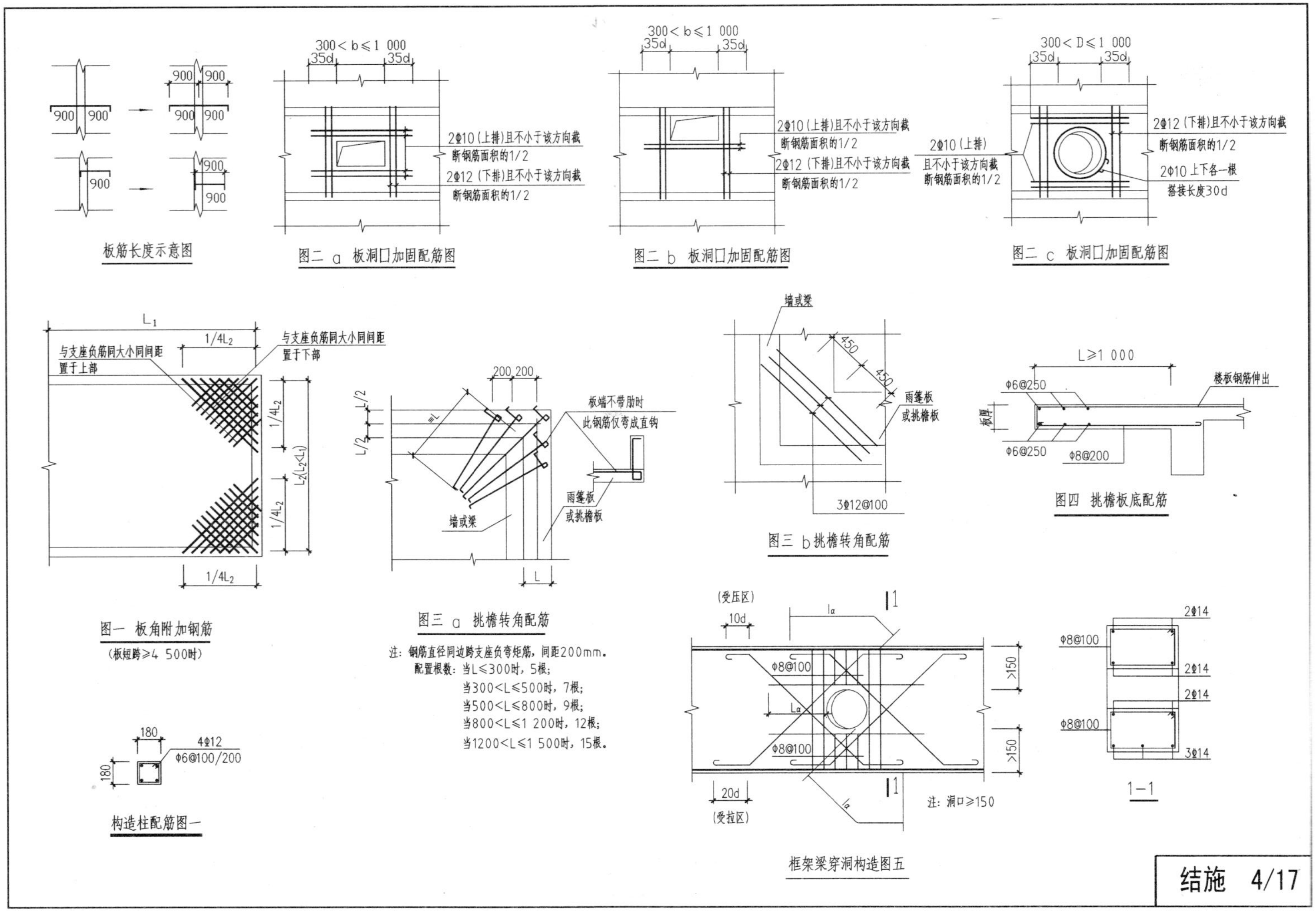

图 12.13 钢筋布置构造

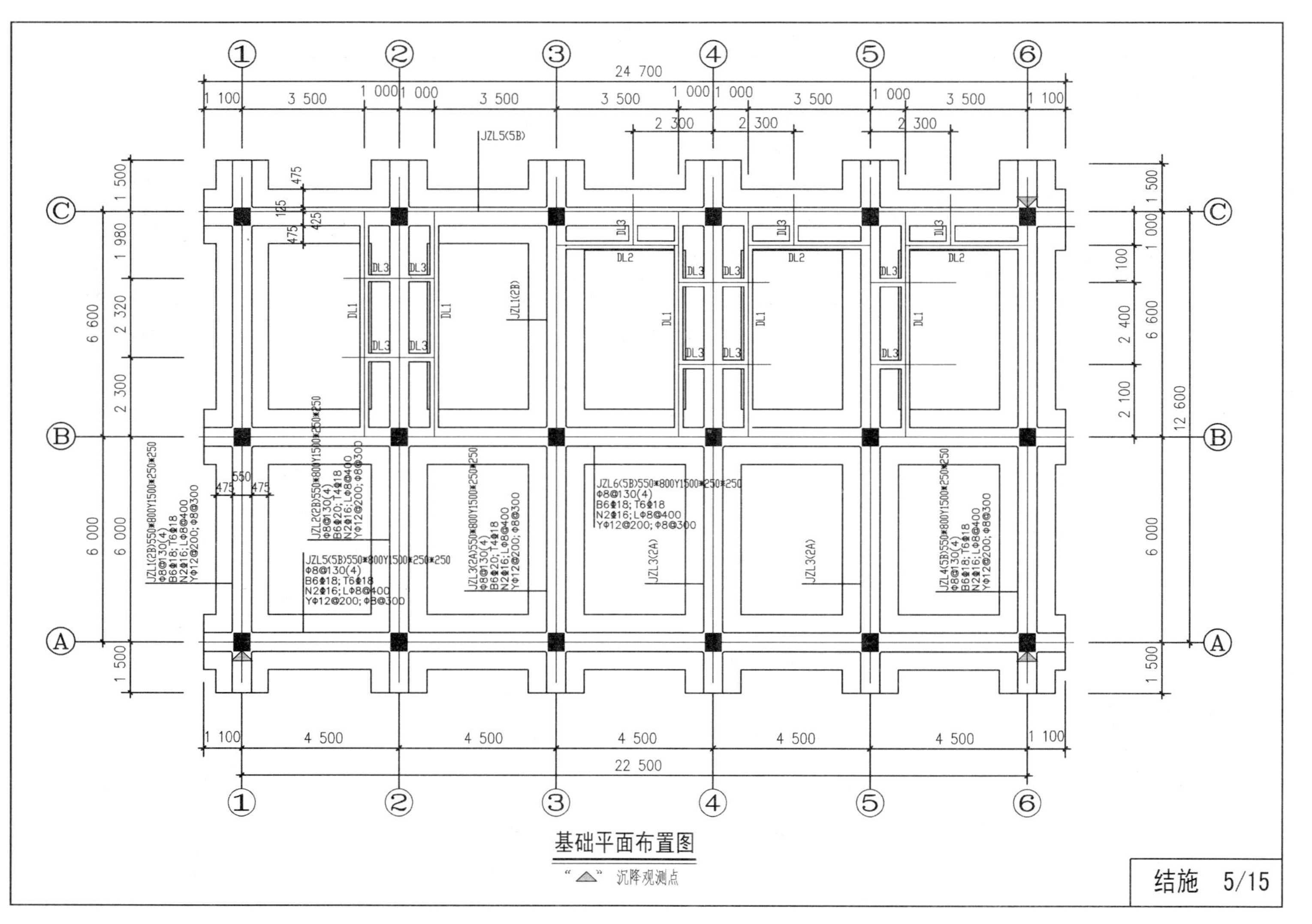

图 12.14 基础平面布置图

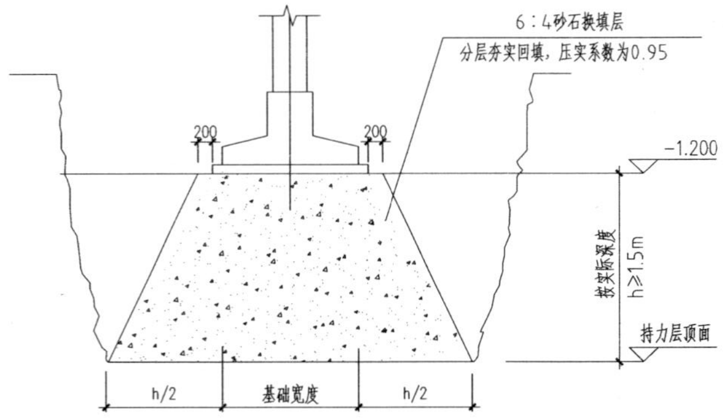

6∶4砂石换填层
分层夯实回填，压实系数为0.95

-1.200
按实际深度 h≥1.5m
持力层顶面
h/2　基础宽度　h/2

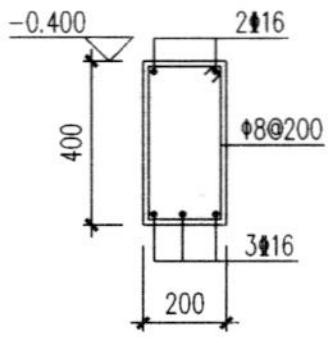

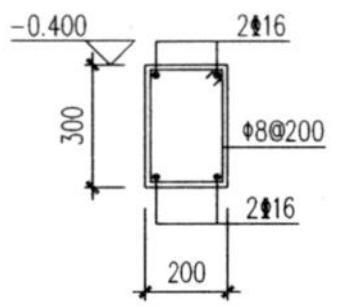

基础换填处理示意

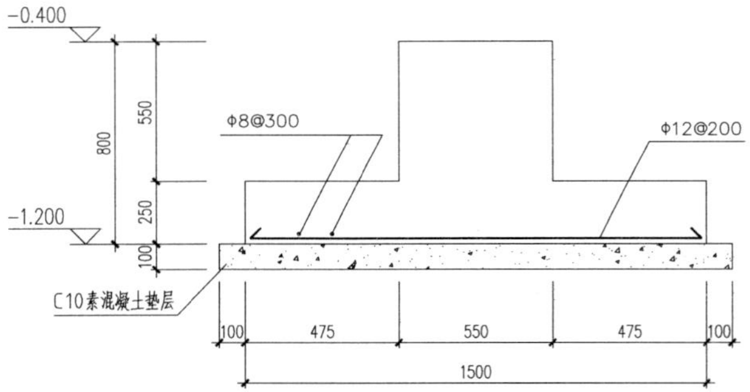

-0.400
550
800
250
-1.200
100
Φ8@300
Φ12@200
C10素混凝土垫层
100　475　550　475　100
1500

条形基础截面图

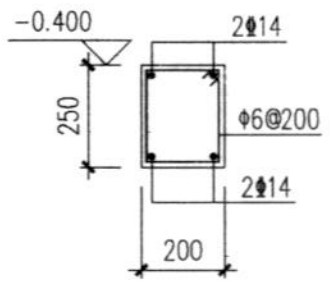

DL1：-0.400；2Φ16；Φ8@200；3Φ16；400；200

DL2：-0.400；2Φ16；Φ8@200；2Φ16；300；200

DL3：-0.400；2Φ14；Φ6@200；2Φ14；250；200

基础设计说明

1. 基础设计根据勘察单位提供的《岩土工程勘察报告》进行设计。
   基础采用柱下条形基础，持力层为地堪报告所述②层粉质黏土，地基承载力特征值f_{ak}=130 kPa，施工时清除①层杂填土，用6∶4砂石换填至基底设计标高。每层厚度250，分层回填压实，压实系数大于等于0.95。
2. 材料：混凝土：条基、地梁C25，垫层C10，构造柱C20；钢筋HPB235(Φ)，HRB400(Φ)。
3. 本图制图规则参照国标《混凝土结构施工图平面整体表示方法制图规则和构造详图（独立基础、条形基础、桩基承台）》(06G101-6)。
4. 混凝土保护层厚度：条形基础40 mm，地梁40 mm。
5. 其他未详之处，均按国家现行标准和有关规范执行。

结施　6/17

图 12.15　基础断面及设计说明

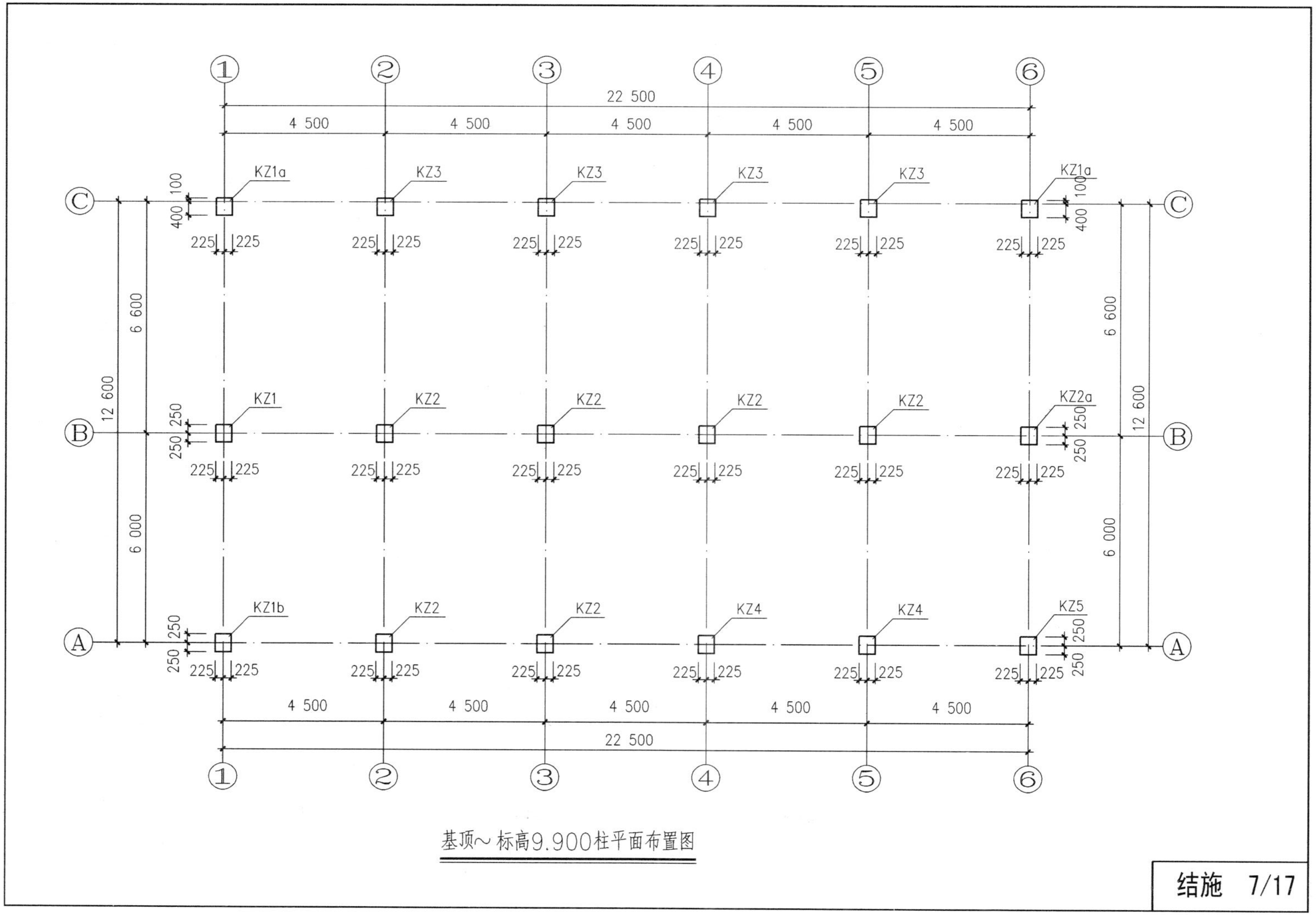

基顶～标高9.900柱平面布置图

结施 7/17

图 12.16 柱平面布置图

柱配筋表

柱号	标 高	bxh (圆柱直径D)	全部纵筋	角 筋	b边一侧 中部筋	h边一侧 中部筋	箍筋类型号	箍 筋
KZ1 (KZ1b)	基顶 ~ 3.900	450x500		4Φ25	2Φ22	2Φ20	1(4×4)	φ8@100/200 (φ8@100)
	3.900 ~ 6.600	450x500		4Φ20	2Φ16	2Φ16	1(4×4)	φ8@100/200 (φ8@100)
	6.600 ~ 9.900	450x500		4Φ18	1Φ20	1Φ20	1(3×3)	φ8@100/200 (φ8@100)
KZ1a	基顶 ~ 3.900	450x500		4Φ25	3Φ22	2Φ22	1(4×4)	φ8@100
	3.900 ~ 6.600	450x500		4Φ20	1Φ20	1Φ20	1(3×3)	φ8@100
	6.600 ~ 9.900	450x500		4Φ18	1Φ20	1Φ20	1(3×3)	φ8@100
KZ2 (KZ2a)	基顶 ~ 3.900	450x500		4Φ22	2Φ22	2Φ22	1(4×4)	φ8@100/200
	3.900 ~ 6.600	450x500		4Φ20	2Φ16	2Φ16	1(4×4)	φ8@100/200
	6.600 ~ 9.900	450x500		4Φ18	1Φ18	1Φ18	1(3×3)	φ8@100/200 (φ8@100)
KZ3	基顶 ~ 3.900	450x500		4Φ25	2Φ20	2Φ22	1(4×4)	φ8@100/200
	3.900 ~ 6.900	450x500		4Φ20	1Φ20	1Φ20	1(3×3)	φ8@100/200
	6.900 ~ 9.900	450x500		4Φ18	1Φ18	1Φ18	1(3×3)	φ8@100/200
KZ4	基顶 ~ 3.900	450x500		4Φ25	2Φ20	2Φ20	1(4×4)	φ8@100/200
KZ5	基顶 ~ 3.900	450x500		4Φ22	2Φ20	2Φ20	1(4×4)	φ8@100
	3.900 ~ 6.900	450x500		4Φ18	2Φ16	2Φ16	1(4×4)	φ8@100
	6.900 ~ 8.400	450x500		4Φ18	2Φ16	2Φ16	1(4×4)	φ8@100

备 注

b
h
箍筋类型1(m×n)

屋 面 C25 9.900
C25 3 000
三 层 C25 6.900
C25 3 000
二 层 C25 3.900
C25 4 300
一 层 C25 −0.400

结构层高
构件混凝土强度等级
结构层楼面标高

结施 8/17

图 12.17 柱配筋表

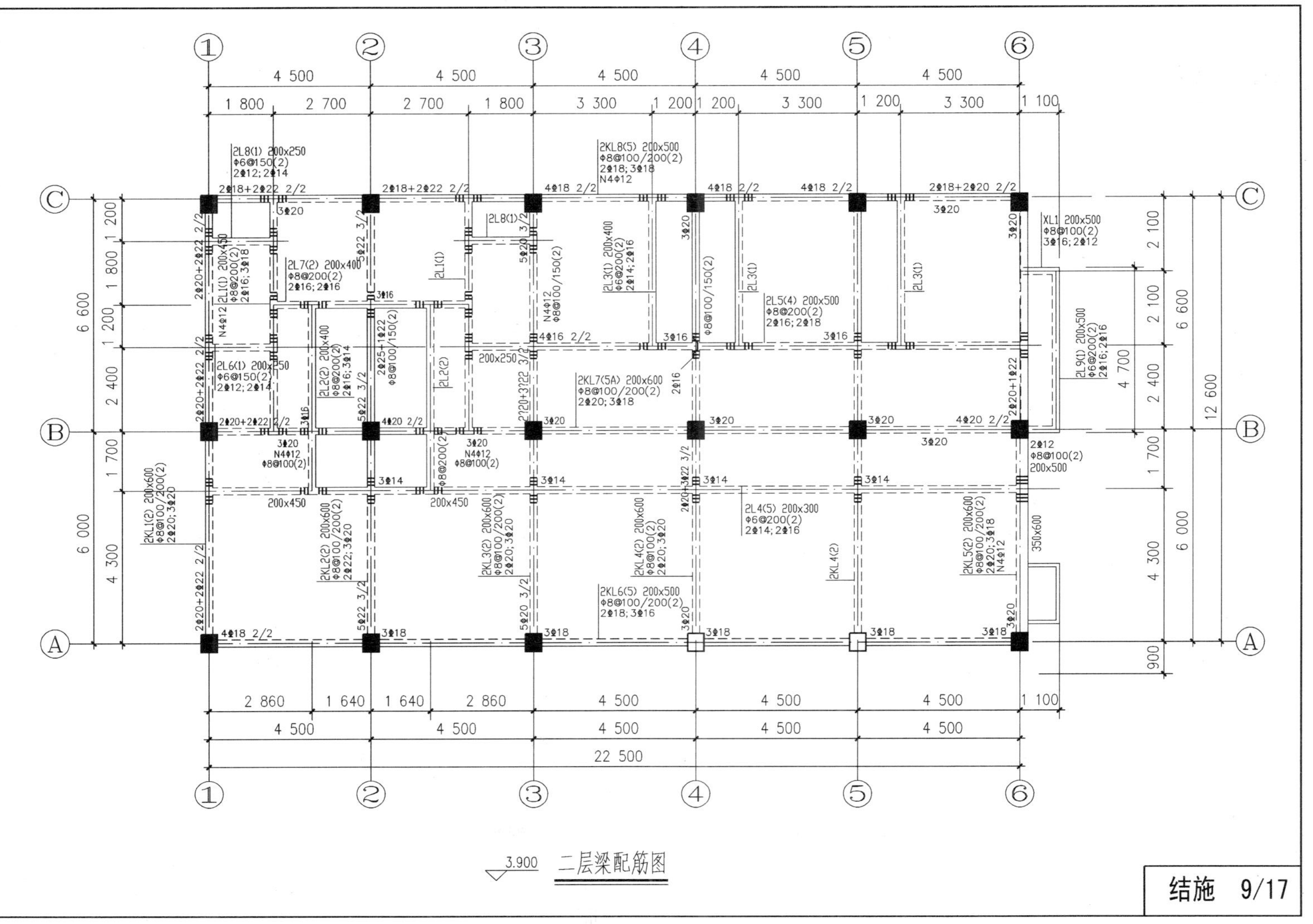

图 12.18 二层梁配筋图

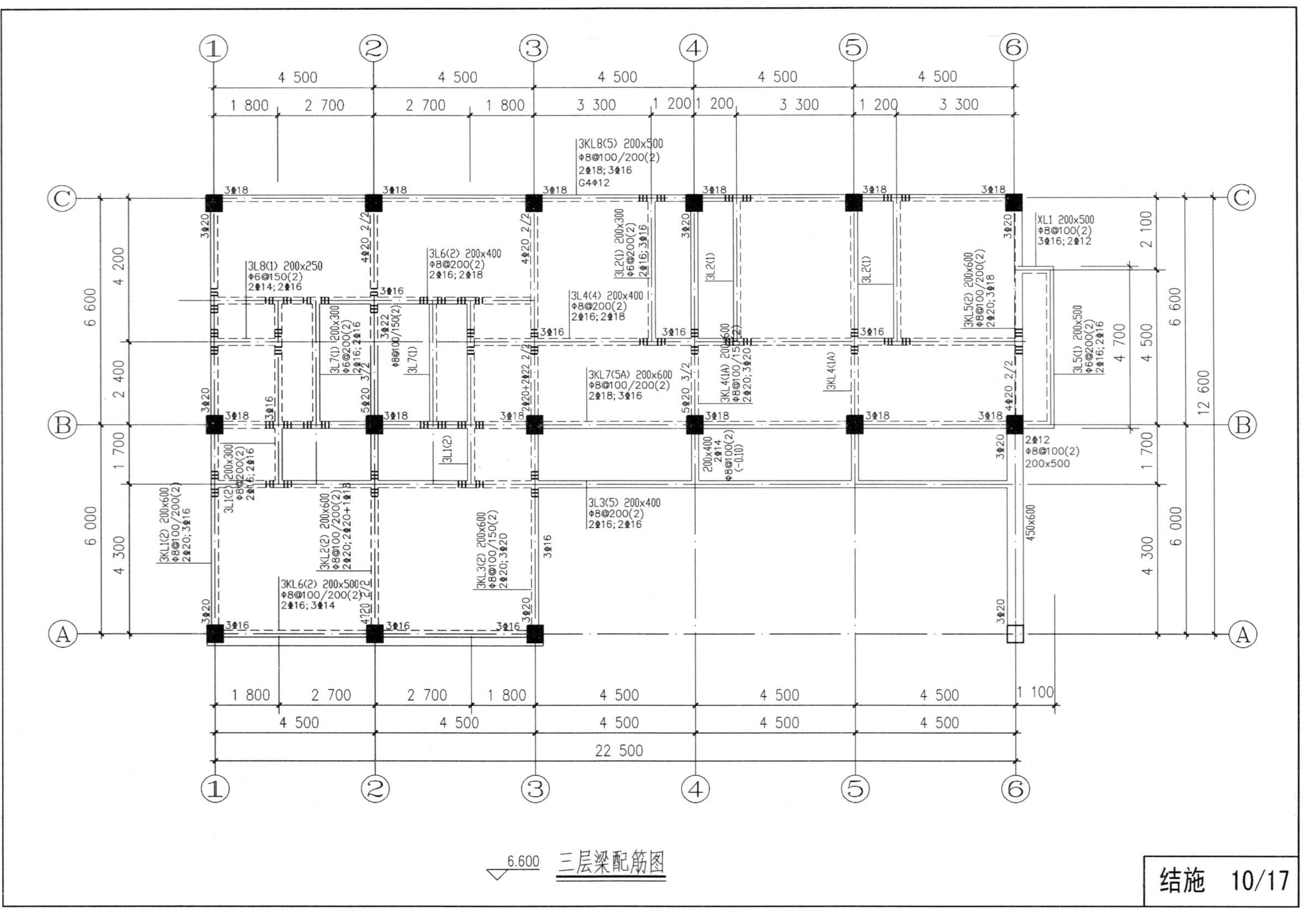

图 12.19　三层梁配筋图

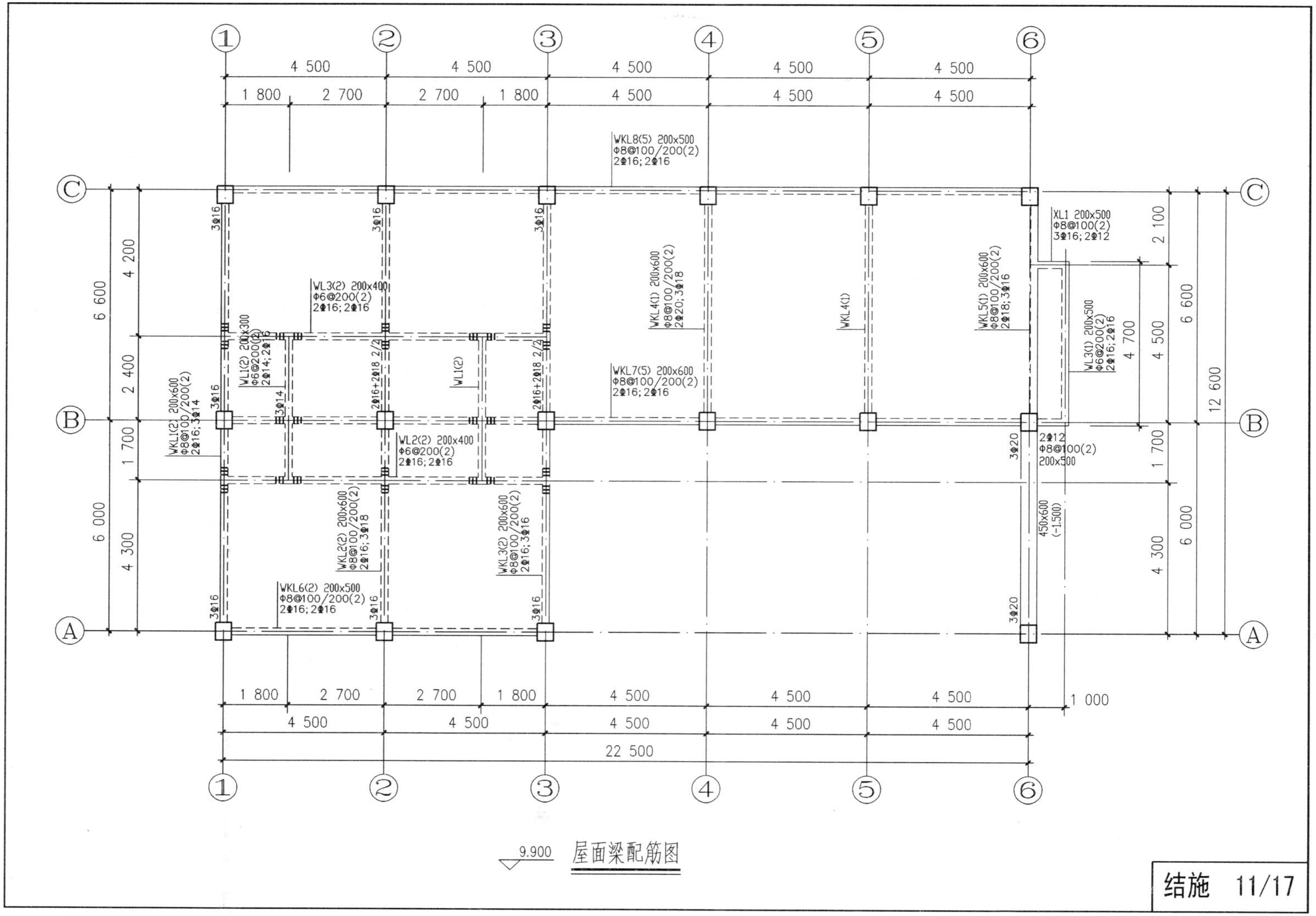

WKL8(5) 200x500
Φ8@100/200(2)
2⌀16;2⌀16

XL1 200x500
Φ8@100(2)
3⌀16;2⌀12

WL3(2) 200x400
Φ6@200(2)
2⌀16;2⌀16

WL1(2) 200x300
Φ6@200(2)
2⌀14;2⌀16

WKL4(1) 200x600
Φ8@100/200(2)
2⌀20;3⌀18

WKL4(1)

WKL5(1) 200x600
Φ8@100/200(2)
2⌀18;3⌀16

WKL7(5) 200x600
Φ8@100/200(2)
2⌀16;2⌀16

WL3(1) 200x500
Φ6@200(2)
2⌀16;2⌀16

WKL1(2) 200x600
Φ8@100/200(2)
2⌀16;3⌀14

WL2(2) 200x400
Φ6@200(2)
2⌀16;2⌀16

2⌀12
Φ8@100(2)
200x500

450x600
(-1.500)

WKL2(2) 200x600
Φ8@100/200(2)
2⌀16;3⌀18

WKL3(2) 200x600
Φ8@100/200(2)
2⌀16;3⌀16

WKL6(2) 200x500
Φ8@100/200(2)
2⌀16;2⌀16

9.900 屋面梁配筋图

结施 11/17

图 12.20 屋面梁配筋图

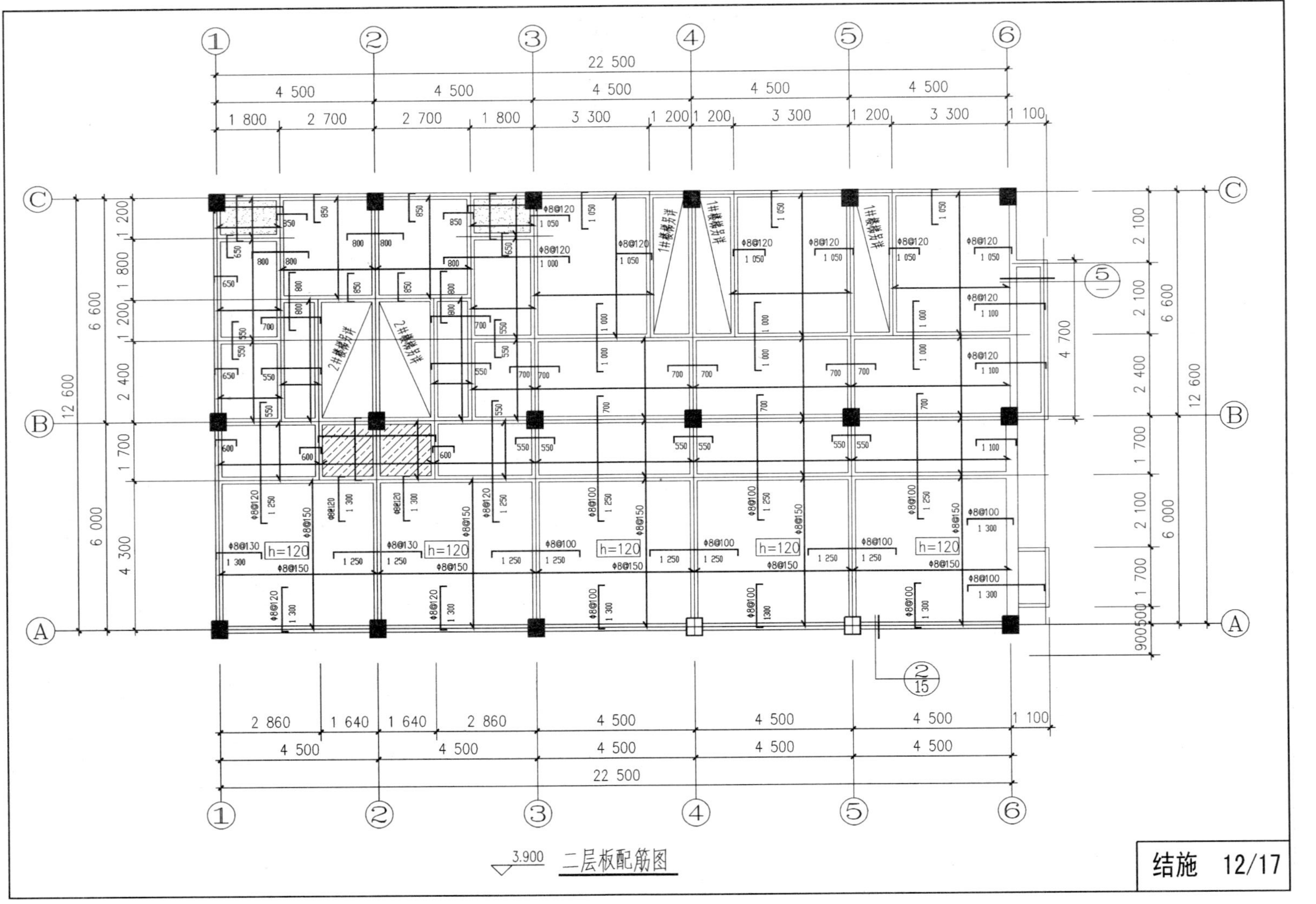

图 12.21 二层板配筋图

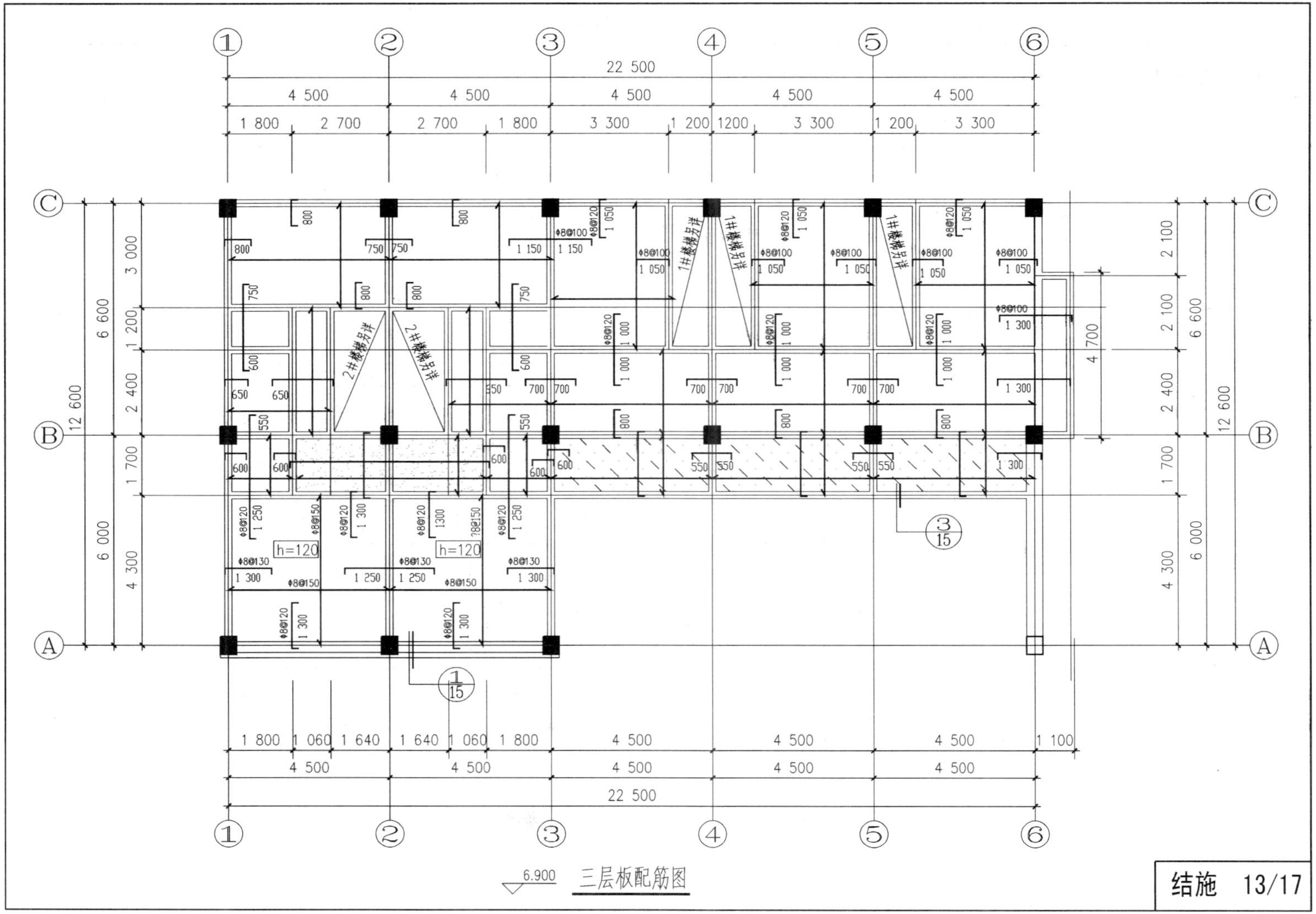

6.900 三层板配筋图

结施 13/17

图 12.22 三层板配筋图

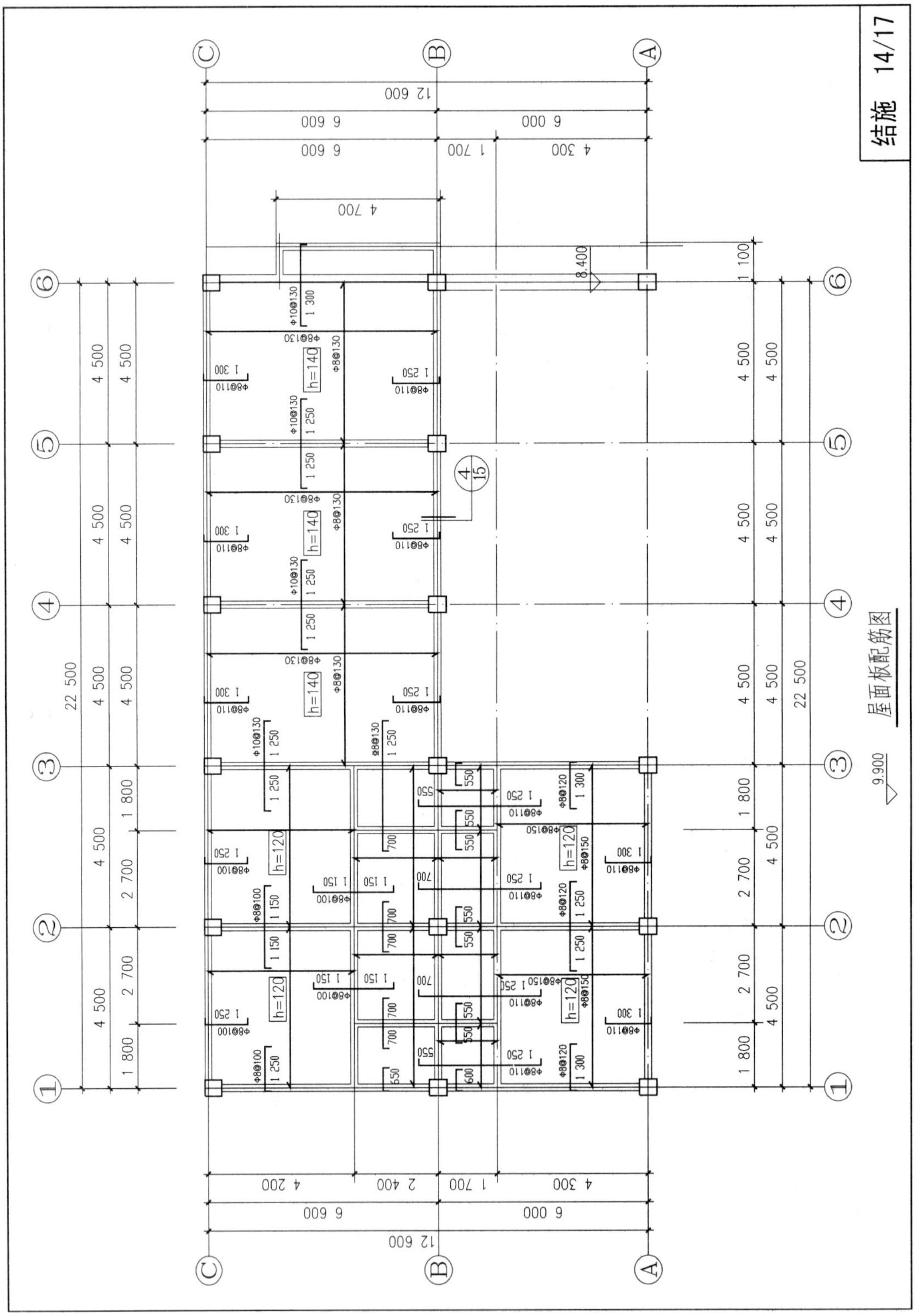

9.900 屋面板配筋图

结施 14/17

图 12.23 屋面板配筋图

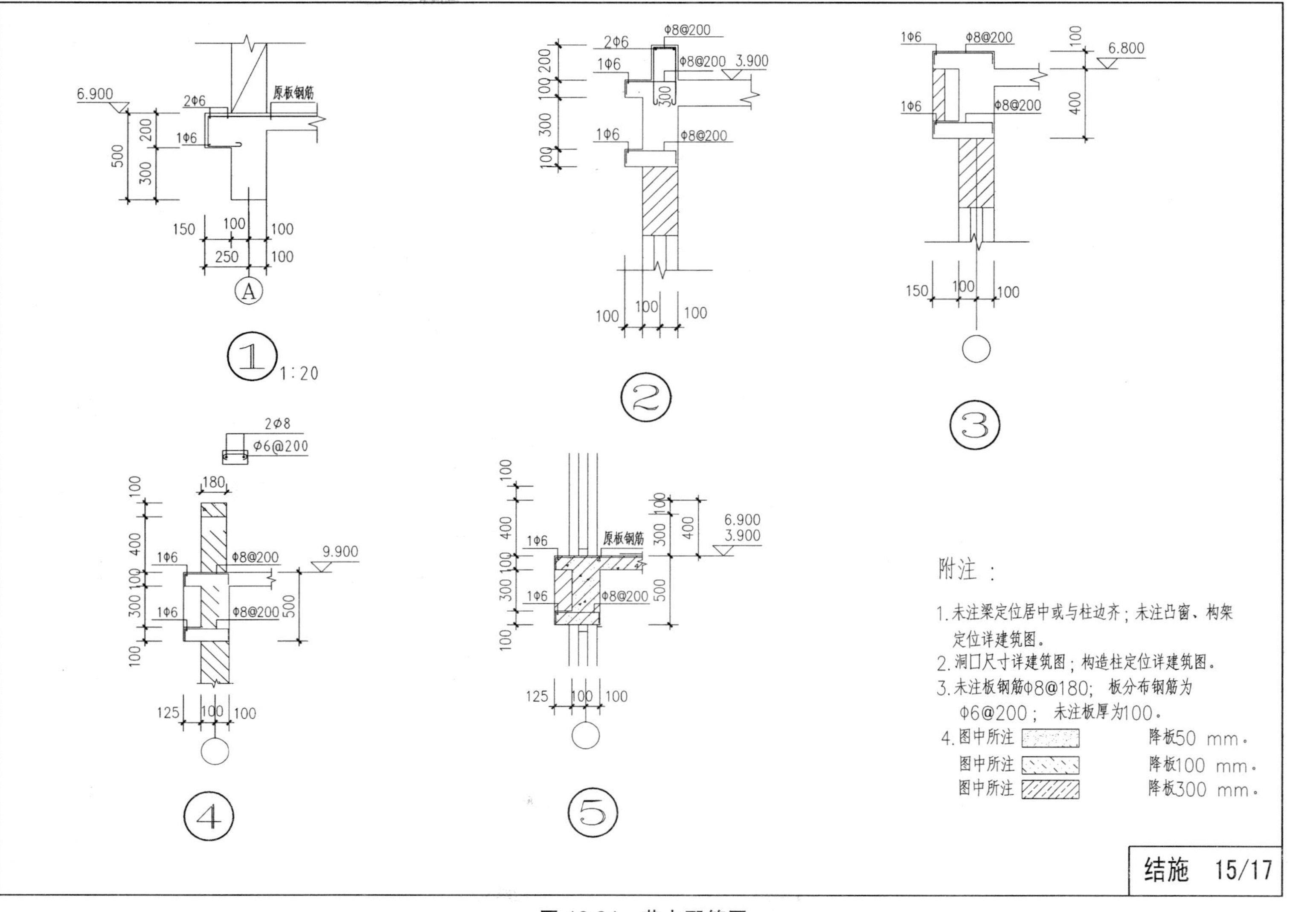

6.900
2Φ6
原板钢筋
1Φ6
500
200
300
150
100
100
250
100
A
1
1:20
2Φ6
Φ8@200
1Φ6
Φ8@200
3.900
300
1Φ6
Φ8@200
1Φ6
Φ8@200
6.800
400
2
3
2Φ8
Φ6@200
180
1Φ6
Φ8@200
9.900
500
125
4
原板钢筋
6.900
3.900
5
附注：
1. 未注梁定位居中或与柱边齐；未注凸窗、构架定位详建筑图。
2. 洞口尺寸详建筑图；构造柱定位详建筑图。
3. 未注板钢筋Φ8@180；板分布钢筋为Φ6@200；未注板厚为100。
4. 图中所注 降板50 mm。
图中所注 降板100 mm。
图中所注 降板300 mm。
结施 15/17

图 12.24 节点配筋图

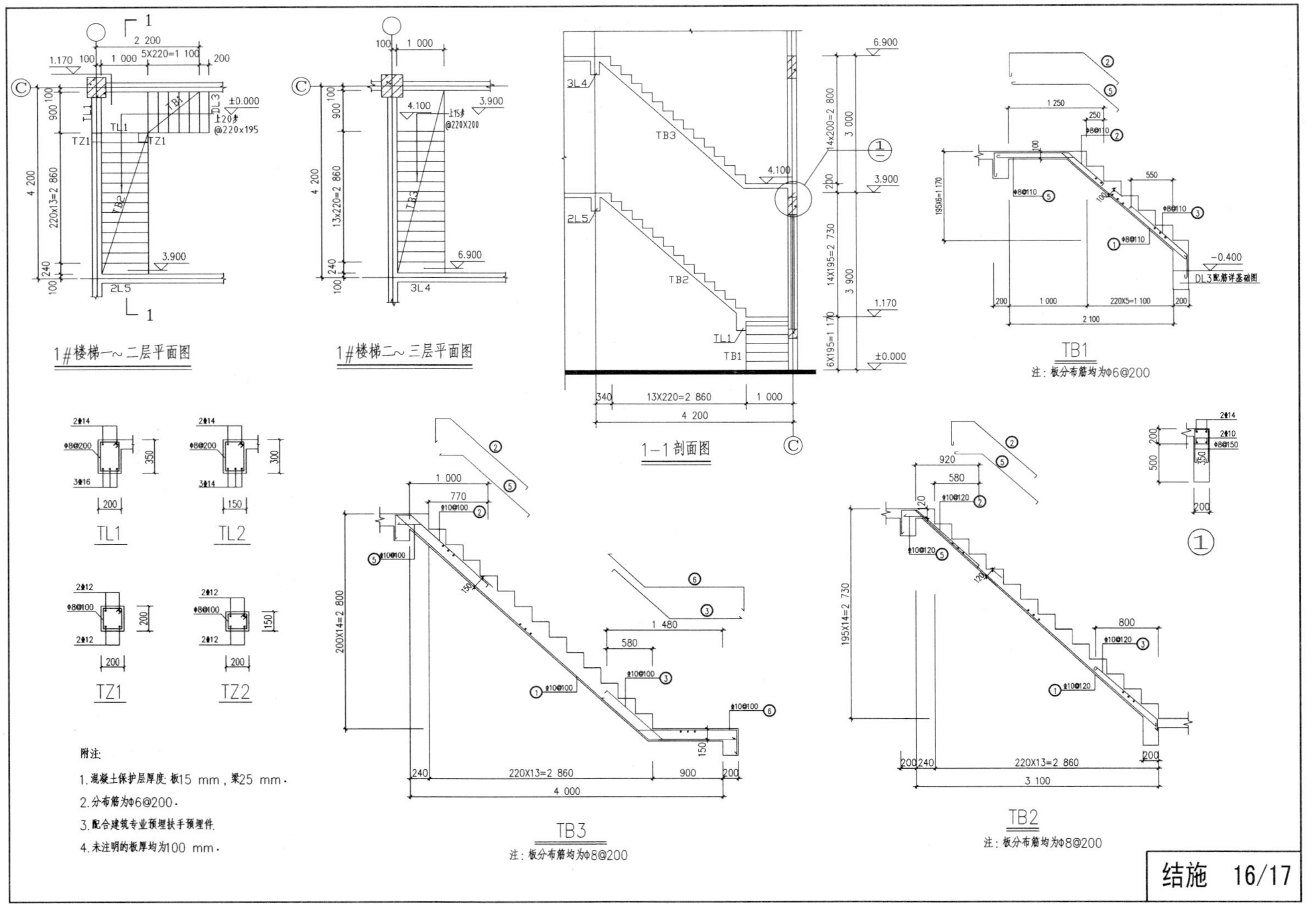

图 12.25 楼梯配筋图（一）

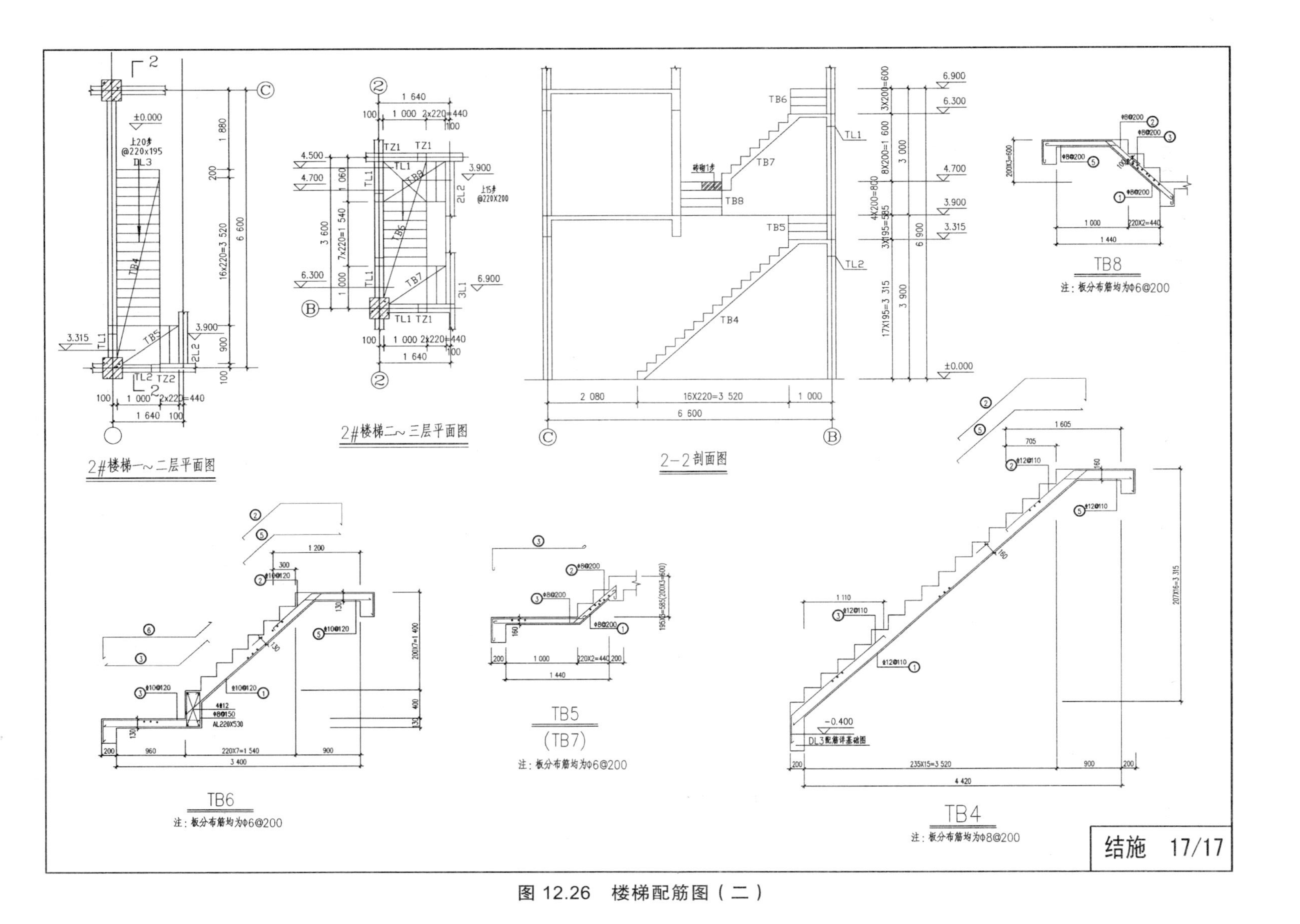

图 12.26 楼梯配筋图（二）

第13章　某四层框架结构职工宿舍楼工程施工图

13.1　建筑设计说明

1. 设计依据

（1）用地红线圈、现状地形图、宗地图、工程地质勘察报告等。

（2）经批准的本工程设计任务，初步设计文件，建设方的意见。

（3）建筑工程设计合同。

（4）现行的国家有关建筑设计规范、规程和规定：

①《民用建筑设计通则》（GB 50352—2005）。

②《民用建筑工程室内环境污染控规范》（GB 50325—2001）（2006年版）。

③《高层民用建筑设计防火规范》（GB 50045—95）（2005年版）。

④《建筑玻璃应用技术规程》（JGJ 113—2009）。

⑤《屋面工程技术规范》（GB 50345—2004）。

⑥《工程建设标准强制性条文——房屋建筑部分》2009年版。

⑦《建筑制图标准》（GB/T 50104—2001）。

⑧《建筑工程建筑面积计算规范》（GB/T 50353—2005）。

⑨《建筑内部装修设计防火规范》（GB 50222—95）（2001年修订版）。

2. 项目概况及主要经济技术指标

（1）项目名称：职工宿舍楼。

（2）建设地点：××县。

（3）建设单位：××公司。

（4）设计范围：本次设计范围包括建筑、结构、水、电、等专业施工图设计。本次设计不包括室内二次装修设计、详细外装修设计及室外景观设。

（5）本工程建筑基底面积：463.89 m^2。总建筑面积：1 885.8 m^2。

（6）本工程建筑层教：地上4层，建筑高度15.2 m。

（7）建筑结构形式为框架结构，设计使用年限为50年，抗震设防烈度为Ⅶ度。

（8）建筑耐火等级：本工程为工业建筑、耐火等级为二级。

3. 工程总体定位及设计标高

（1）本工程施工放线具体详总施。±0.000标高相当于绝对标高1 747.74。

（2）本工程建筑图纸标注标高为结构面标高，不包含楼地面粉刷层厚度，施工时请注意这一构造尺寸。

（3）本工程标高以米为单位，其他尺寸以毫米为单位。

4. 楼地面及卫生间、用水房工程

（1）地面、楼面装修原则上按照本工程装修表施工，地砖、花岗岩等块材面层经挑选后，颜色、规格应一致，有缺陷的一律剔除；黏结用砂浆应符合设计配比，颜色须经过设人员认可。

（2）所有用水楼地面均粉刷找坡，坡度为1%，坡向地漏或排水口，经试水不积水后方可进行面层施工。用水房间周过墙底（除门洞外）均设 200 mm 高 C20 混凝土抗渗带；临用水房间墙体内侧需粉 1 800 mm 高防水砂浆。

（3）卫生间防水（防水材料为1.5厚ZB聚合物水泥防水涂料）；防水做法见 11CJ23-1-14-2。

① 用水房地面防水材料须沿墙上翻至 1 800 mm 高，如与其他房间相邻的墙面则须上翻至吊顶位置。

② 卫生间及用水房楼地面标高均比其相邻楼地面降低 50 mm。

③ 管道安装完毕后、二次补浇混凝土时须用 C25 细石混凝土并加微膨胀剂。管道与混凝土接口部位用密封膏处理再做大面积抹平。楼面孔洞不同材料接口处应有密闭防水处理。

（4）卫生间、用水房设施做法：

① 卫生间、用水房内洗面台、洁具、洁具配件等均由业主自理，施工时在相应位置留出管道接口，并需做好管道接口的防堵塞措施。

② 卫生间、用水房内配件均为成品，由住户自理，图中所示仅为示意，安装可参照西南 11J517 的相应位置设置及施工。

③ 卫生阀、用水房排气道，具体预留洞口尺寸位置详见卫生间放大图。

5. 墙体工程

（1）所有构造柱、门窗过梁及圈梁位置、配筋及技术要求详结施。墙面工程有关抹灰、油漆、刷浆、裱糊等项的要求详见国家装饰工程施工及验收规范标准。

（2）非承重的外围护砌体墙及屋面层外围砌体墙采用 180 mm 厚（图中以 200 mm 计）灰砂砖，M5.0 水泥砂浆砌筑，其构造和技术要求详见结施。

（3）户墙采用加气混凝土空心砌块，水泥砂浆砌筑，其构造和技术要求详见结施。

（4）墙身防潮层：砖墙水平防潮层设于底层室内地面以下 60 mm 处，做法详西南 11J112-50-2 大样图。

（5）墙体留洞及封堵：

① 所有门窗洞口门、窗垛的宽度≤200 mm 时用 C20 细石混凝土补齐。未注门洞高均至结构梁底。

② 预留洞的封堵：混凝土墙留洞的封堵见结施和设备图，其余砌筑墙留洞待管道设备安装完毕后，用 C20 细石混凝土填实；防火墙处按防火规范要求封堵。在有吊顶的房间内，吊顶以上有留洞者，可将隔墙先砌至吊顶标高以上 100 mm 处，待设备安装后再施工吊顶高度以上墙体。

（6）所有钢筋混凝土柱梁、板与砖墙接缝处均须挂钢板网，周边宽 300 mm，钢板网采用 0.8 mm 厚 9×25 孔钢板网，内外墙均设，以防抹灰开裂，后再作墙面粉刷。

（7）灰砂砖和加气混凝土空心砌块墙体内埋设管线应采用异形砌块，并在砌筑时与各工种配合安装，不得随意剔凿墙体。

（8）灰砂砖和加气混凝土空心砌块墙体上固定设备时，应在相应固定高度处加设≥200 mm高 C20 混凝土带，长度大于设备固定部件两边各 100 mm。

（9）内外墙面、饰面施工前应将门窗框和各种管道以及支架、栏杆扶手等安装好，检查所需要螺栓等预埋件，确定没有遗漏，并将墙上的孔洞堵塞严密。

6. 屋面工程

（1）屋面防水工程执行《屋面工程技术规范》（GB 50345—2004）的有关规程和规定。

（2）该工程屋面防水等级为Ⅱ级，防水层合理使用年限为 15 年；屋面防水材料采用 1.5 mm 厚贴必定 MA（高分子自粘橡胶复合防水卷材，防水具体做法参见 11CJ23-1-9-1）。屋面保温兼找坡层，材料选用聚苯乙烯泡沫塑料板，最薄处 60 mm。施工时应按照生产厂家的有关说明及操作程序施工，整个屋面的防水性、保温隔热、隔声、抗风防震性等均应符合现行有关施工验收规范的要求。

（3）屋面构件做法：雨水管采用 DN100UPVC 管，雨水管位置详见水施，雨水口做法详见西南 11J201-P51-2a 大样图，穿墙出水口做法详见西南 11J201-P50-2 大样图，雨水管由高屋面落至低屋面时下设 300 mm × 300 mm × 40 mm 的 C20 细石混凝土预制块滴水板。屋面出入口做法详见西南 11J201-P55-2 大样图。

（4）防水工程需在预留孔洞、屋面设备和对基层处理验收后进行，选用防水材料需有产品合格证书及出厂证明，其物理性能及外观质量应符合规范要求，施工操作需有专业队伍资质及上岗证书。

（5）屋面防水施工应按规范留足留够排气孔及排气沟，屋面保温及找坡材料应干燥到位方可施工。

（6）上人屋面防护栏杆施工完成后栏杆高度从可踏部位顶面起计算净高不小于 1 100 mm。当采用垂直杆件做栏杆时，其杆件净距不应大于 110 mm。

（7）屋顶排水坡度必须严格按照施工图要求找泛水，雨水口及雨水管在施工中应采取保护措施，严禁杂物落入雨水管内。室内暗排水管待做完闭水试验后方可进行隐蔽性处理。

（8）屋面防水层应以排水集中部位最低处顺序向上进行，接缝应顺水流方向，屋面不得有积水渗漏现象，闭水试验后应有记录文件以备查阅。

7. 门窗工程

（1）门窗数量及规格见门窗表（表 13.1）及门窗详图。除注明者外，外门立墙中，外窗立樘详墙身节点图，内门立樘与门开启方向墙面平，门窗洞口尺寸及数量请核对无误后再行订货加工制作。

（2）门窗表及门窗详图中所示尺寸，均为洞口尺寸，生产厂商在制作前应现场测量准确，并根据不同装饰面层，进行门窗尺寸的确定，所用门窗均要求生产厂商按实际洞口尺寸制作安装。框料大小及构造由承包商确定。生产厂商应按门窗立面图所示门窗扇分格及开启方式绘制详细安装图，经设计人员认可后方可制作安装。

（3）外门窗采用断桥铝合金框料，依据现行有关国家标准其物理性能应达到：抗风压性能分级 5 级、气密性能分级 4 级、水密性能分级 3 级、保温性能分级 8 级、隔声性能分级 3 级。

表 13.1　门 窗 表

类型	设计编号	名称	洞口尺寸	数量	立樘高	备注
门	FDM-1	防盗门	1 800 mm×2 100 mm	1	H	成品安装
	M-1	普通门	1 000 mm×2 100 mm	51	H	成品安装
	M-2	普通门	1 200 mm×2 100 mm	1	$H+200$	成品安装
窗	C-1	塑钢窗	3 000 mm×2 100 mm	40	详大样	
	C-2	塑钢窗	2 000 mm×1 350 mm	4	详大样	
	C-3	塑钢窗	1 775 mm×1 900 mm	8	详大样	
	C-4	塑钢窗	2 000 mm×2 100 mm	3	详大样	
高窗						
	GC-2	塑钢窗	3 000 mm×1 500 mm	8	详大样	

注：① 门额制作安装前请复核洞口尺寸及樘数，准确无误再制作安装。
② 窗采用塑钢窗，未经特别注明的均为 5 mm 厚无色透明玻璃窗。
③ 卫生间和楼梯间除外，其余窗均设隐形纱窗。
④ 门窗表仅供参考，安装时以实际数量和具体施工尺寸为准。
⑤ 窗立樘低于 900 mm 均设 1 100 mm 高金属护窗栏杆，详大样图。
⑥ 所以卫生间为磨砂玻璃。
⑦ H 为层高。

（4）外门窗玻璃厚度根据门窗公司对门窗进行计算后具体制作。双向开启平开门应在可视高度部分装透明安全玻璃；外开窗应有加强牢固窗扇、防脱落的措施及《建筑安全玻璃管理规定》（发改运行〔2003〕2116 号）及地方主管部门的有关规定，门窗玻璃应符合《建筑玻璃应用技术规程》（JGJ 113—2009）。

（5）门窗安装前应检查预埋件或木砖的规格，数量、位置。凡入墙木构件须做防腐处理方能使用木门。窗框与墙体接触处应涂防腐剂，坡装后应保证开启灵活、五金牢固，未注尺寸的门垛均为 60 mm。

（6）所有门窗构造做法应能满足当地气候的要求，特别应考虑风荷载（正负风压）、温度应力以及地震对其的影响，甲方向厂家订货时，厂家需提供有关数据、资料以及检测报告，以保证质量。

（7）窗台高度低于 900 mm 的窗均设护窗栏杆，栏杆高度从可踏部位顶面起计算净高不小于 1 100 mm，垂直栏杆净距不大于 110 mm。外窗开启扇均设纱窗。落地玻璃门窗均设警示条。

8. 油漆工程

（1）所有外露铁件均用红丹打底，面层刷防锈漆两道，再刷其他油漆，木门油漆做法详西南 11J312 第 79、80、81 页相关做法；楼梯栏杆、阳台栏杆及护窗栏杆刷灰色油漆二度。

（2）所有的油漆工序均要求油漆表面颜色一致、无刷纹、斑迹、返锈、漏刷、透底、流坠等现象。对玻璃、五金零件、墙面、楼地面等不得有污染。其他室内外露金属构件做同室内外露部位相同颜色的油漆，各种油漆均由施工单位制作样板，经确认后进行封样，并据此进行验收。所有木质构件油漆均结合二次装修制作。

9. 楼　梯

楼梯栏杆做法详西南 11J412-51-2 大样图；楼梯间护窗栏杆做法详西南 11J412-53-1 大样图。栏杆预埋件做法详西南 11J412-52 相应的大样图。踏步防滑条做法详西南 11J412-60-2 大样图。楼梯栏杆平段大于 500 mm 的栏杆高度要求不小于 1 100 mm。

10. 室内外装修工程

（1）内装修工程执行《建筑内部装修设计防火规范》（GB 50222—95）（2001 年修订版）及各专业规范对内装修的具体要求，楼地面部分执行《建筑地面设计规范》（GB 50037—96）。一般装修见室内装修用料表。因本工程设计不包括室内设计，室内装修用料表只作为标准控制及做法参考，具体另详室内装修设计图。

（2）内墙面装饰除特殊要求外，一般粉刷应分层施工，确保平整牢固，所有阳角距地 2 000 mm 以下用 1∶2 水泥砂浆做护角，室内墙角、窗台、窗口，竖边等阴阳角部分均粉为小圆角。

（3）瓷砖及面砖施工前应预先排列，使切角瓷砖安装在阴角和次要位置；在两种墙身材料平接时，粉刷前应在交接处加 0.8 mm 厚 9 × 25 孔钢丝网一层，缝两边各压入 150 mm 宽，再进行抹灰。

（4）外墙装修详各立面图，为确保工程质量，所有主要装饰材料的规格、材质、颜色以及造型均应在订货前由有关厂家配合施工单位做自样板，征得甲方及设计人员同意后，方可购买施工。

（5）外墙面涂料色彩详立面图，基层做法详西南 11J516-P91-5314（5313），打底及面层的水泥砂浆为 1∶2.5 水泥砂浆，内掺水泥质量占 5%的防水剂。砂浆抹灰中掺入纤维材料，以防裂缝产生。

（6）本工程如有二次装修要求的部分（如钢雨篷、吊顶、玻璃幕墙等），均由专业厂家设计制作安装，但须经建设方和设计方确认后方可制作施工。

11. 室外工程

（1）总平面场地设计另详总平面设计或室外场地、道路、绿化景观设计。

（2）建筑室外排水沟及排水方式另详水施；建筑单体设散水及排水沟，沿建筑周边转通，做法详一层平面图。

（3）建筑室外踏步详西南 11J812-P7-la 大样图、踏步挡墙详西南 11J812-P8-lla 大样图。

（4）外挑檐、雨篷、室外台阶、坡道、散水、排水暗沟、宙井、庭院栏杆做法见各层平面图和墙身详图。

12. 无障碍设计

本项目建筑性质为工业建筑，不考虑无障碍设计。

13. 消防设计

（1）设计依据同本说明 1.4 条所列现行的国家有关建筑消防设计规范、规程和规定。

（2）总平面消防设计：

建筑物间距及消防车道的设置详总施图。

（3）建筑消防设计：

① 本工程建筑耐火等级：耐火等级为二级。

② 建筑物防火分区：地上 1 ~ 2 层为研发室；每层建筑面积 332.29 m^2，每层为一个防火分区，层层窗槛墙不低于 0.8 m。

③ 每层设置了一部疏散楼梯，直接通向室外。安全出口上方均设宽度不小于 1.00 m 的防火挑檐（雨篷）。

④ 疏散楼梯的最小净宽度均不小于 1.10 m。

⑤ 本工程公共区域采用不燃或难燃材料装修。

⑥ 本工程防火墙采用 190 mm 厚灰砂砖墙，耐火极限均大于 3 h，楼板为厚度不小于 100 mm 钢筋混凝土板，耐火极限均大于 1.5 h。

14. 室内装修用料表

本工程室内装修见表 13.2。

表 13.2　室内装修表

部位	地面				楼面			踢脚		墙裙		墙面		顶棚		备注
做法	西南11J312				西南11J312			西南11J312		西南11J515		西南11J515		西南11J515		
	水泥砂浆有防水层	水泥砂浆	花岗岩	防滑地砖有防水层	水泥砂浆	花岗岩	防滑地砖有防水层	水泥砂浆	花岗岩	瓷砖墙裙	水泥砂浆	水泥砂浆	白色乳胶漆	水泥砂浆	白色乳胶漆	
房间名称	3103D/7	3102D/7	3147D/21	3125Db/13	3104L/7	3149L/21	3125Db/13	4102T/68	4110T/70	Q06/23	Q10/23	N03/6	N09/7	P06/31	N08/32	
宿舍		●			●			●			●	●		●		
卫生间				●			●	●			●	●		●		
楼梯间		●			●						●	●		●		
用水房				●			●	●		●		●		●		

注：材料及颜色详二次装修。此室内装修表中的材料仅作示意参考。亦可参照此表施工。

13.2　建筑设计图

四层框架结构职工宿舍楼工程施工图如图 13.1 ~ 图 13.27 所示。

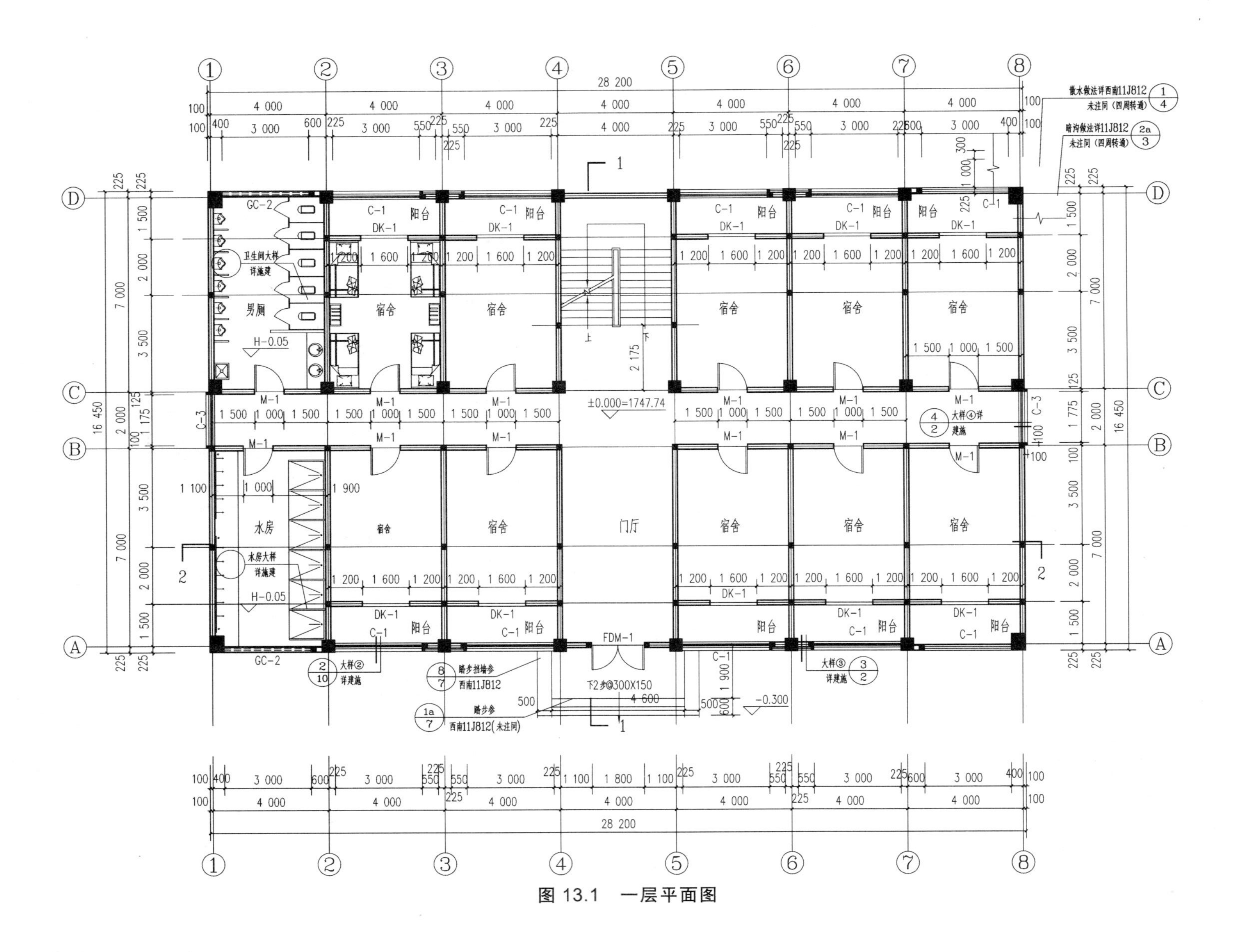
散水做法详西南11J812 1/4
未注同（四周转通）
暗沟做法详11J812 2a/3
未注同（四周转通）
宿舍
阳台
门厅
男厕
水房
卫生间大样详施建
水房大样详施建
C-1
C-3
GC-2
DK-1
M-1
FDM-1
±0.000=1747.74
H-0.05
-0.300
下2步@300X150
踏步挡墙参西南11J812
踏步参西南11J812(未注同)
大样②详建施
大样③详建施
大样④详建施
28 200
16 450
4 000
7 000
2 000

图 13.1　一层平面图

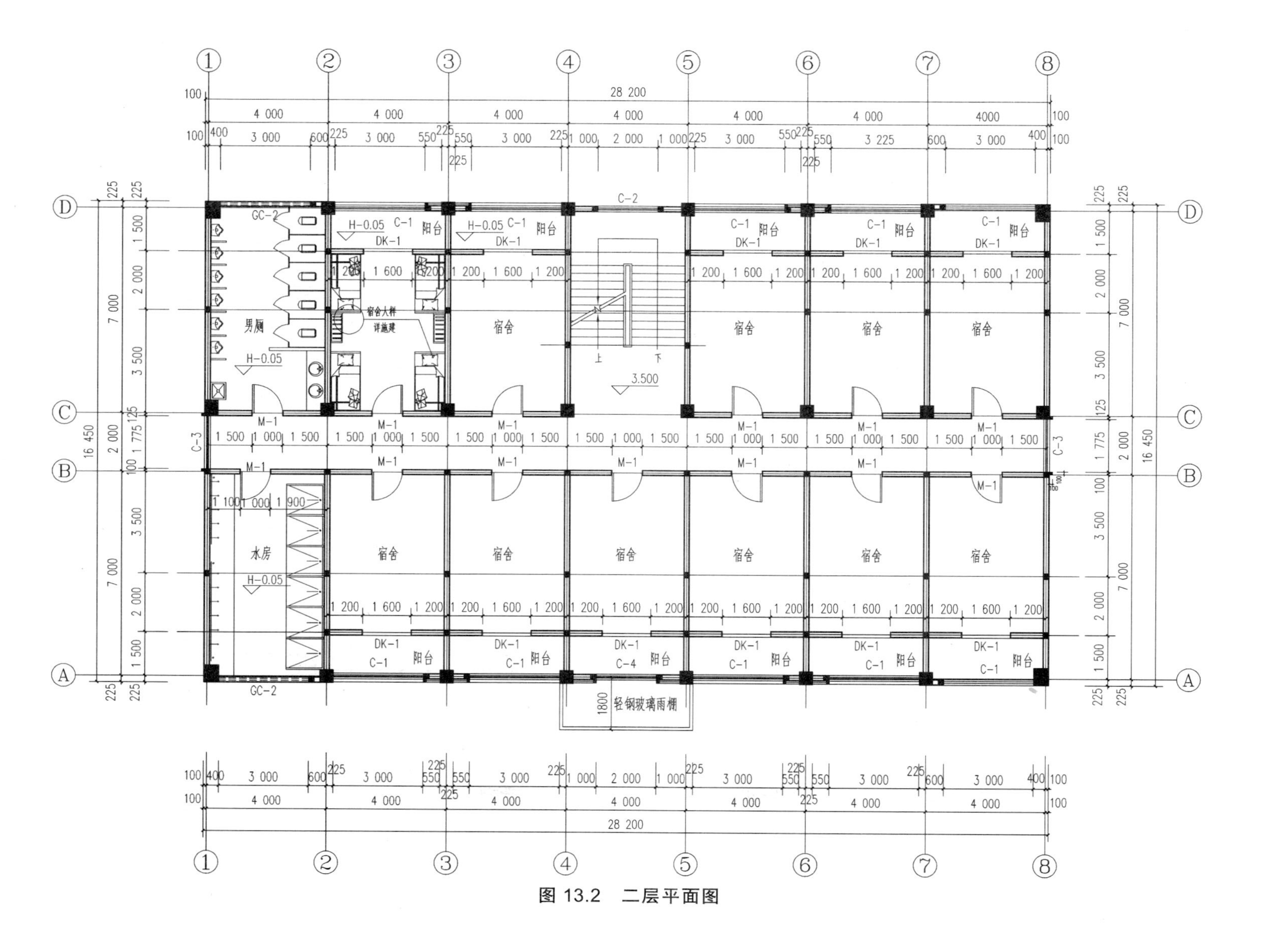
宿舍
阳台
男厕
水房
轻钢玻璃雨棚
宿舍大样
详施建
C-1
C-2
C-3
C-4
DK-1
M-1
GC-2
H-0.05
3.500
上
下
28 200
16 450

图 13.2 二层平面图

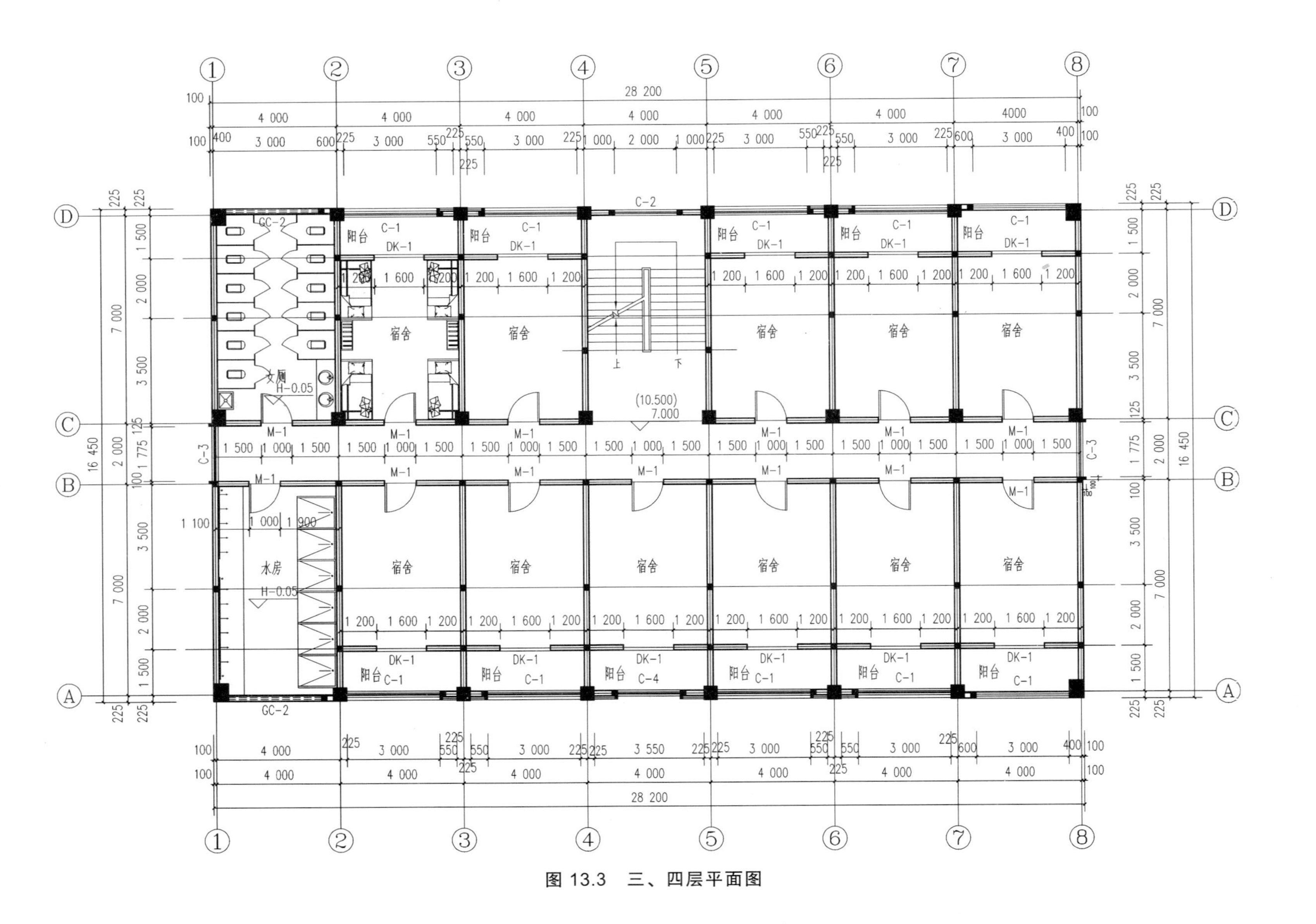

图 13.3 三、四层平面图

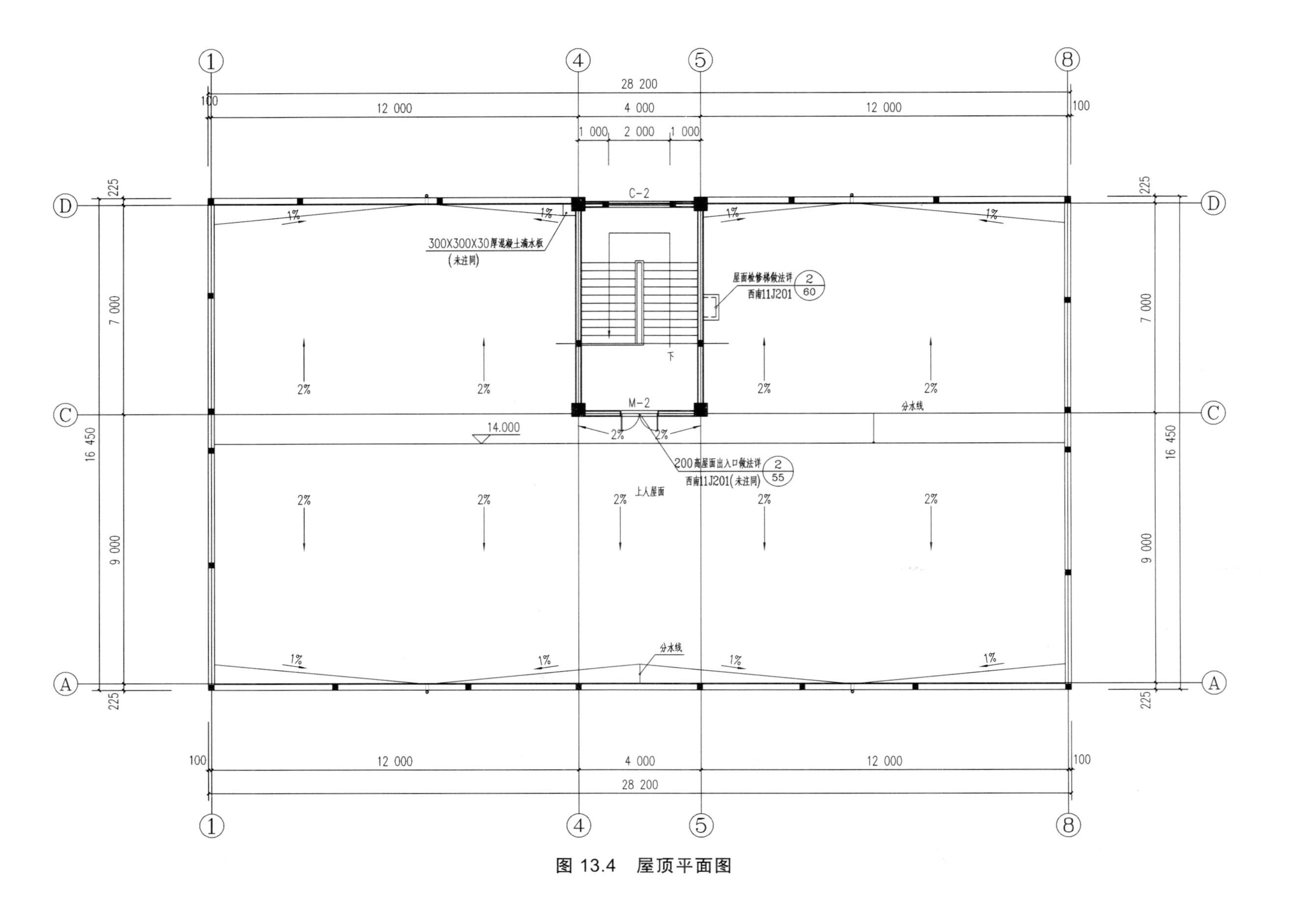

28 200
12 000
4 000
1 000
2 000
100
225
7 000
9 000
16 450
C-2
M-2
300X300X30厚混凝土滴水板
(未注同)
屋面检修梯做法详 西南11J201
200高屋面出入口做法详 西南11J201(未注同)
上人屋面
分水线
14.000
2%
1%
下

图 13.4 屋顶平面图

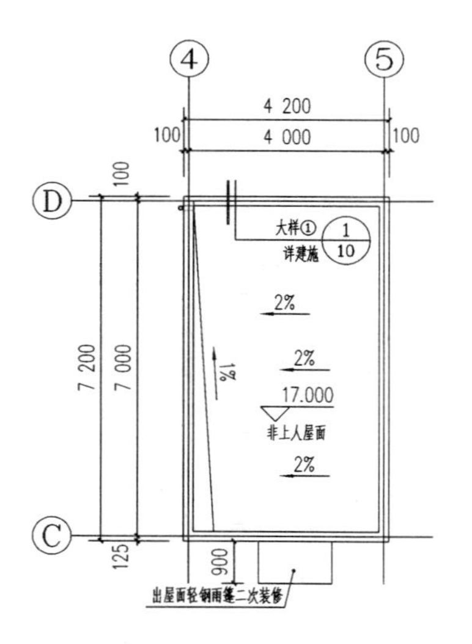

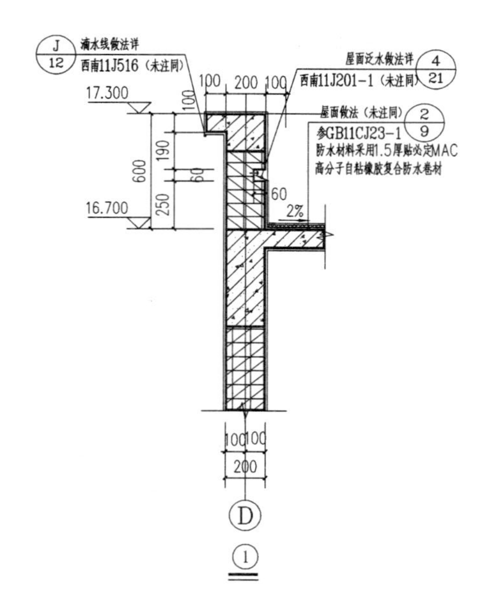

图 13.5　楼梯间出屋面平面图及①号节点大样

灰色外墙漆
白色外墙漆
白色外墙漆
17.300
灰色外墙漆
15.200
14.000
10.500
7.000
3.500
±0.000
-0.300
1 200
3 500
15 500
500
1 500
2 100
900
300
100
28 000
28 200
①
⑧

图 13.6 ①—⑧立面图

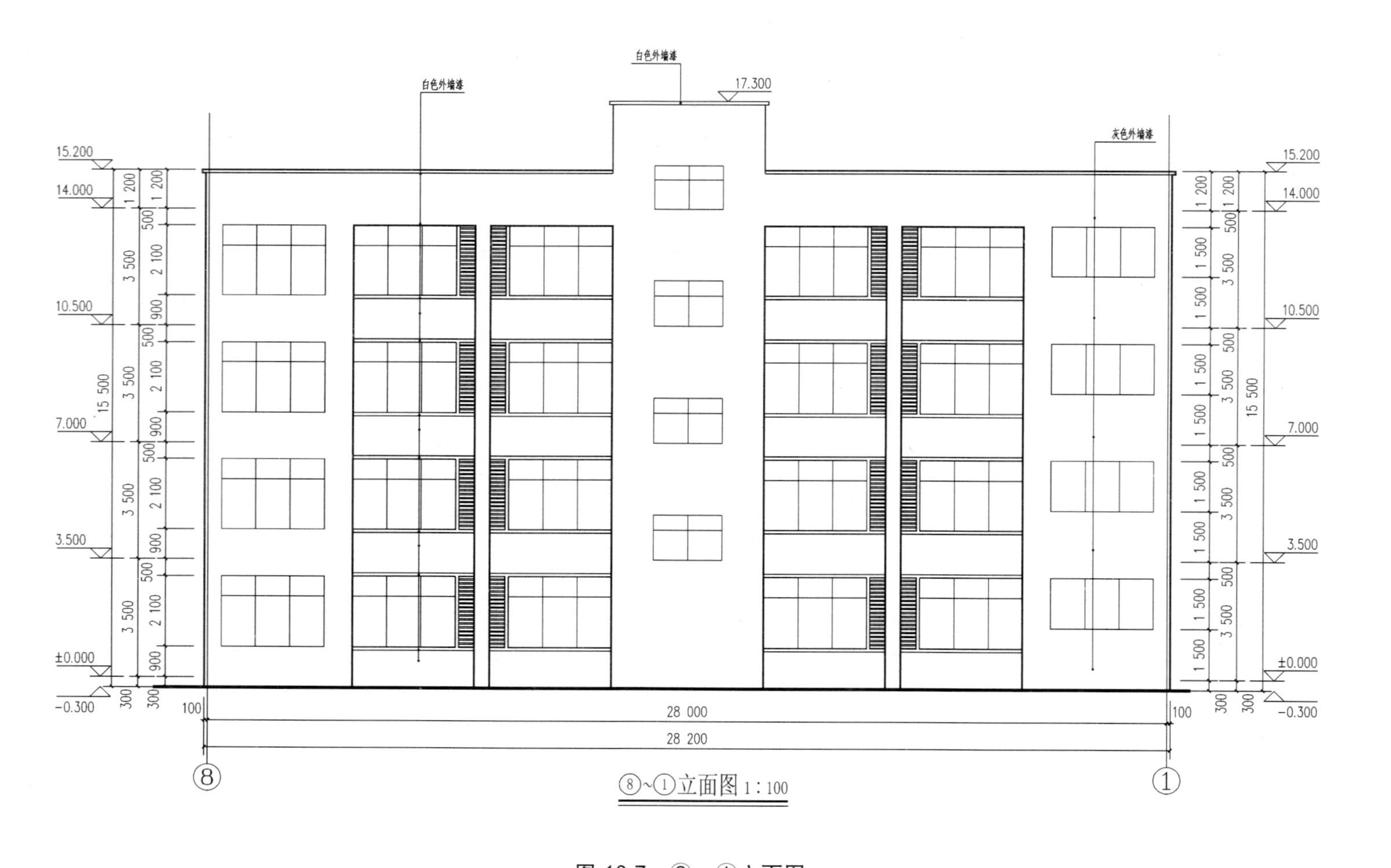
白色外墙漆
白色外墙漆
17.300
灰色外墙漆
15.200
14.000
10.500
7.000
3.500
±0.000
-0.300
15 500
28 000
28 200
⑧~①立面图 1:100

图 13.7 ⑧—①立面图

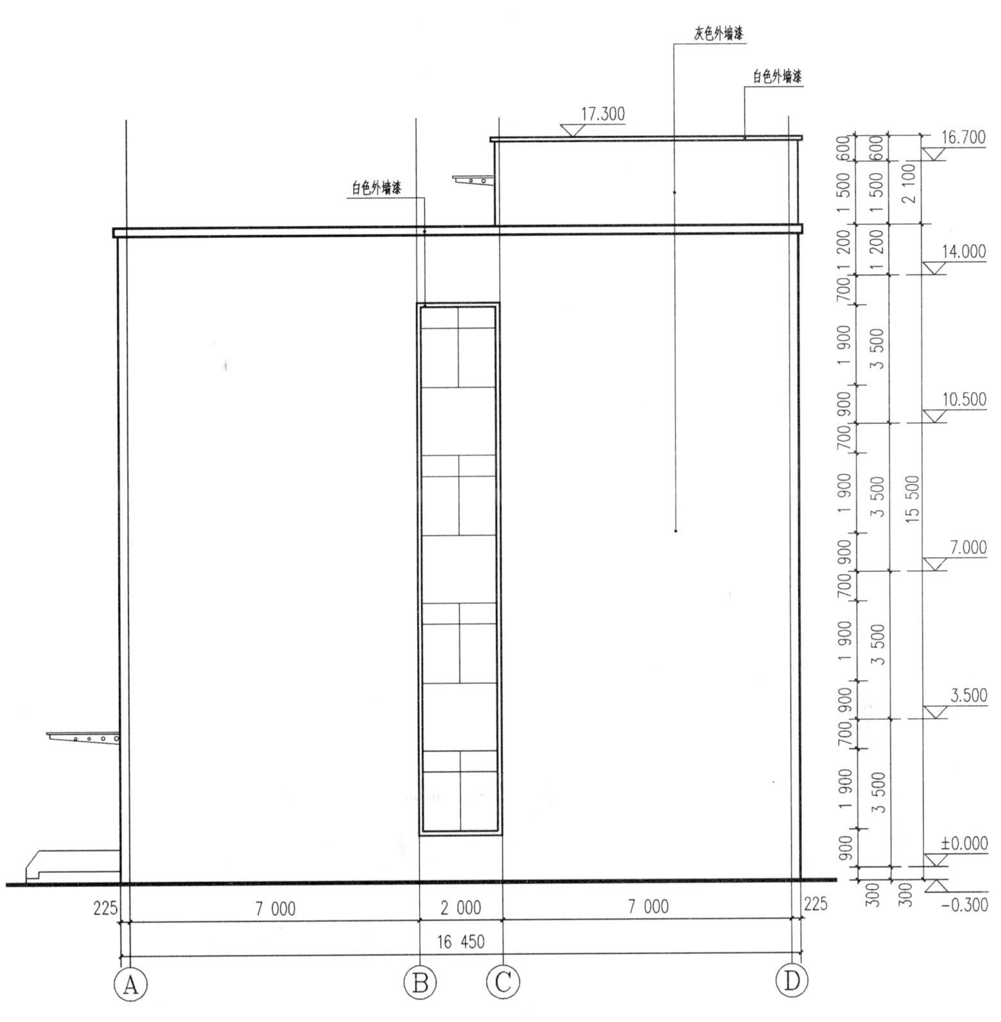
灰色外墙漆
白色外墙漆
17.300
白色外墙漆
16.700
14.000
10.500
7.000
3.500
±0.000
-0.300
15 500
225
7 000
2 000
7 000
225
16 450
A
B
C
D

图 13.8　A—D 立面图

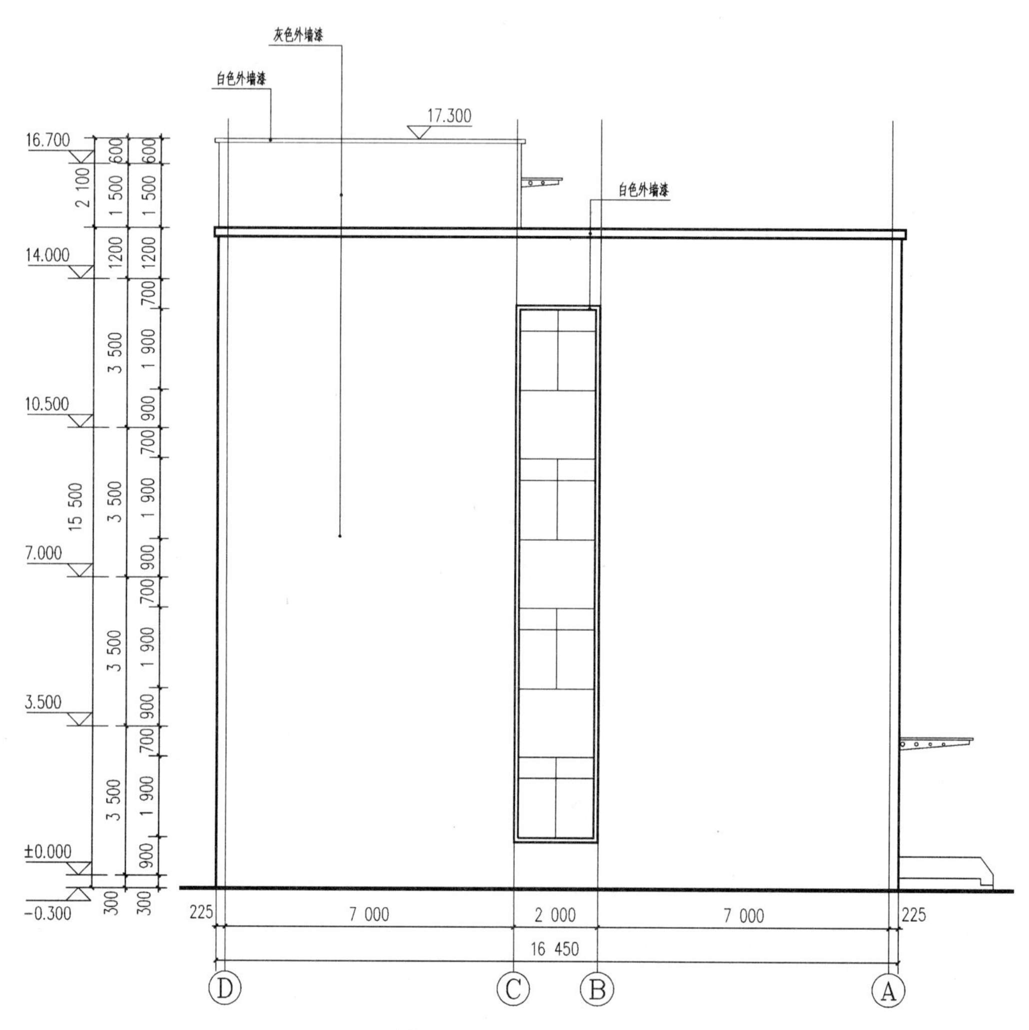
灰色外墙漆
白色外墙漆
17.300
白色外墙漆
16.700
14.000
10.500
7.000
3.500
±0.000
-0.300
225
7 000
2 000
7 000
225
16 450
D
C
B
A

图 13.9　D—A 立面图

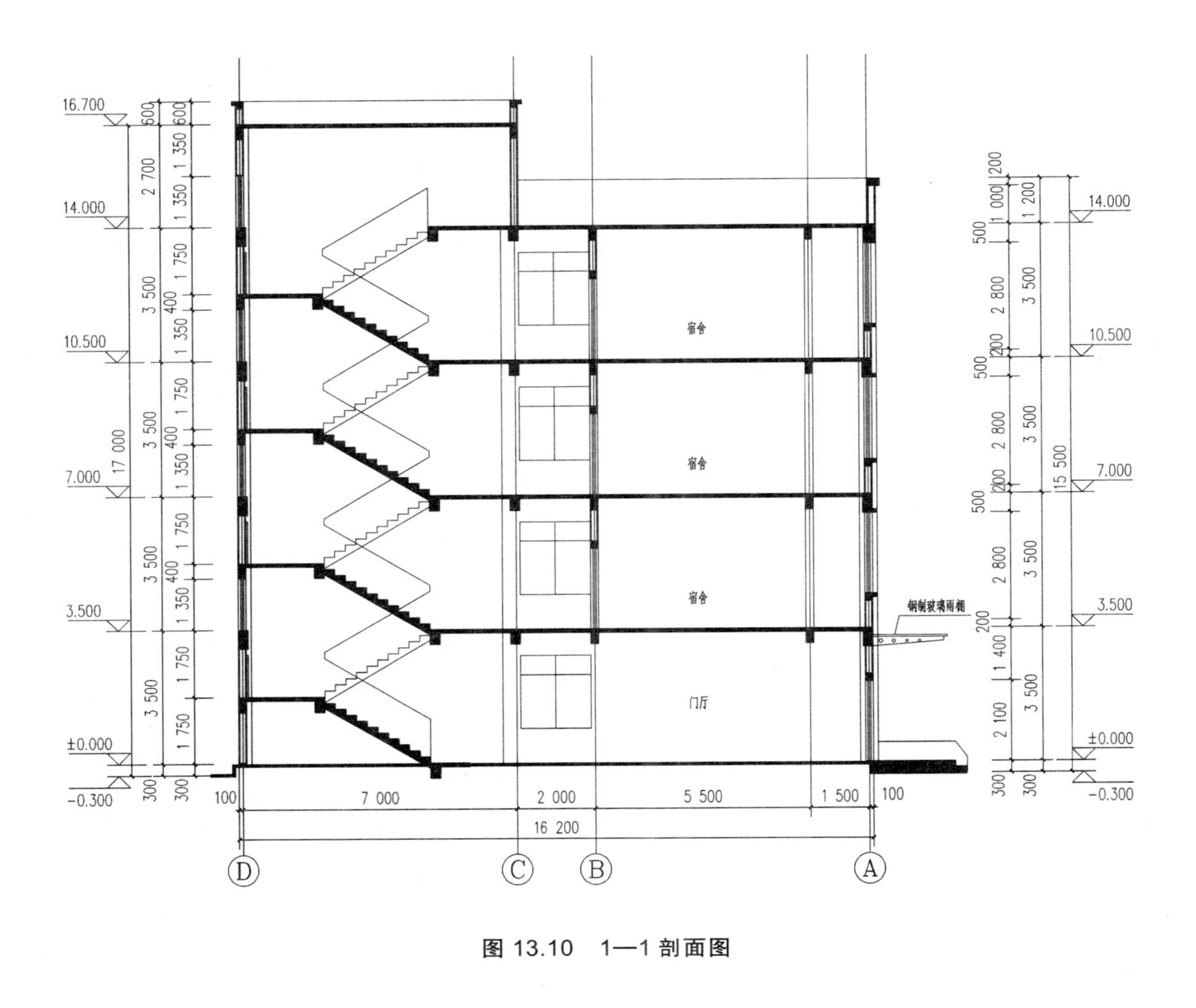

16.700
14.000
10.500
7.000
3.500
±0.000
-0.300
17 000
15 500
16 200
7 000
2 000
5 500
1 500
100
宿舍
宿舍
宿舍
门厅
钢制玻璃雨棚
D
C
B
A

图 13.10　1—1 剖面图

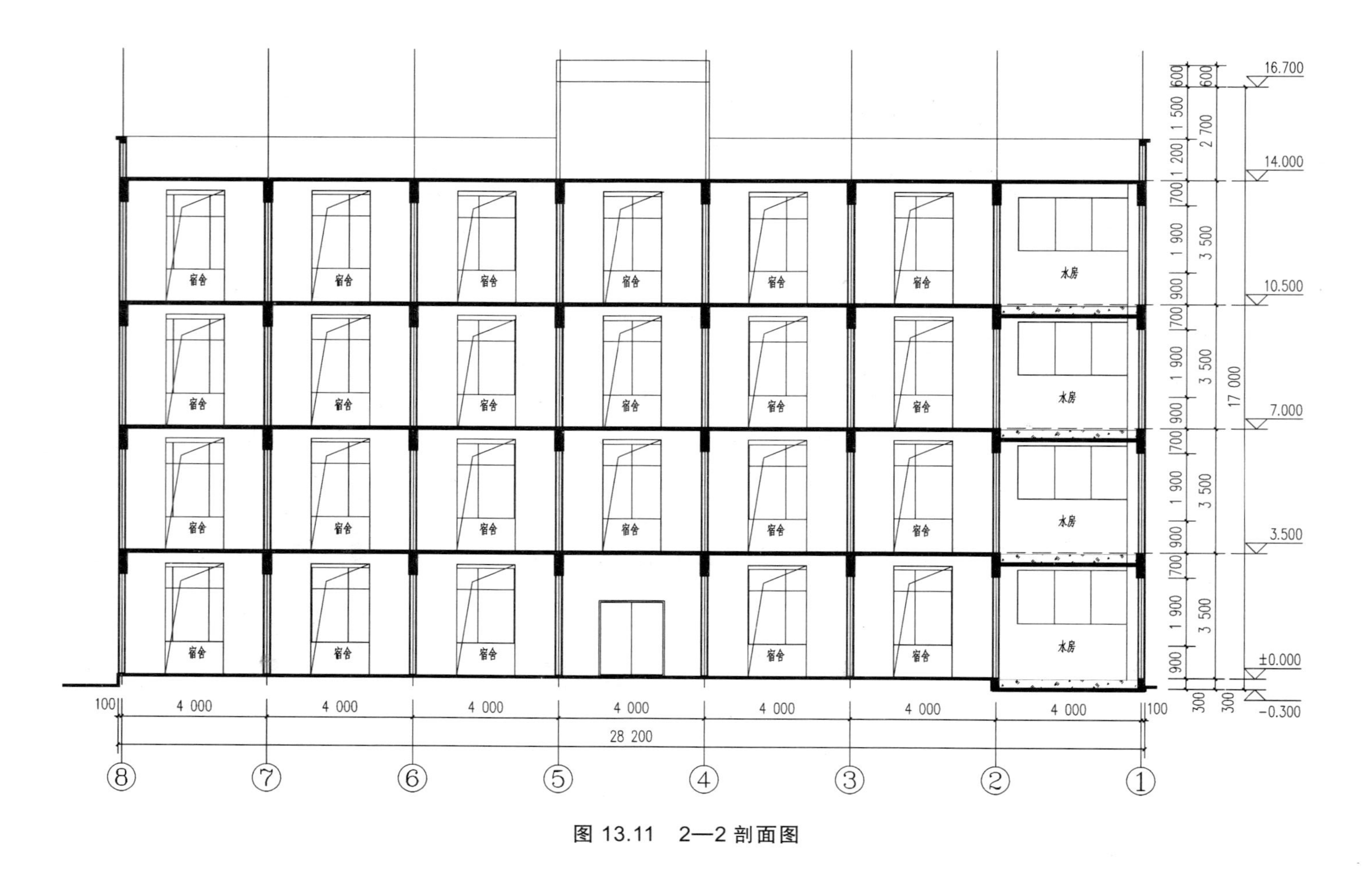

16.700
14.000
10.500
7.000
3.500
±0.000
-0.300
600
1 500
1 200
700
1 900
900
2 700
3 500
17 000
300
100
4 000
28 200
宿舍
水房
⑧
⑦
⑥
⑤
④
③
②
①

图 13.11 2—2 剖面图

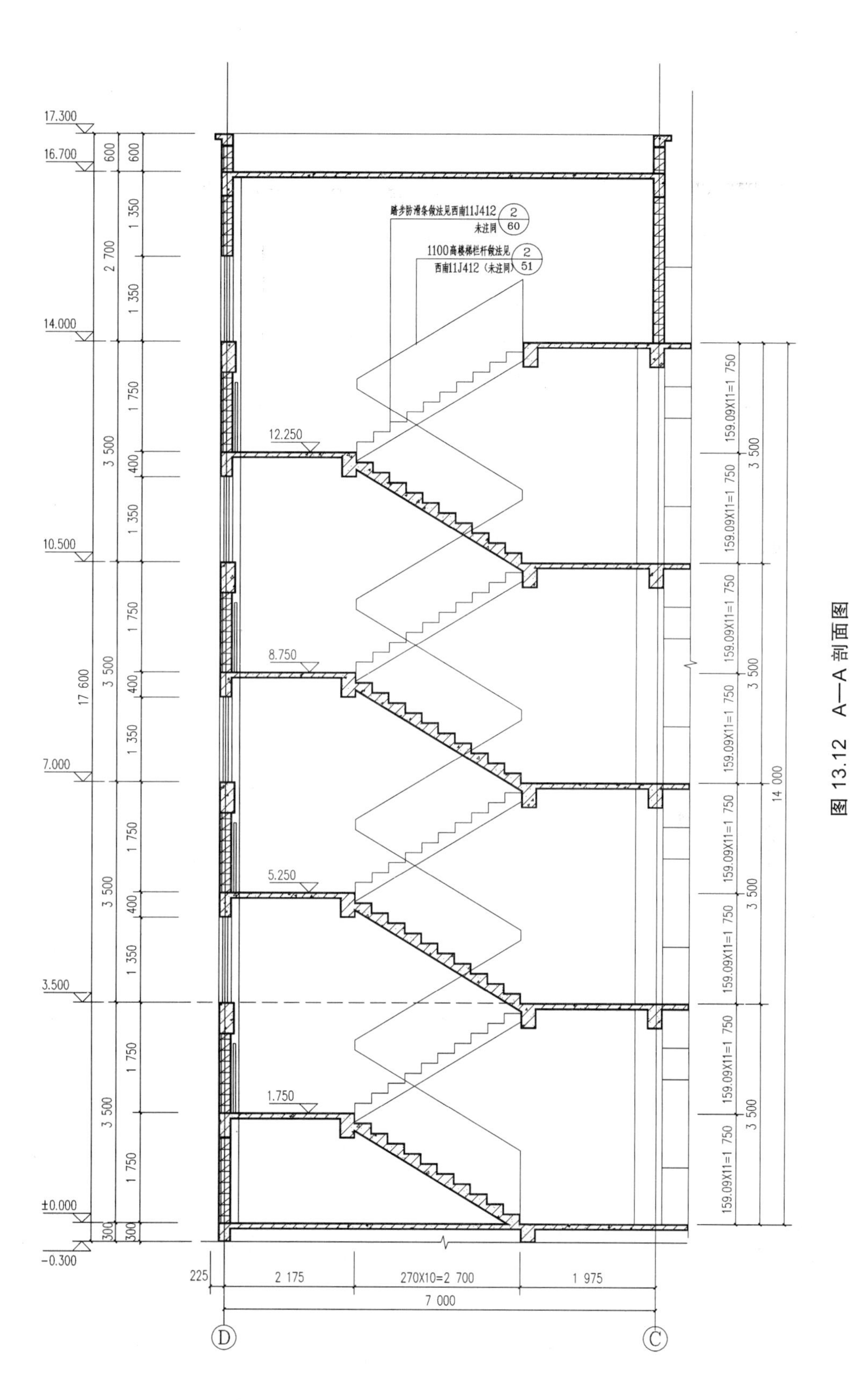

17.300
16.700
14.000
12.250
10.500
8.750
7.000
5.250
3.500
1.750
±0.000
-0.300
踏步防滑条做法见西南11J412 2/60
未注同
1100高楼梯栏杆做法见
西南11J412（未注同） 2/51
600
1 350
2 700
1 750
3 500
400
17 600
300
159.09X11=1 750
14 000
225
2 175
270X10=2 700
1 975
7 000
D
C

图 13.12 A—A 剖面图

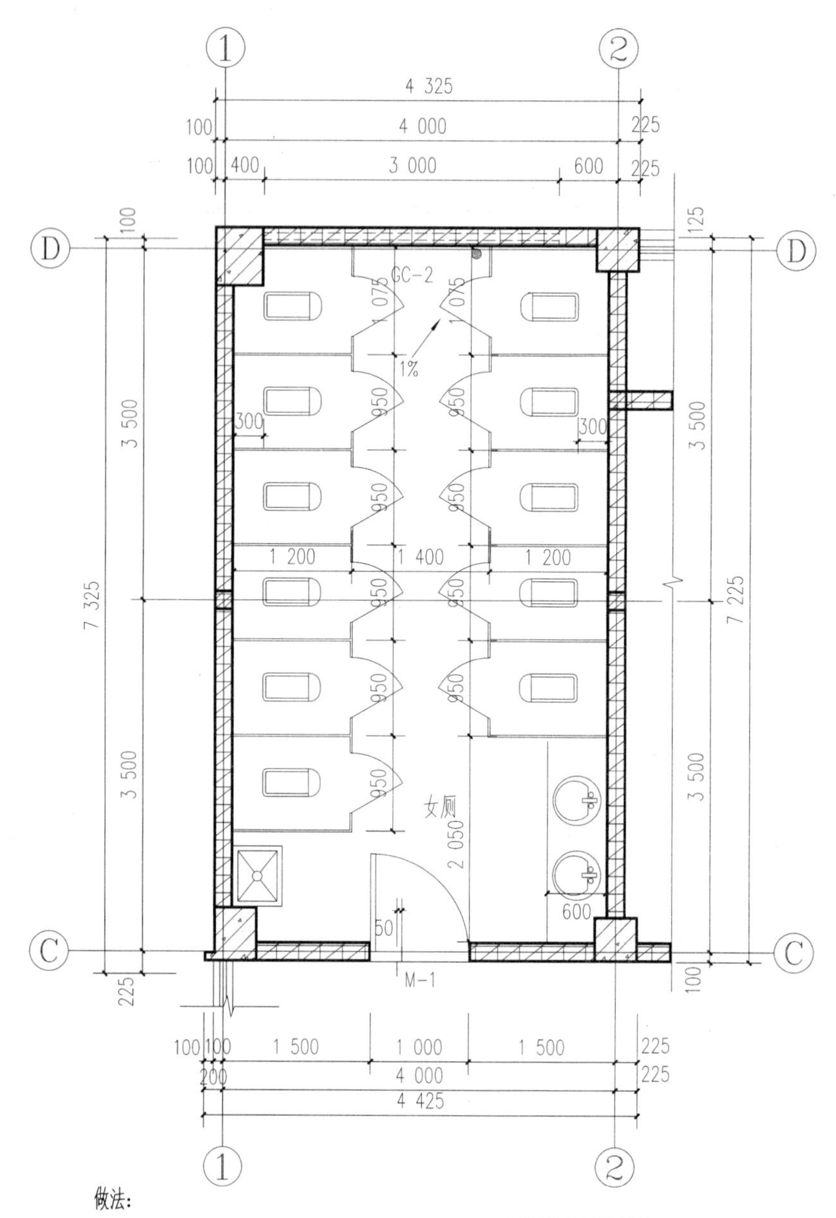

做法：

1.洗面台做法：
详见西南 11J517-35-1，洗面盆成品安装。

2.蹲便器做法：
蹲便器做法参照西南 11J517-37-1。

3.镜面做法：
详见西南 11J517-38-1，成品安装。

4.地漏做法：
详见西南 11J517-37-4。

5.小便斗做法：
详见西南 11J517-42-1。

6.拖布池做法：
详见西南 11J517-53-1。

7.塑钢厕所隔板做法：
详见西南 11J517-45-1a。

8.卫生间楼地面做法：
详见西南 11J517-37-2 地面。
西南 11J517-37-3楼面。

9.淋浴室做法：
详见西南 11J517-45-1a。

10.单面盥洗台做法：
参见西南 11J517-51-2a。

图 13.13　女公共卫生间大样

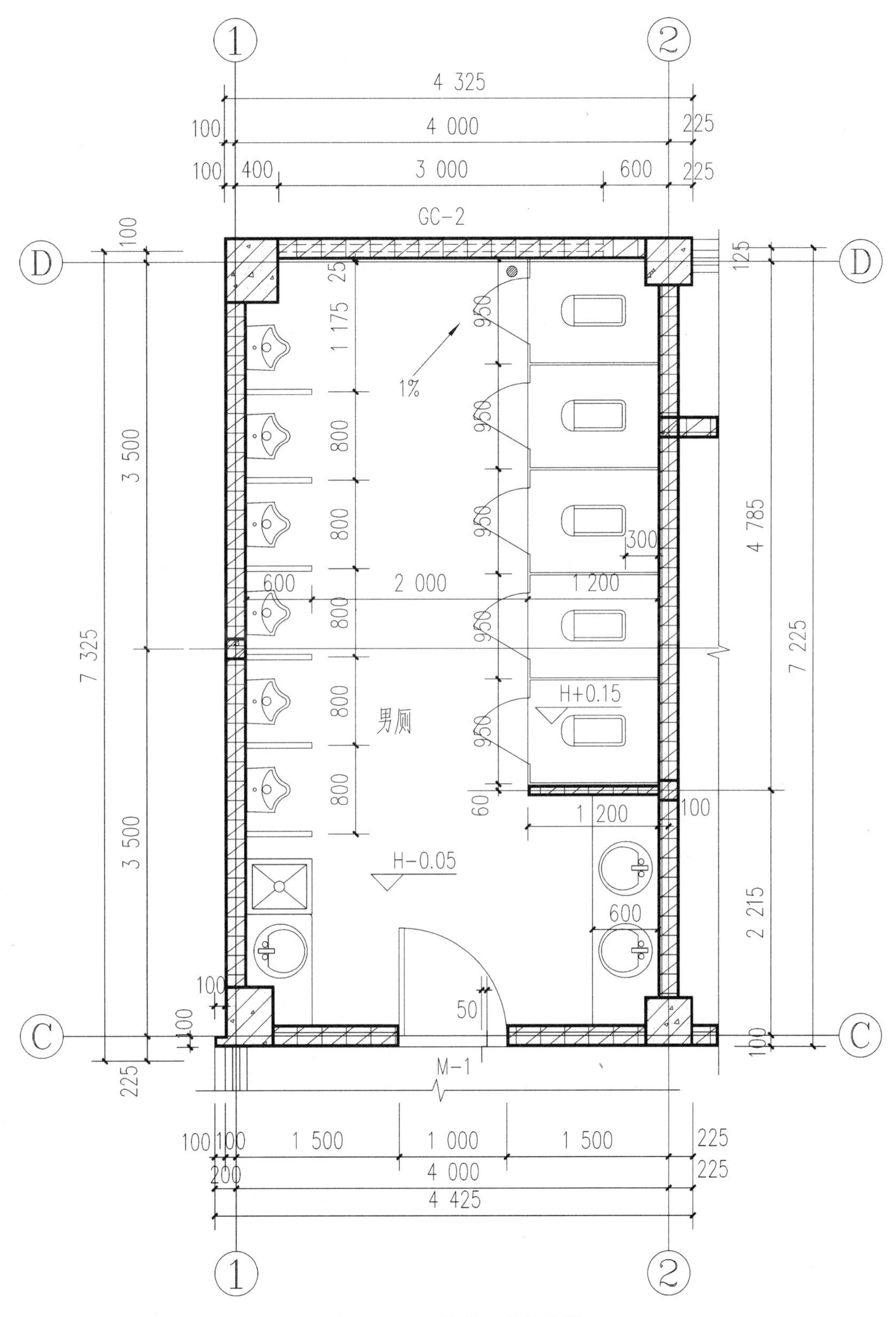

图 13.14 男公共卫生间大样

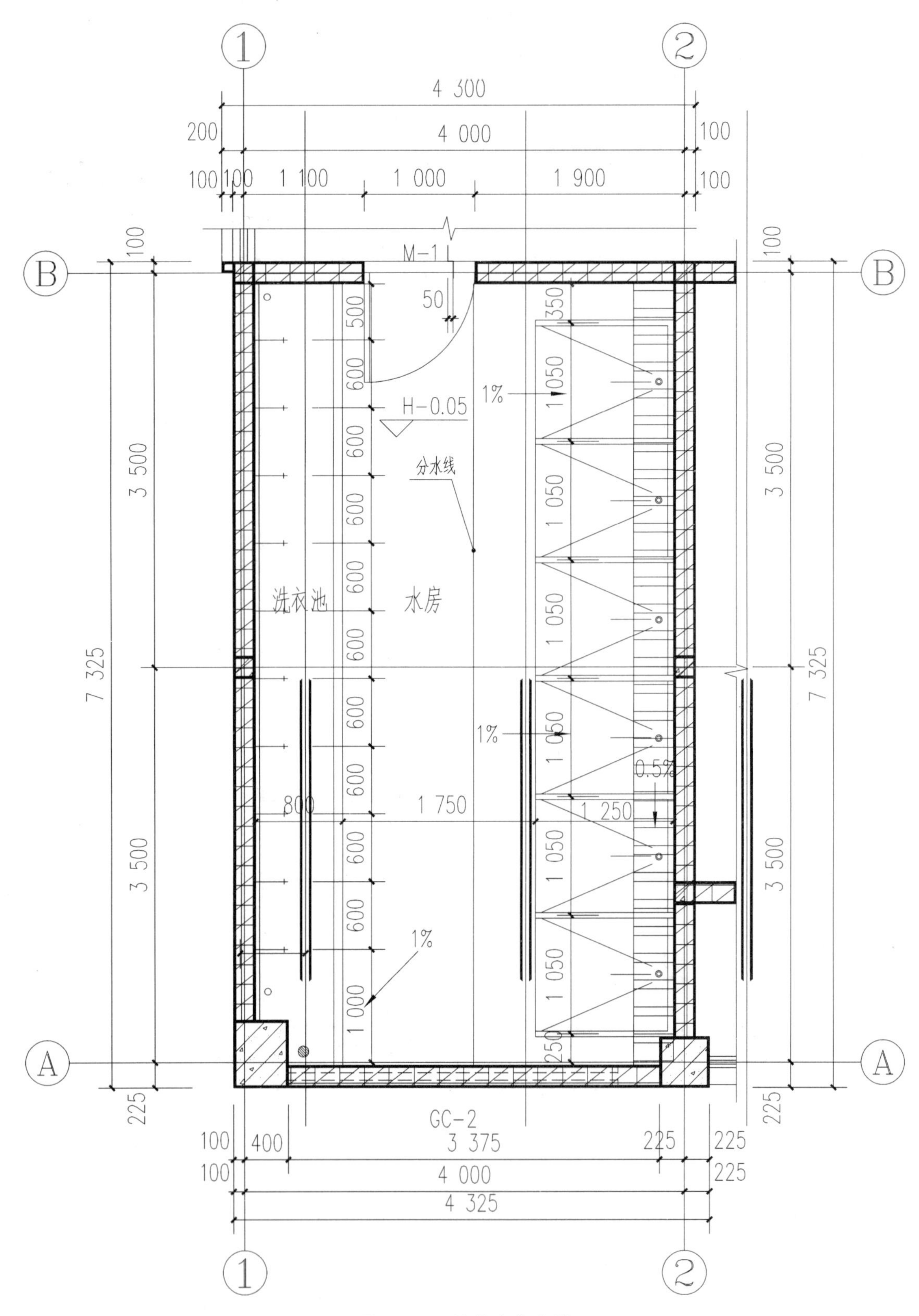

图 13.15　公共水房大样

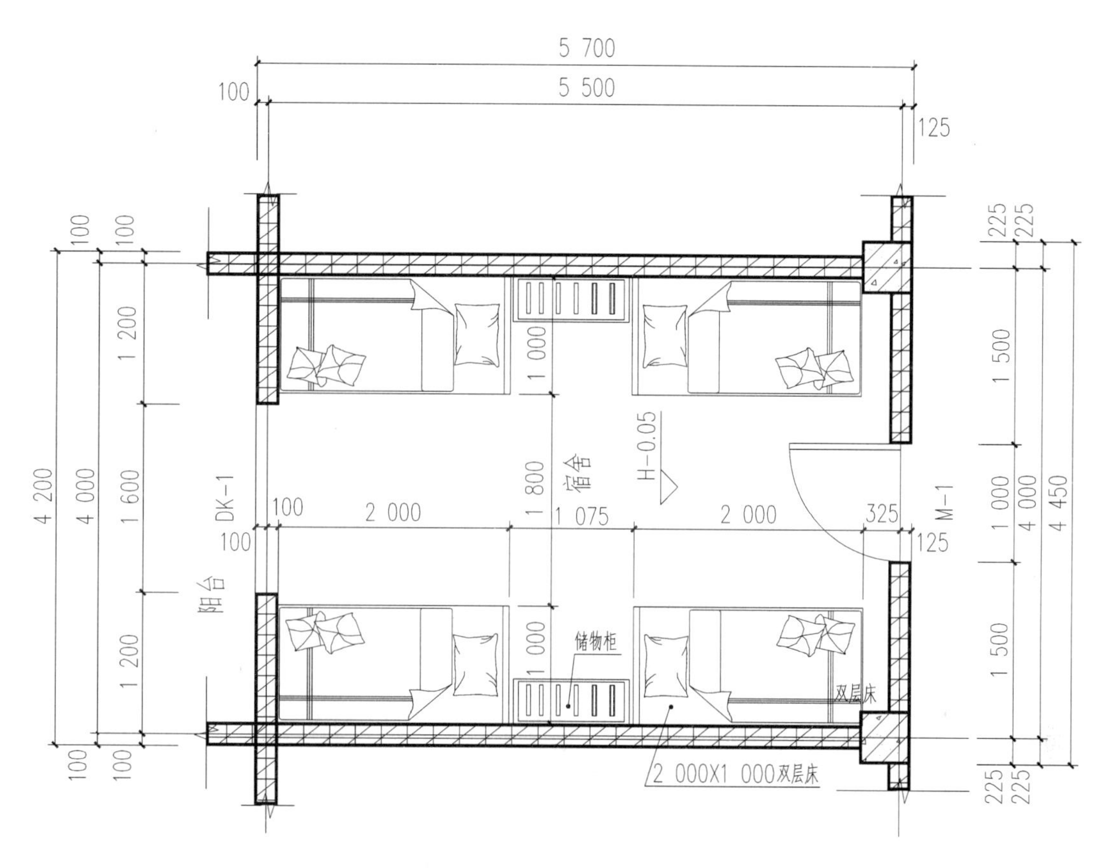

图 13.16 职工宿舍大样

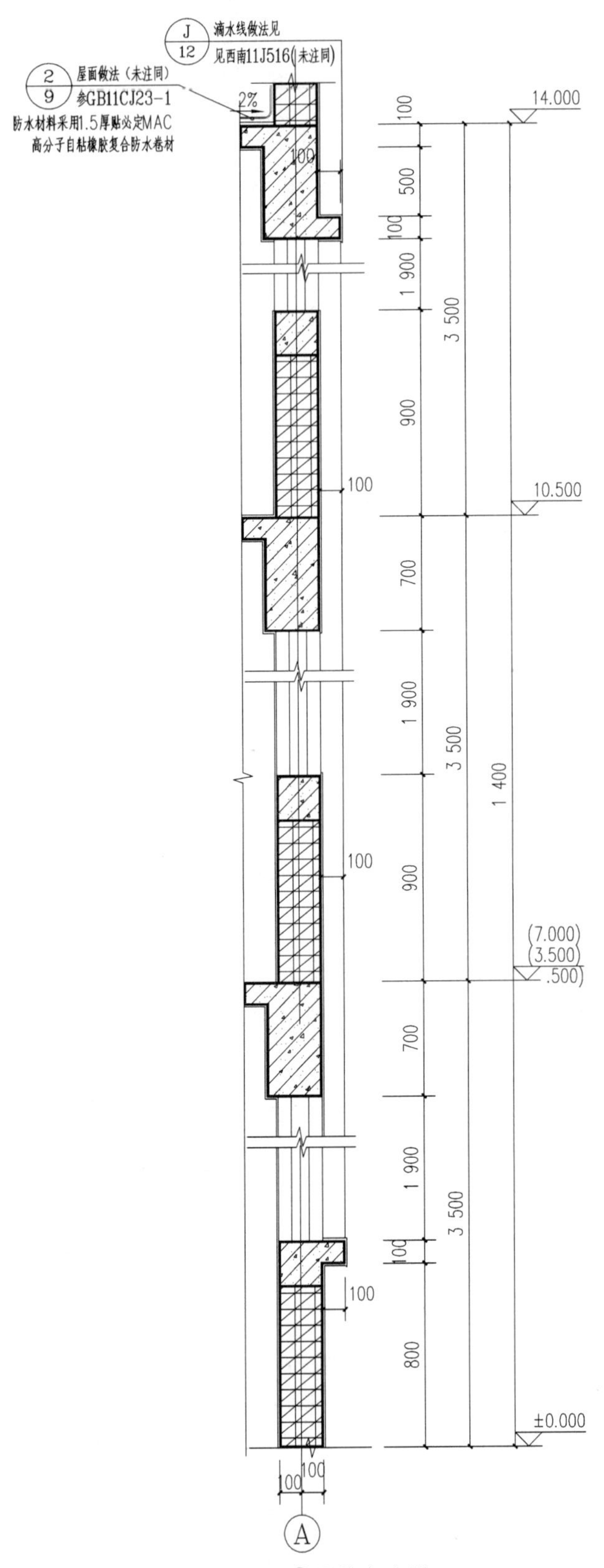

图 13.17　②号节点大样

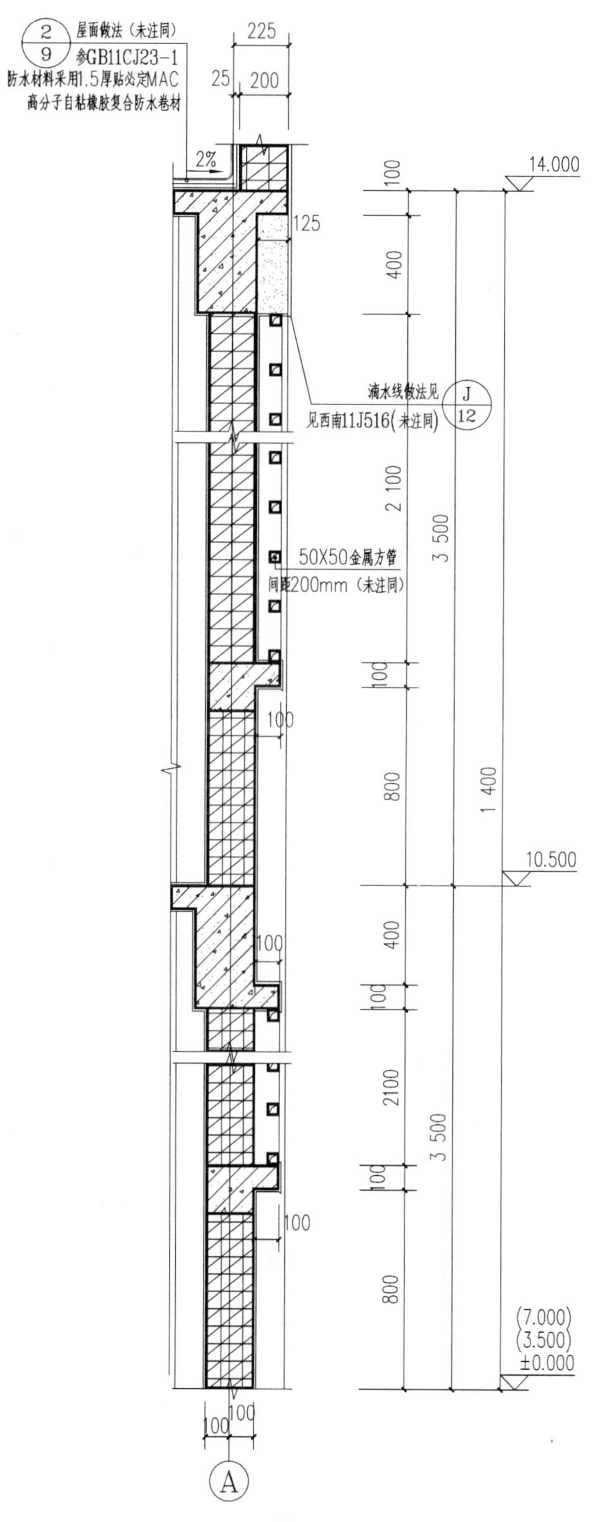

图 13.18 ③号节点大样

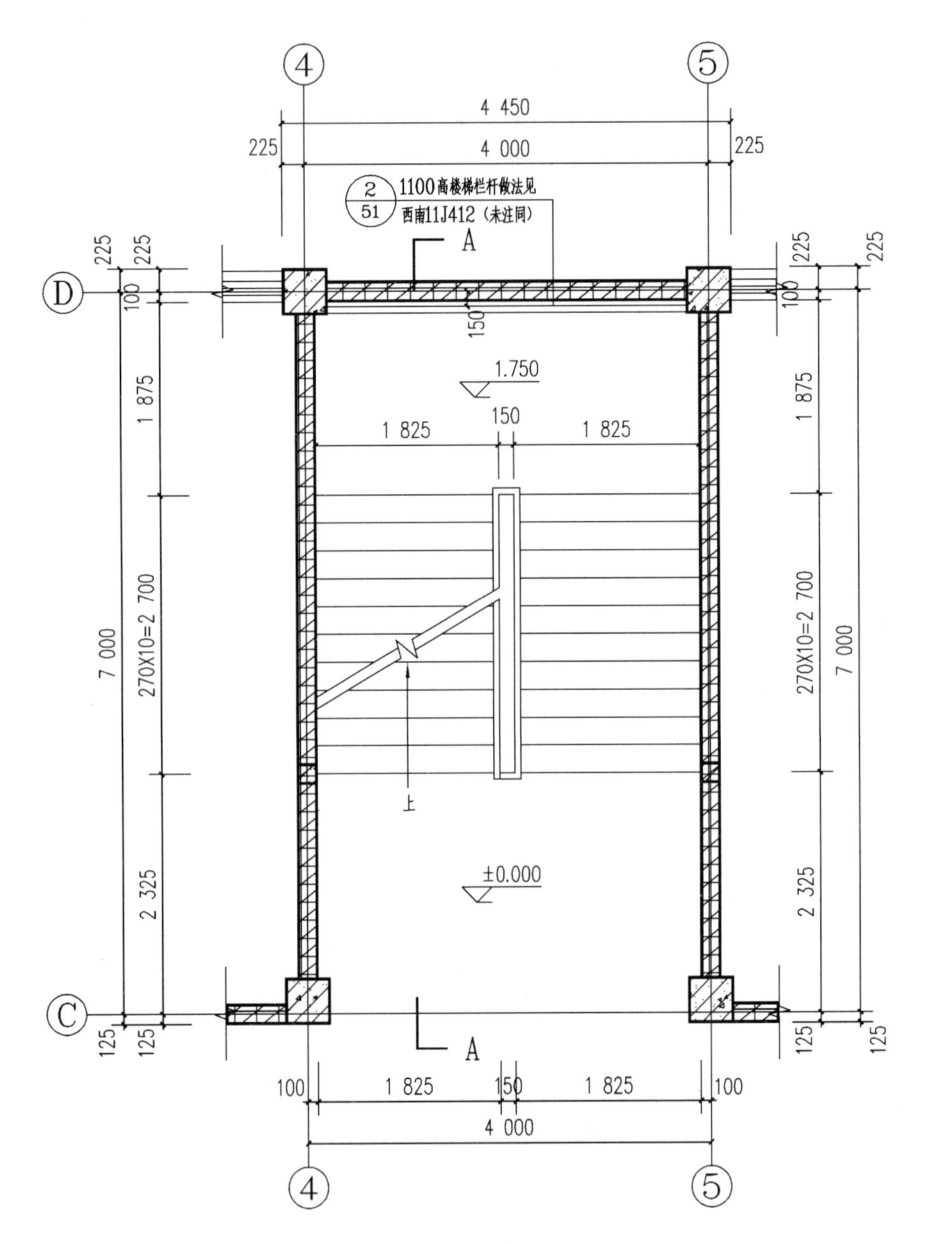

图 13.19　一层楼梯间大样

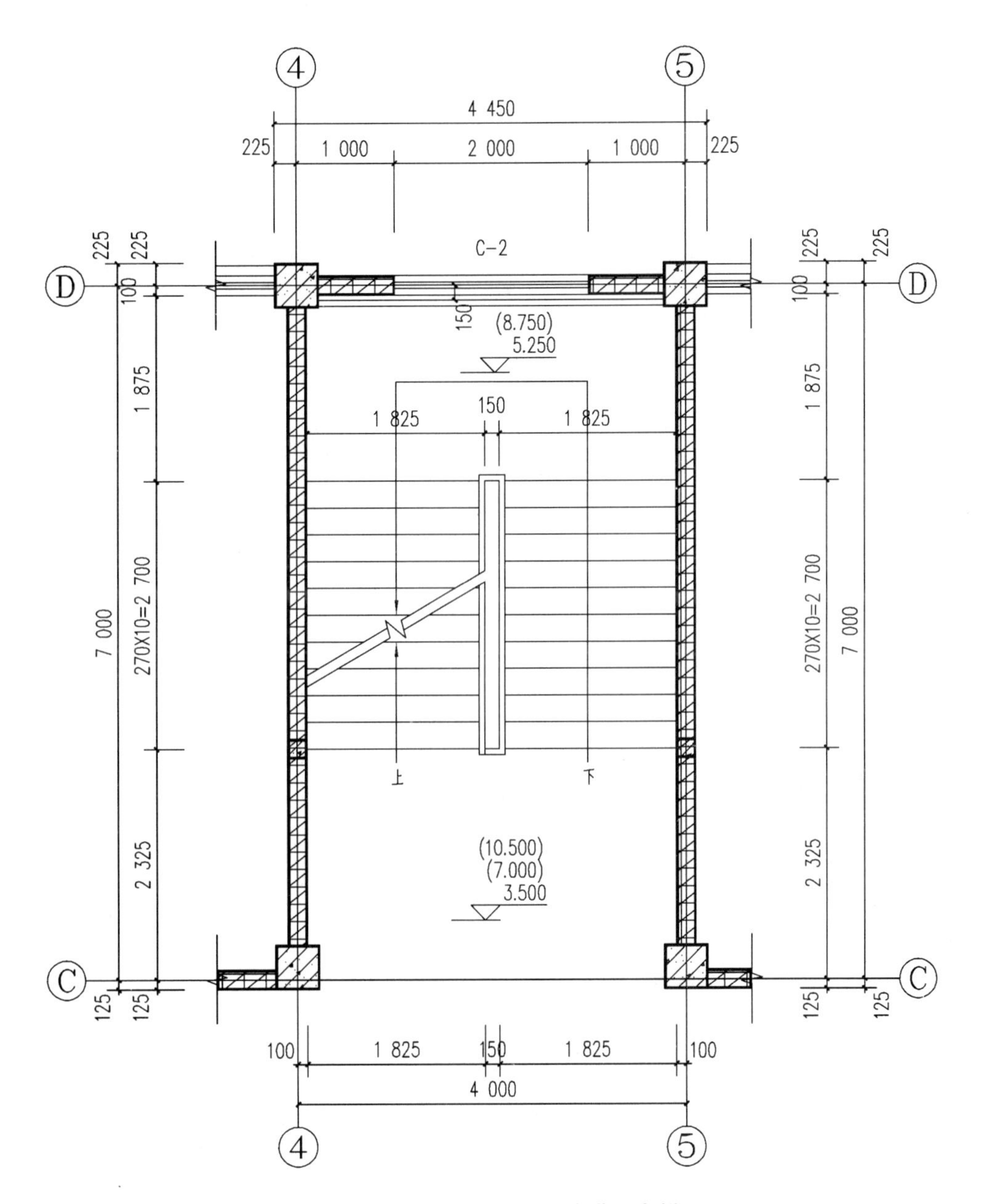

图 13.20 二、三、四层楼梯间大样

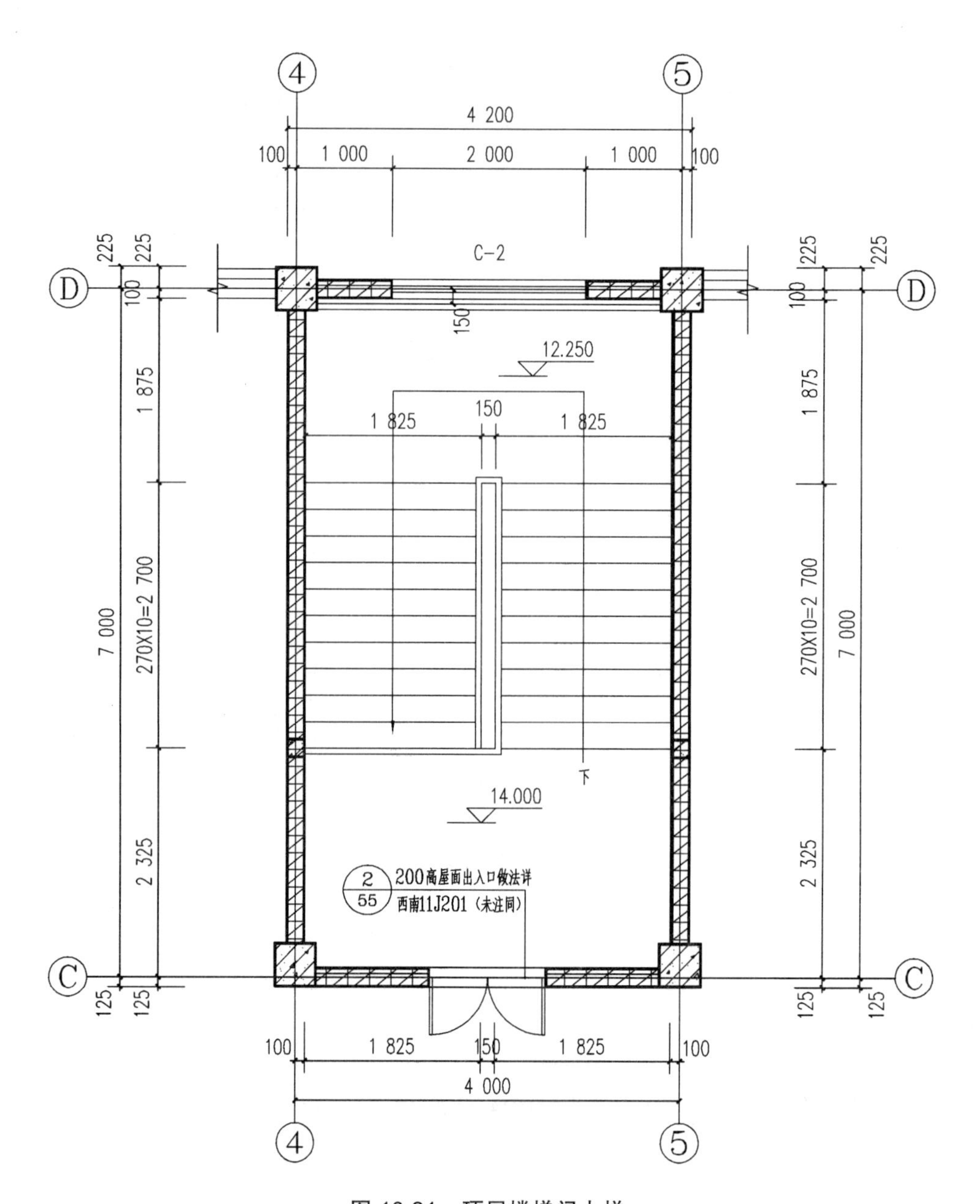

图 13.21　顶层楼梯间大样

13.3 结构设计说明

1. 工程概括

本工程为××县××公司职工宿舍楼，全部为现浇混凝土框架结构。

2. 结构安全等级及使用年限

（1）结构安全等级：二级。

（2）设计合理使用年限：50 年。

（3）抗震等级：三级。

3. 设计采用规范

《工程结构可靠性设计统一标准》（GB 50153—2008）。

《建筑工程抗震设防分类标准》（GB 50223—2008）。

《建筑结构荷载规范》（GB 50009—2006）。

《混凝土结构设计规范》（GB 50010—2010）。

《建筑抗震设计规范》（GB 50011—2010）。

《建筑地基基础设计规范》（GB 50007—2011）。

《建筑桩基技术规范》（JGJ 94—2018）。

《大直径扩底灌注桩技术规程》（JGJ/T 225—2010）。

4. 图纸表达

施工图采用“平法”表示。

5. 主要结构材料

（1）混凝土强度等级。

① 基础、柱、梁、板、楼梯为 C30。

② 其他构件为 C25。

（2）钢筋。

① 构造柱主筋及箍筋、板分布筋、楼梯板分布筋为 HPB300。

② 基础、地梁、板主筋为 HRB400。

③ 柱、梁主筋及箍筋、楼梯主筋为 HRB400E。

④ 图上注明的局部采用 HRB335。

6. 混凝土保护层厚度

（1）柱、梁为 20 mm，且均不小于纵筋直径。

（2）各层楼板、楼梯板为 15 mm，且均不小于纵筋直径。

（3）当混凝土强度等级不大于 C25 时，混凝土保护层厚度应增加 5 mm。

（4）梁板中预埋管的混凝土保护层厚度应≥30 mm。

7. 钢筋构造要点

（1）图中未特别注明的钢筋构造详国标图集《钢筋混凝土过梁》（03G322-1）。

（2）纵向受力钢筋连接接头的位置宜避开梁端、柱端箍筋加密区，如必须在此连接时，应采用机械连接。

（3）当板短跨≥3.9 m 时板四角负筋应加密布置如图 13.22 所示。

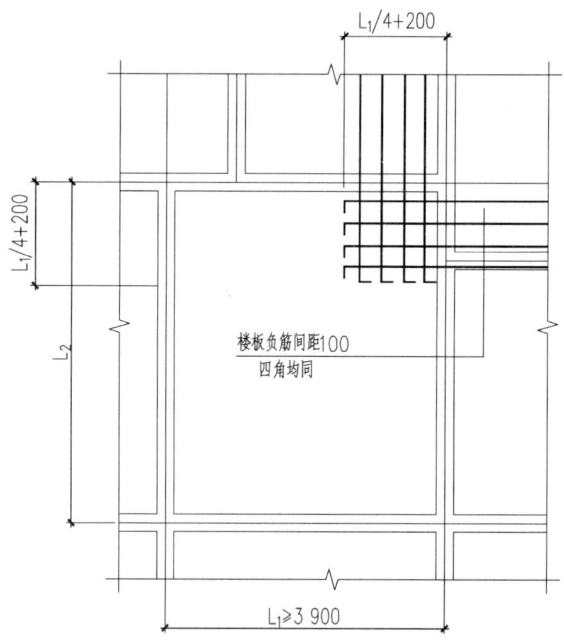

图 13.22 1-01 负筋加密布置

（4）建筑阳角处板阳角负筋应加密布置，如图 13.23 所示。

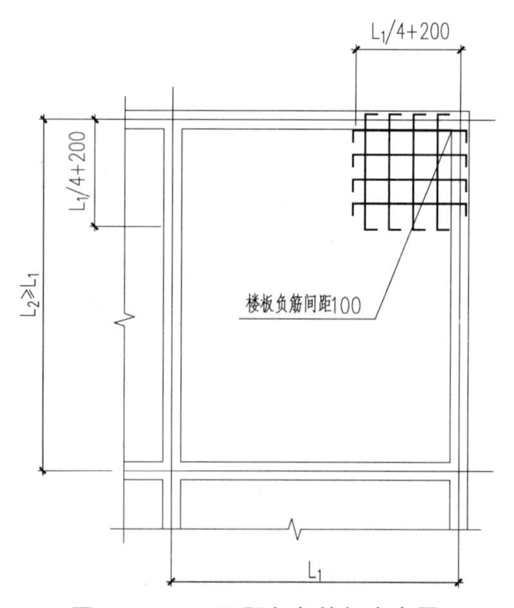

图 13.23 1-02 阳角负筋加密布置

（5）现浇板预埋管线时构造处理，如图 13.24 所示。

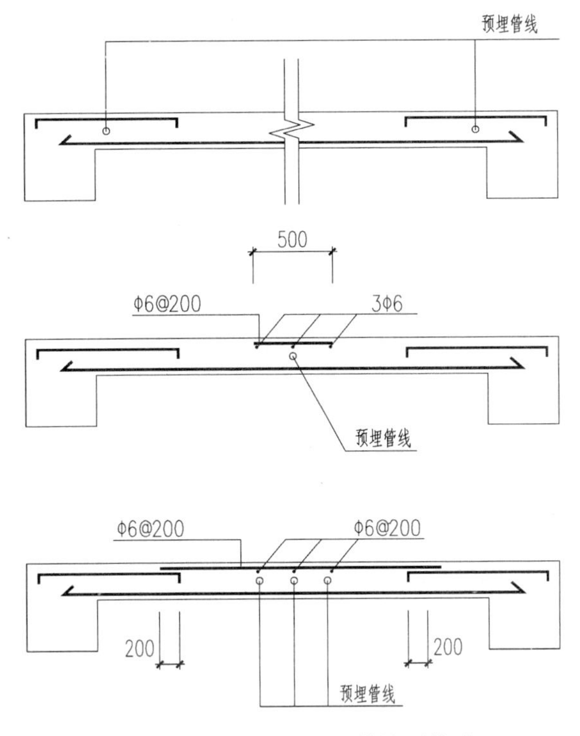

图 13.24　现浇板预埋管线时构造

（6）屋面板支座负筋未拉通时，按如图 13.25 所示施工。

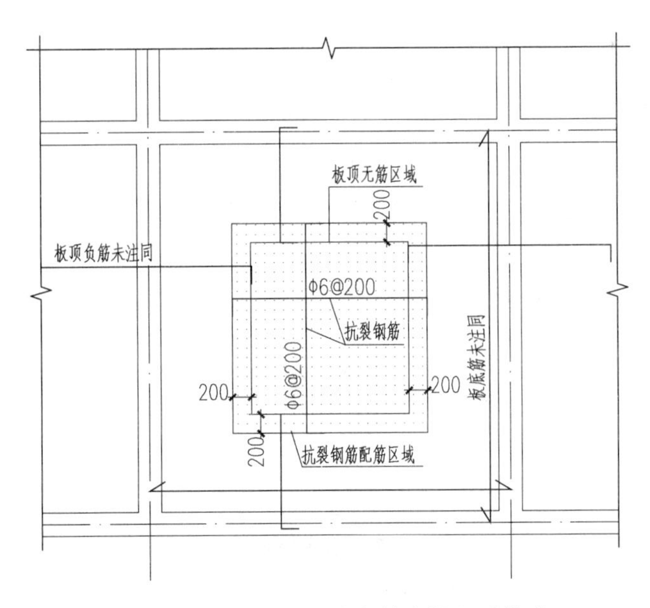

图 13.25　屋面板支座负筋未拉通时构造

（7）板支座钢筋简化标注示意，如图 13.26 所示。

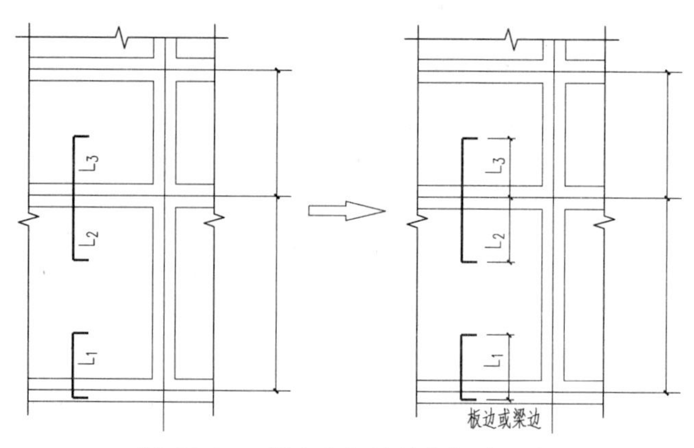

图 13.26　板支座钢筋简化标注示意

（8）梁、柱内箍筋除单肢箍外，应采用封闭形式，并做成 135°弯钩，弯钩直线段长度分别不应小于 10d 和 75 mm 的大值（抗震）。

（9）当梁上作用有集中荷载时，应在集中荷载两侧 50 各起 3 组，间距 50 的附加箍筋，直径与强度同梁的箍筋。

（10）柱内纵向钢筋采用机械连接或对接焊接。

8. 填充墙

（1）180 厚实心灰砂砖用于外墙和分户墙，单块容重≤18 kN/m^3；砌块强度不小于 MU2.5，混合砂浆强度等级为 M5。

（2）180 厚蒸压加气混凝土砌块用于内墙，单块容重≤7 kN/m^3；砌块强度不小于 A3.5（卫生间隔墙不小于 A5.0），混合砂浆强度等级为 M5。

9. 过　梁

当门窗洞口未及梁底时，应在洞口顶设置过梁。当门窗洞口与框架柱紧连时，过梁必须现浇。过梁按《钢筋混凝土过梁》（03G322-1）选用，荷载等级为 1 级。

10. 圈　梁

当墙体高度超过 4 m 时，应在墙半高处设置与柱或构造柱相连的圈梁，断面及配筋如图 13.27 所示。

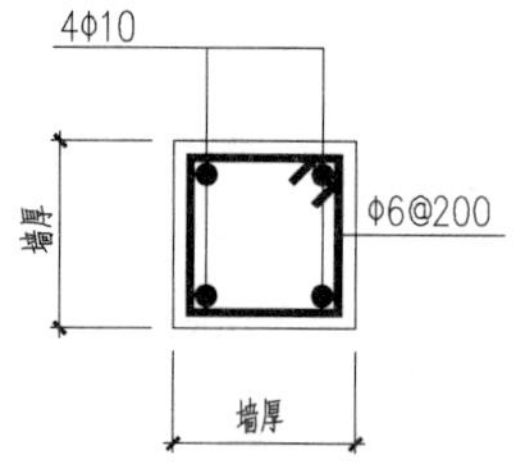

图 13.27　圈梁构造示意

13.4　结构设计图

四层框架职工宿舍楼工程结构施工图如图 13.28 ~ 图 13.58 所示。

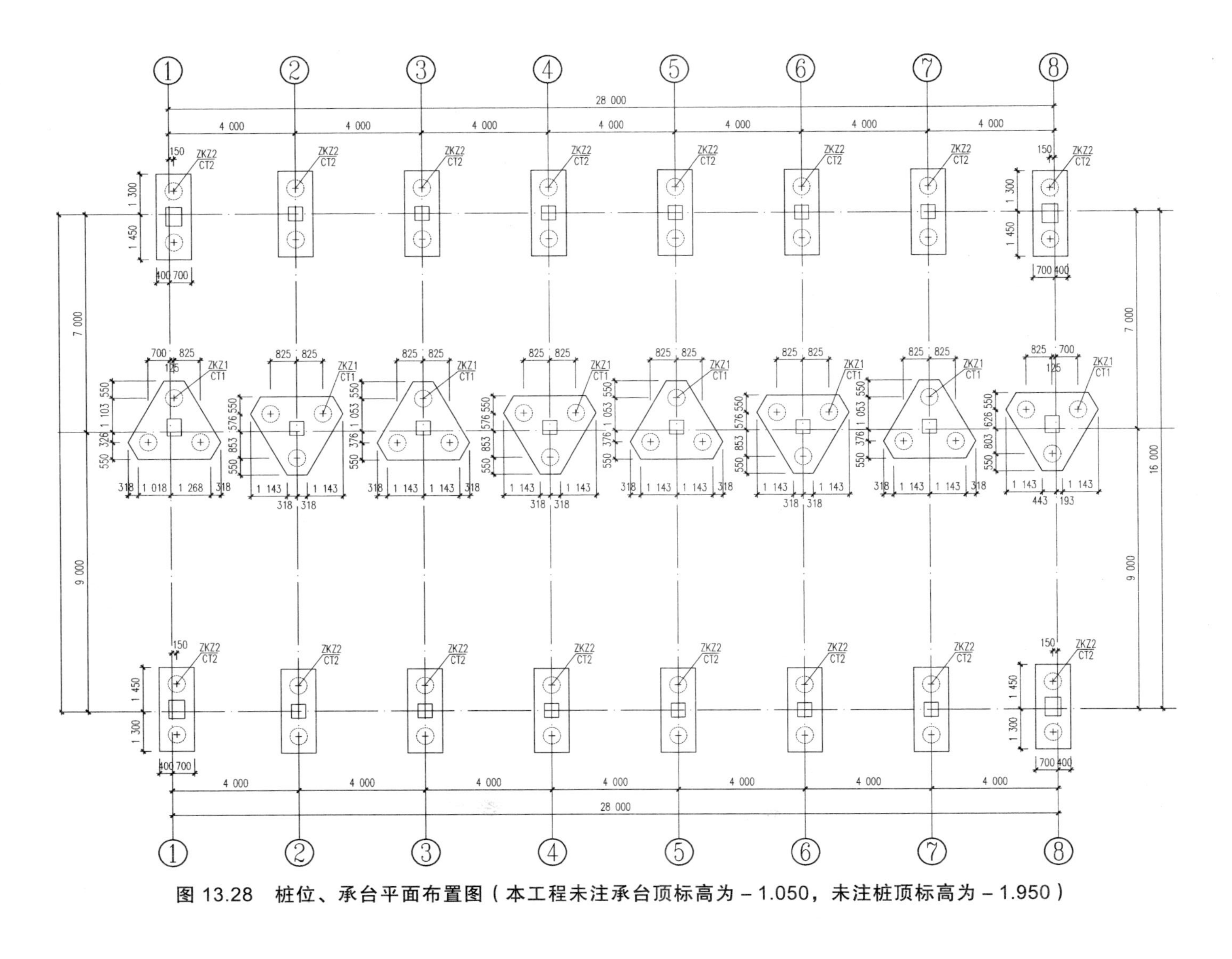

图 13.28　桩位、承台平面布置图（本工程未注承台顶标高为 – 1.050，未注桩顶标高为 – 1.950）

长螺旋钻孔压灌桩设计说明:

1.本工程采用长螺旋钻孔压灌桩，桩身混凝土强度等级为C30，桩径、桩端持力层、有效桩长、单桩竖向极限承载力、桩顶标高详“桩基参数表”。

2.桩纵筋保护层厚度为50 mm。

3.根据桩身混凝土的设计强度，应通过试验确定混凝土配合比；混凝土坍落度宜为180~220 mm。粗骨料可采用卵石或碎石，最大粒径不宜大于30 mm，可掺加粉煤灰或外加剂。

4.桩身混凝土的泵送压灌应连续进行，当钻机移位时，混凝土泵料斗内混凝土应连续搅拌。

5.钻至设计标高时，应先泵入混凝土并停顿10~20 s，再缓慢提升钻杆，提钻速度应根据土层情况确定，且应与混凝土泵送量匹配，保证管内有一定高度的混凝土。

6.在地下水位以下的砂土层中钻进时，钻杆底部活门应有防止进水的措施，压灌混凝土应连续进行。

7.压灌桩的充盈系数宜为1.0~1.2，桩顶混凝土超灌高度不宜小于0.3~0.5 m。

8.混凝土压灌结束后，应立即将钢筋笼插至设计深度，钢筋笼插设宜采用专用插筋器。

9.本工程桩须控制满足有效桩长及桩端持力层的设计要求，若现场发现异常应及时通知设计方，以便处理调整。

10.工程桩施工完成后，须按国家相关规范对工程桩桩身质量和单桩竖向抗压承载力进行检测。单桩竖向抗压承载力静载试验的抽检数量不应少于总桩数的1%。

11.其余未特别说明的按照《建筑桩基技术规范》(JGJ94—2008)相关规定执行。

图 13.29 长螺旋钻孔压灌桩设计说明

桩基参数表					
栋号	桩径	有效桩长 L /m	单桩极限承载力标准值/KN	桩端持力层	总桩数
	ø550	15	2 050	③	107

本工程地质土层局部起伏，桩基施工单位应根据桩身入土长度情况、并结合地质勘察报告相应地质断面判断入土深度，保证桩进入持力层深度。

图 13.30 桩基参数表

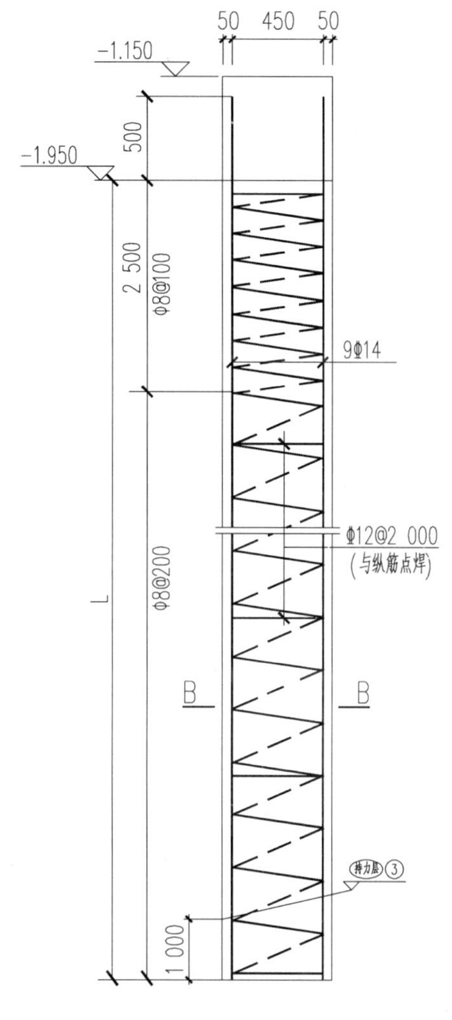

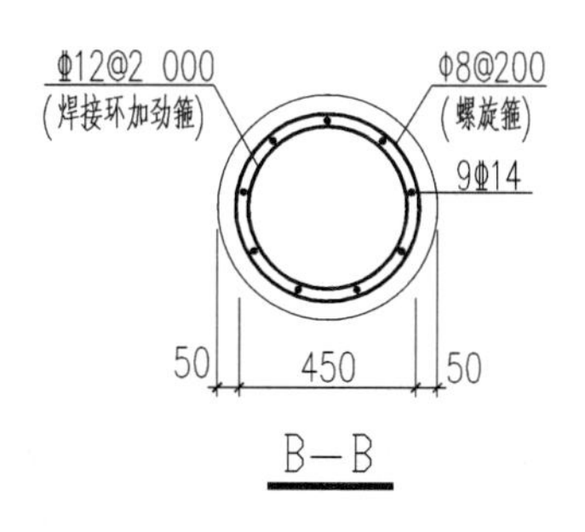

图 13.31　长螺旋钻孔压灌桩桩身大样

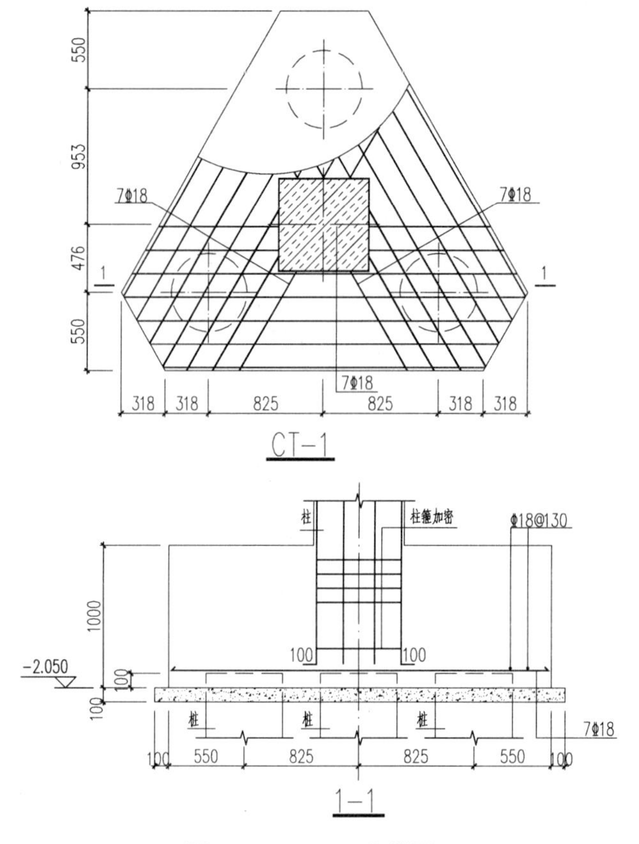

图 13.32　CT-1 大样图

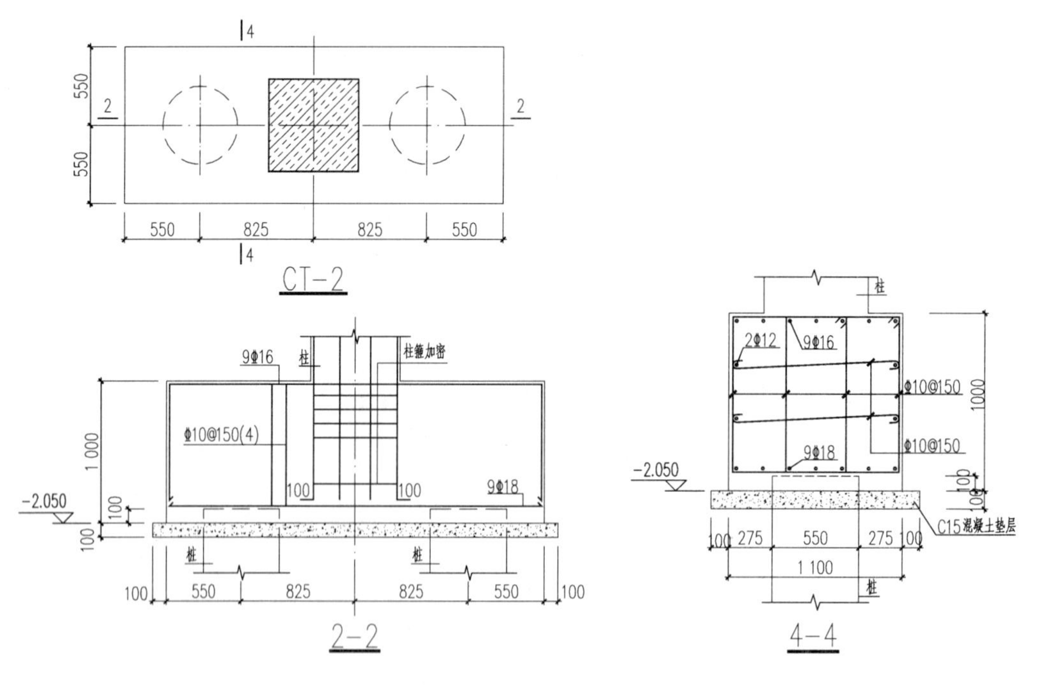

图 13.33　CT-2 大样图

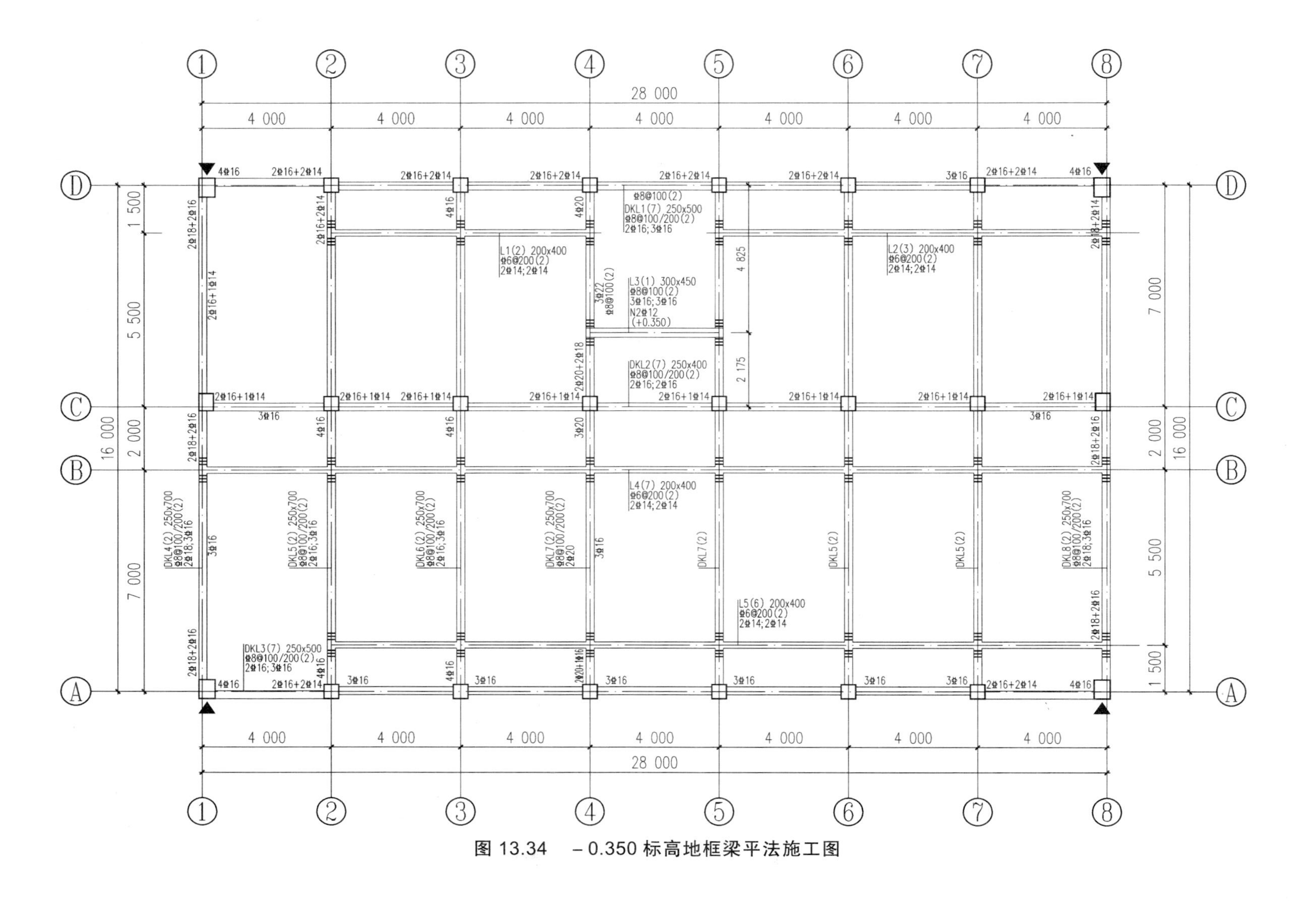

图 13.34　−0.350 标高地框梁平法施工图

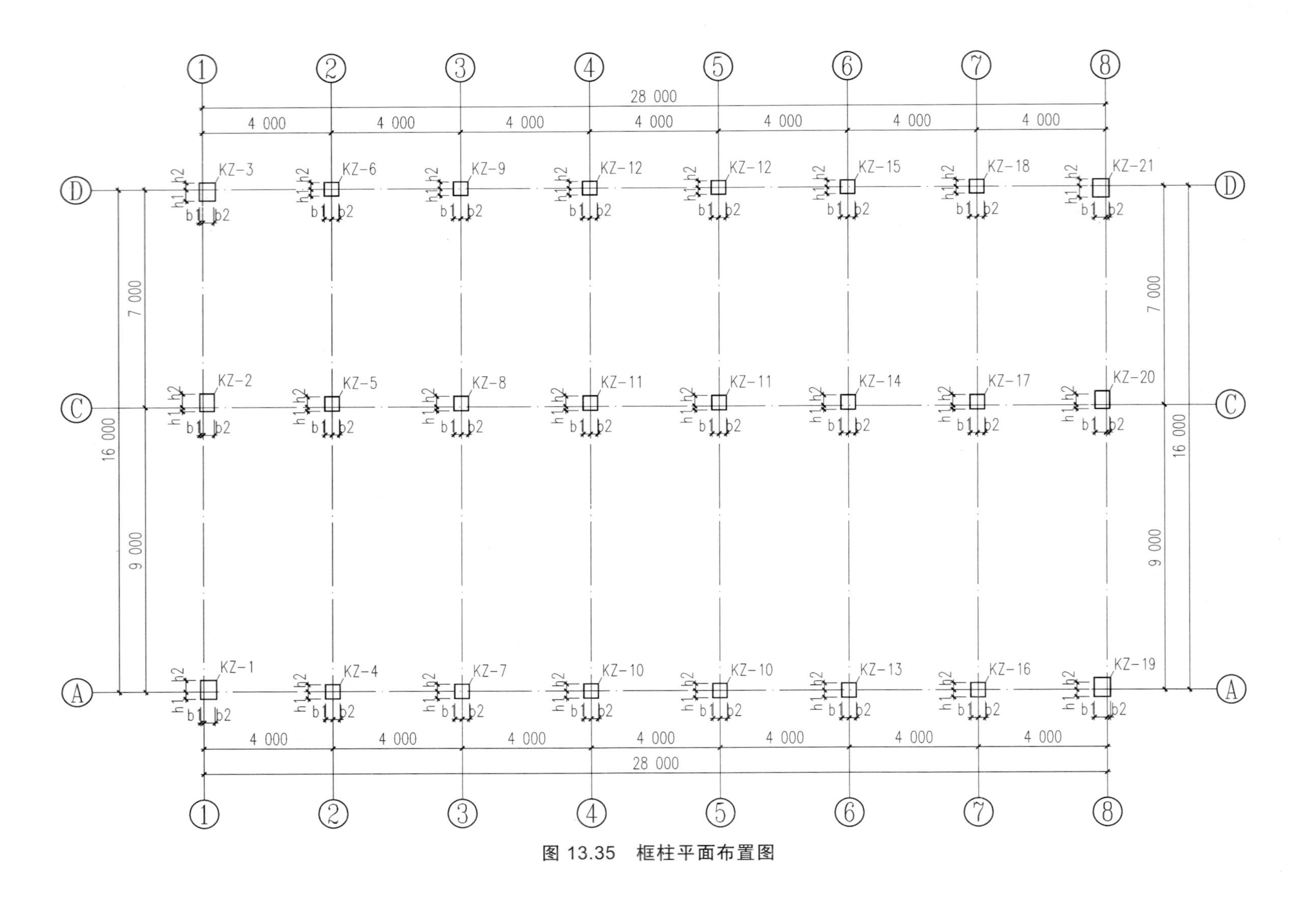

图 13.35 框柱平面布置图

框架柱配筋表(一)													
柱号	标 高	bxh(bixhi) (圆柱直径D)	b1	b2	h1	h2	全部纵筋	角 筋	b边一侧 中部筋	h边一侧 中部筋	箍筋类型号	柱身箍筋	节点核心区箍筋
KZ-1	基础顶-3.500	500x600	100	400	225	375		4Φ25	2Φ22	3Φ25	1.(4x5)	Φ8@100	
	3.500-10.500	500x600	100	400	225	375		4Φ25	2Φ20	2Φ20	1.(4x4)	Φ8@100	
	10.500-14.000	450x500	100	350	225	275		4Φ25	1Φ25	2Φ20	1.(3x4)	Φ8@100	
KZ-2	基础顶-7.000	450x550	100	350	125	425		4Φ25	2Φ25	2Φ20	1.(4x4)	Φ8@100/150	
	7.000-10.500	450x550	100	350	125	425		4Φ25	2Φ20	2Φ20	1.(4x4)	Φ8@100/200	
	10.500-14.000	450x450	100	350	125	325		4Φ20	1Φ20	1Φ16	1.(3x3)	Φ8@100/200	
KZ-3	基础顶-3.500	500x600	100	400	375	225		4Φ25	2Φ25	3Φ25	1.(4x5)	Φ8@100	
	3.500-7.000	500x600	100	400	375	225		4Φ25	2Φ20	2Φ20	1.(4x4)	Φ8@100	
	7.000-10.500	500x600	100	400	375	225		4Φ25	2Φ20	2Φ20	1.(4x4)	Φ8@100	
	10.500-14.000	450x500	100	350	275	225		4Φ22	1Φ22	2Φ18	1.(3x4)	Φ8@100	
KZ-4	基础顶-7.000	450x450	225	225	225	225		4Φ25	1Φ22	1Φ25	1.(3x3)	Φ8@100/200	
	7.000-10.500	450x450	225	225	225	225		4Φ25	1Φ22	1Φ20	1.(3x3)	Φ8@100/200	
	10.500-14.000	450x400	225	225	225	175		4Φ22	1Φ22	1Φ18	1.(3x3)	Φ8@100/200	
KZ-5	基础顶-3.500	450x450	225	225	125	325		4Φ25	2Φ25	1Φ20	1.(4x3)	Φ8@100/200	
	3.500-7.000	450x450	225	225	125	325		4Φ25	2Φ25	1Φ20	1.(4x3)	Φ8@100/150	
	7.000-10.500	450x450	225	225	125	325		4Φ25	1Φ25	1Φ20	1.(3x3)	Φ8@100/200	
	10.500-14.000	450x400	225	225	125	275		4Φ20	1Φ20	1Φ16	1.(3x3)	Φ8@100/200	
KZ-6	基础顶-7.000	450x450	225	225	225	225		4Φ25	1Φ22	1Φ25	1.(3x3)	Φ8@100/200	
	7.000-10.500	450x450	225	225	225	225		4Φ22	1Φ22	1Φ18	1.(3x3)	Φ8@100/200	
	10.500-14.000	450x400	225	225	175	225		4Φ18	1Φ18	1Φ16	1.(3x3)	Φ8@100/200	
KZ-7	基础顶-7.000	450x450	225	225	225	225		4Φ25	1Φ22	1Φ25	1.(3x3)	Φ8@100/200	
	7.000-10.500	450x450	225	225	225	225		4Φ25	1Φ22	1Φ20	1.(3x3)	Φ8@100/200	
	10.500-14.000	450x400	225	225	225	175		4Φ25	1Φ22	1Φ20	1.(3x3)	Φ8@100/200	
KZ-8	基础顶-3.500	450x450	225	225	125	325		4Φ25	2Φ20	1Φ20	1.(4x3)	Φ8@100/200	
	3.500-7.000	450x450	225	225	125	325		4Φ25	2Φ20	1Φ20	1.(4x3)	Φ8@100/150	
	7.000-10.500	450x450	225	225	125	325		4Φ25	1Φ22	1Φ20	1.(3x3)	Φ8@100/200	
	10.500-14.000	450x400	225	225	125	275		4Φ20	1Φ16	1Φ16	1.(3x3)	Φ8@100/200	
KZ-9	基础顶-3.500	450x450	225	225	225	225	8Φ22				1.(3x3)	Φ8@100/200	
	3.500-7.000	450x450	225	225	225	225	8Φ22				1.(3x3)	Φ8@100/200	
	7.000-10.500	450x450	225	225	225	225	8Φ20				1.(3x3)	Φ8@100/200	
	10.500-14.000	450x400	225	225	175	225		4Φ20	1Φ18	1Φ16	1.(3x3)	Φ8@100/200	
KZ-10	基础顶-7.000	450x450	225	225	225	225		4Φ25	1Φ22	1Φ25	1.(3x3)	Φ8@100/200	
	7.000-10.500	450x450	225	225	225	225		4Φ25	1Φ22	1Φ22	1.(3x3)	Φ8@100/200	
	10.500-14.000	450x400	225	225	225	175		4Φ25	1Φ22	1Φ20	1.(3x3)	Φ8@100/200	
KZ-11	基础顶-3.500	450x450	225	225	125	325	8Φ22				1.(3x3)	Φ8@100	
	3.500-7.000	450x450	225	225	125	325		4Φ25	1Φ22	1Φ20	1.(3x3)	Φ8@100	
	7.000-10.500	450x450	225	225	125	325		4Φ22	1Φ22	1Φ18	1.(3x3)	Φ8@100	
	10.500-14.000	450x400	225	225	125	275		4Φ20	1Φ20	1Φ16	1.(3x3)	Φ8@100	
	14.000-17.300	450x400	225	225	125	275		4Φ22	1Φ20	1Φ18	1.(3x3)	Φ8@100	

图 13.36　框架柱配筋表（一）

框架柱配筋表(二)													
柱号	标高	bxh(bixhi)(圆柱直径D)	b1	b2	h1	h2	全部纵筋	角筋	b边一侧中部筋	h边一侧中部筋	箍筋类型号	柱身箍筋	节点核心区箍筋
KZ-12	基础顶-3.500	450x450	225	225	225	225		4Φ25	1Φ20	1Φ22	1.(3x3)	Φ8@100	
	3.500-7.000	450x450	225	225	225	225		4Φ22	1Φ18	1Φ22	1.(3x3)	Φ8@100	
	7.000-10.500	450x450	225	225	225	225		4Φ20	1Φ18	1Φ18	1.(3x3)	Φ8@100	
	10.500-14.000	450x400	225	225	175	225		4Φ18	1Φ18	1Φ16	1.(3x3)	Φ8@100	
	14.000-17.300	450x400	225	225	175	225		4Φ20	1Φ20	1Φ16	1.(3x3)	Φ8@100	
KZ-13	基础顶-7.000	450x450	225	225	225	225		4Φ25	1Φ20	1Φ25	1.(3x3)	Φ8@100/200	
	7.000-10.500	450x450	225	225	225	225		4Φ25	1Φ20	1Φ22	1.(3x3)	Φ8@100/200	
	10.500-14.000	450x400	225	225	225	175		4Φ25	1Φ20	1Φ20	1.(3x3)	Φ8@100/200	
KZ-14	基础顶-3.500	450x450	225	225	125	325		4Φ22	2Φ22	1Φ18	1.(4x3)	Φ8@100/200	
	3.500-7.000	450x450	225	225	125	325		4Φ22	2Φ22	1Φ18	1.(4x3)	Φ8@100/150	
	7.000-10.500	450x450	225	225	125	325		4Φ22	2Φ20	1Φ20	1.(4x3)	Φ8@100/200	
	10.500-14.000	450x400	225	225	125	275		4Φ20	1Φ18	1Φ18	1.(3x3)	Φ8@100/200	
KZ-15	基础顶-3.500	450x450	225	225	225	225		4Φ25	1Φ20	1Φ22	1.(3x3)	Φ8@100/200	
	3.500-7.000	450x450	225	225	225	225		4Φ22	1Φ20	1Φ22	1.(3x3)	Φ8@100/200	
	7.000-10.500	450x450	225	225	225	225		4Φ20	1Φ18	1Φ20	1.(3x3)	Φ8@100/200	
	10.500-14.000	450x400	225	225	175	225		4Φ20	1Φ18	1Φ16	1.(3x3)	Φ8@100/200	
KZ-16	基础顶-3.500	450x450	225	225	225	225		4Φ25	1Φ22	2Φ22	1.(3x4)	Φ8@100/200	
	3.500-7.000	450x450	225	225	225	225		4Φ25	1Φ22	2Φ22	1.(3x4)	Φ8@100/200	
	7.000-10.500	450x450	225	225	225	225		4Φ25	1Φ20	1Φ25	1.(3x3)	Φ8@100/200	
	10.500-14.000	450x400	225	225	225	175		4Φ25	1Φ20	1Φ20	1.(3x3)	Φ8@100/200	
KZ-17	基础顶-3.500	450x450	225	225	125	325		4Φ25	2Φ22	1Φ20	1.(4x3)	Φ8@100/200	
	3.500-7.000	450x450	225	225	125	325		4Φ25	2Φ22	1Φ20	1.(4x3)	Φ8@100/150	
	7.000-10.500	450x450	225	225	125	325		4Φ25	1Φ22	1Φ20	1.(3x3)	Φ8@100/200	
	10.500-14.000	450x400	225	225	125	275		4Φ20	1Φ18	1Φ16	1.(3x3)	Φ8@100/200	
KZ-18	基础顶-7.000	450x450	225	225	225	225		4Φ25	1Φ20	1Φ25	1.(3x3)	Φ8@100/200	
	7.000-10.500	450x450	225	225	225	225		4Φ20	1Φ18	1Φ20	1.(3x3)	Φ8@100/200	
	10.500-14.000	450x400	225	225	175	225		4Φ20	1Φ18	1Φ16	1.(3x3)	Φ8@100/200	
KZ-19	基础顶-3.500	500x600	400	100	225	375		4Φ25	2Φ20	3Φ25	1.(4x5)	Φ8@100	
	3.500-10.500	500x600	400	100	225	375		4Φ25	2Φ20	2Φ20	1.(4x4)	Φ8@100	
	10.500-14.000	450x500	350	100	225	275		4Φ25	1Φ25	2Φ20	1.(3x4)	Φ8@100	
KZ-20	基础顶-3.500	450x550	350	100	125	425		4Φ25	2Φ25	2Φ20	1.(4x4)	Φ8@100/200	
	3.500-7.000	450x550	350	100	125	425		4Φ25	2Φ22	2Φ20	1.(4x4)	Φ8@100/150	
	7.000-10.500	450x550	350	100	125	425		4Φ25	1Φ25	2Φ20	1.(3x4)	Φ8@100/150	
	10.500-14.000	450x450	350	100	125	325		4Φ20	1Φ18	1Φ18	1.(3x3)	Φ8@100/200	
KZ-21	基础顶-3.500	500x600	400	100	375	225		4Φ25	2Φ20	3Φ25	1.(4x5)	Φ8@100	
	3.500-10.500	500x600	400	100	375	225		4Φ25	2Φ20	2Φ20	1.(4x4)	Φ8@100	
	10.500-14.000	450x500	350	100	275	225		4Φ22	1Φ22	2Φ18	1.(3x4)	Φ8@100	

图 13.37　框架柱配筋表（二）

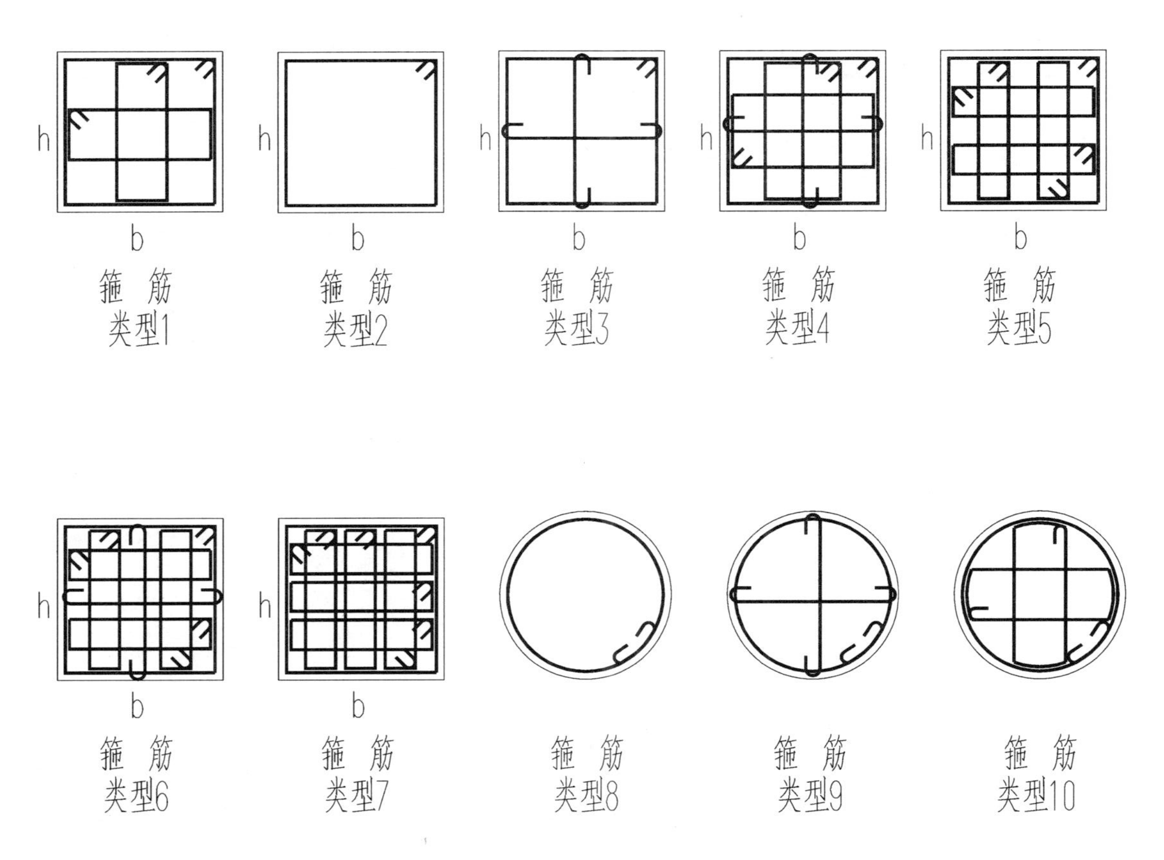

图 13.38　框架柱箍筋类型示意图

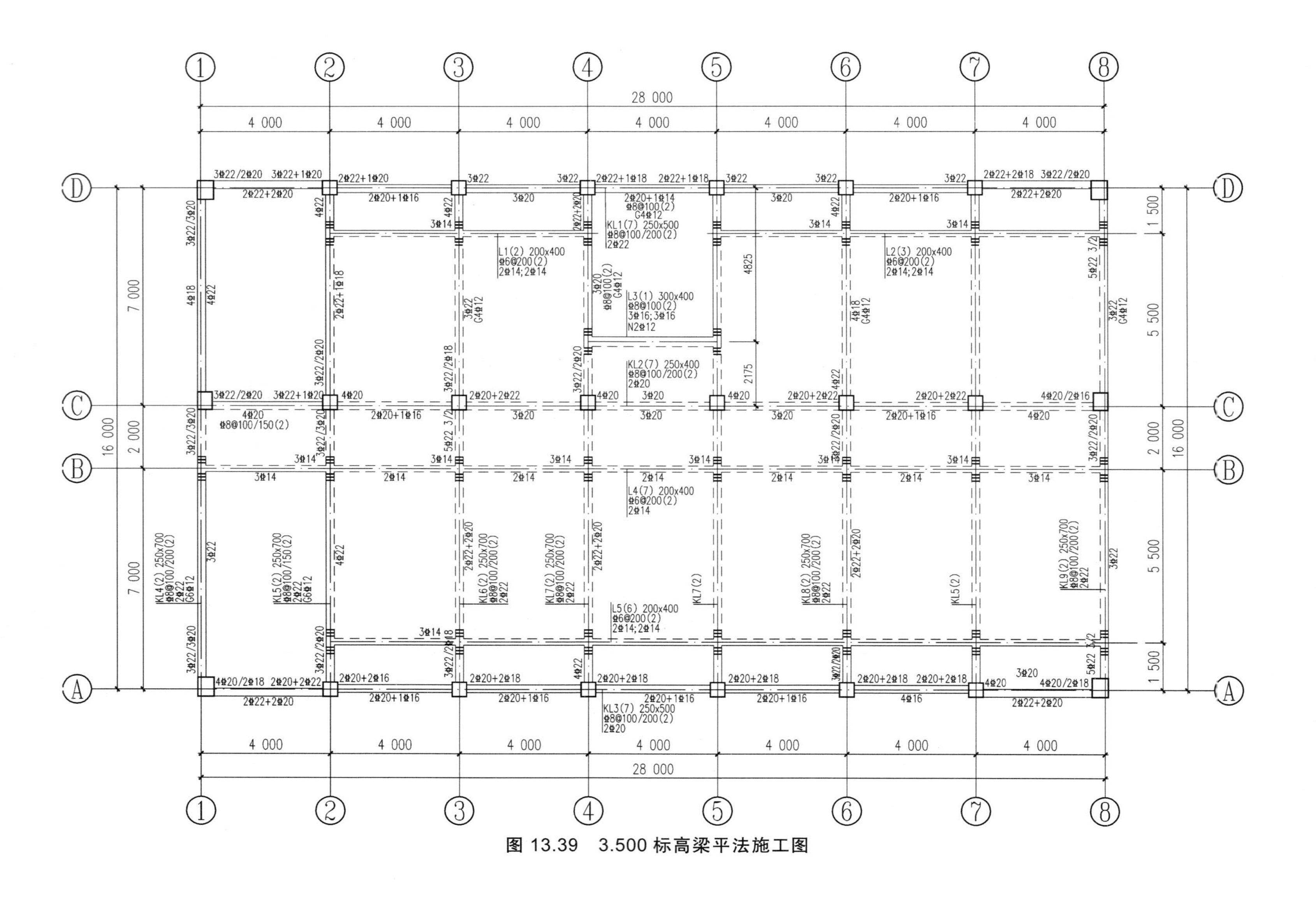

图 13.39　3.500 标高梁平法施工图

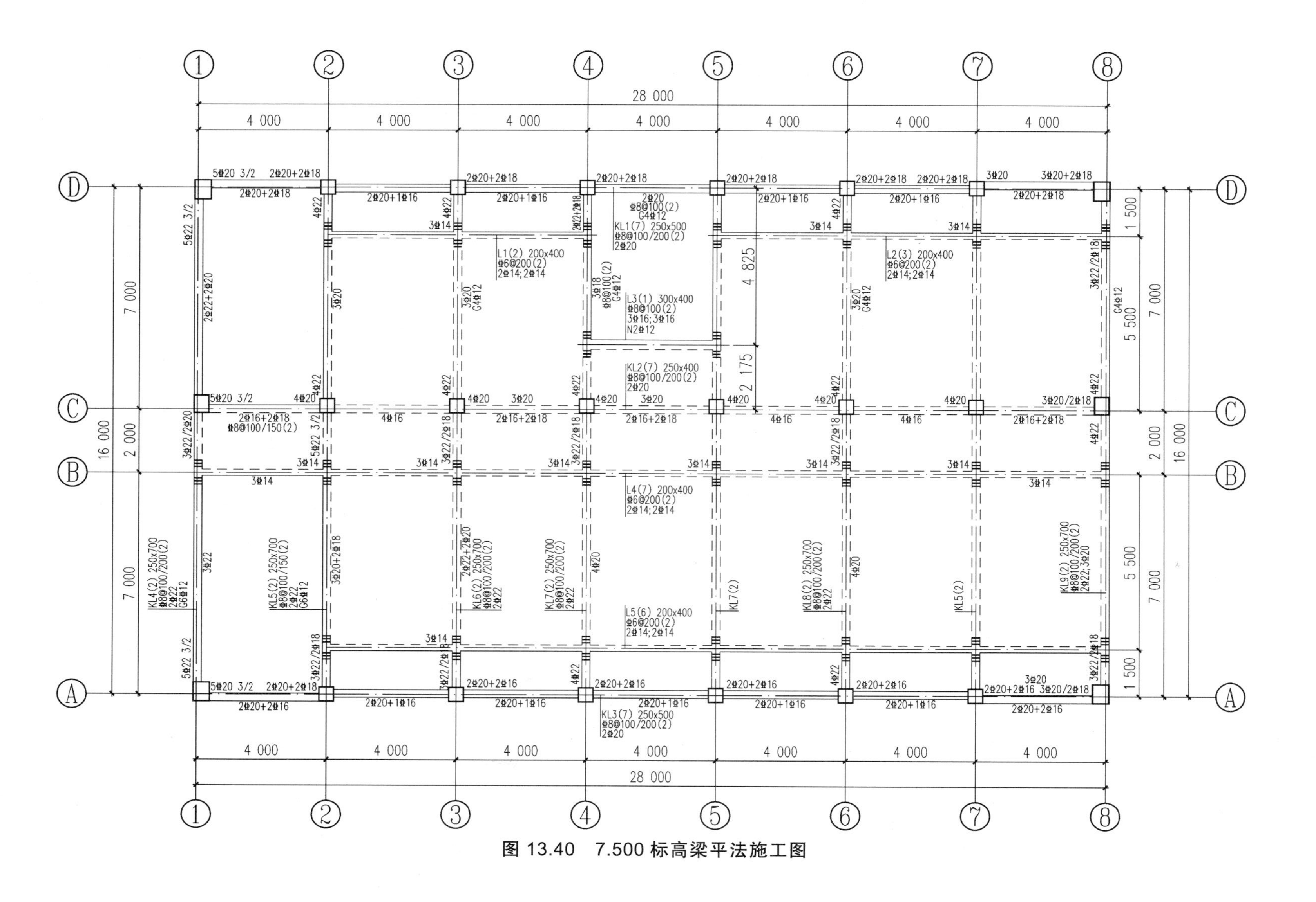

图 13.40　7.500 标高梁平法施工图

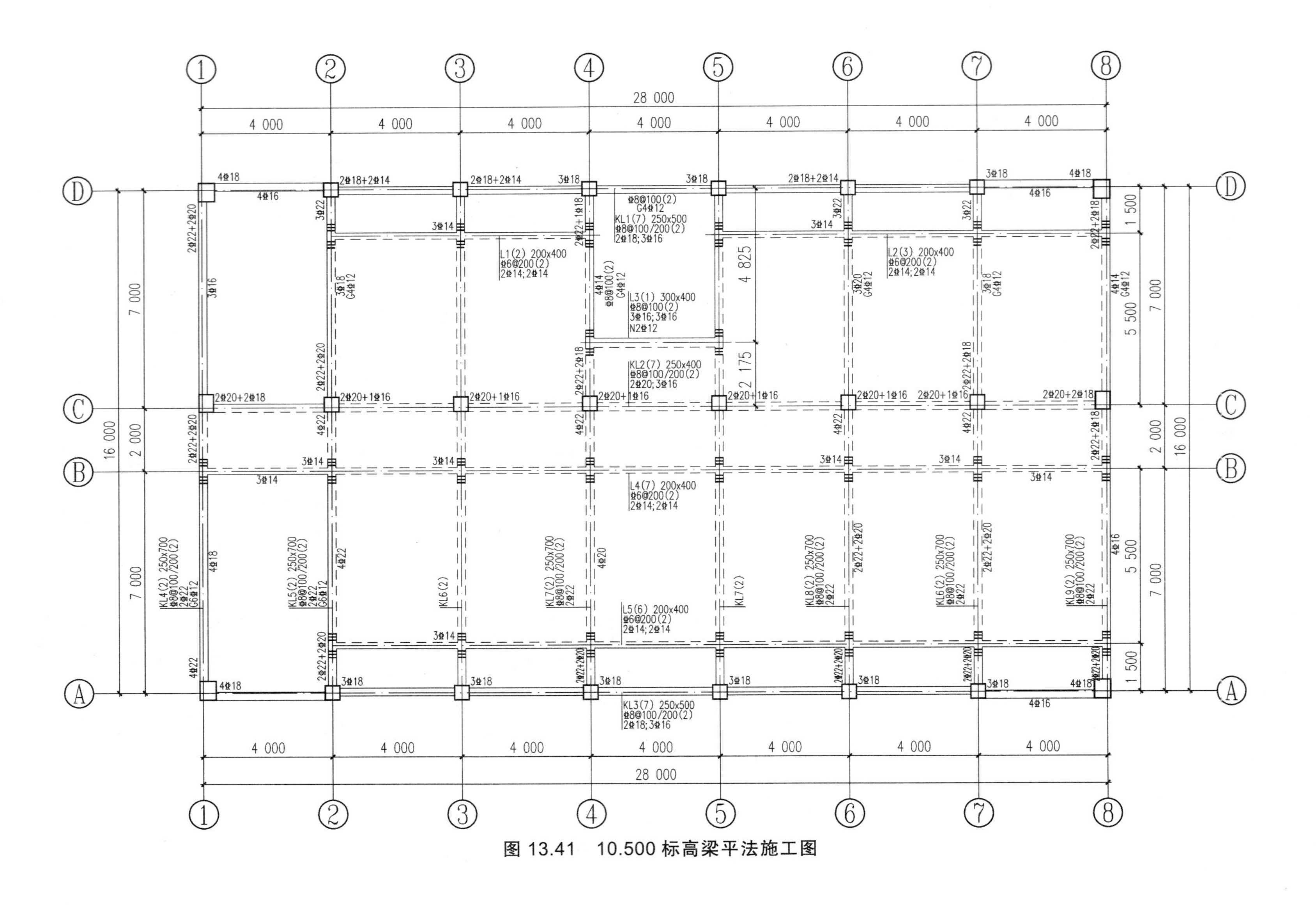

图 13.41　10.500 标高梁平法施工图

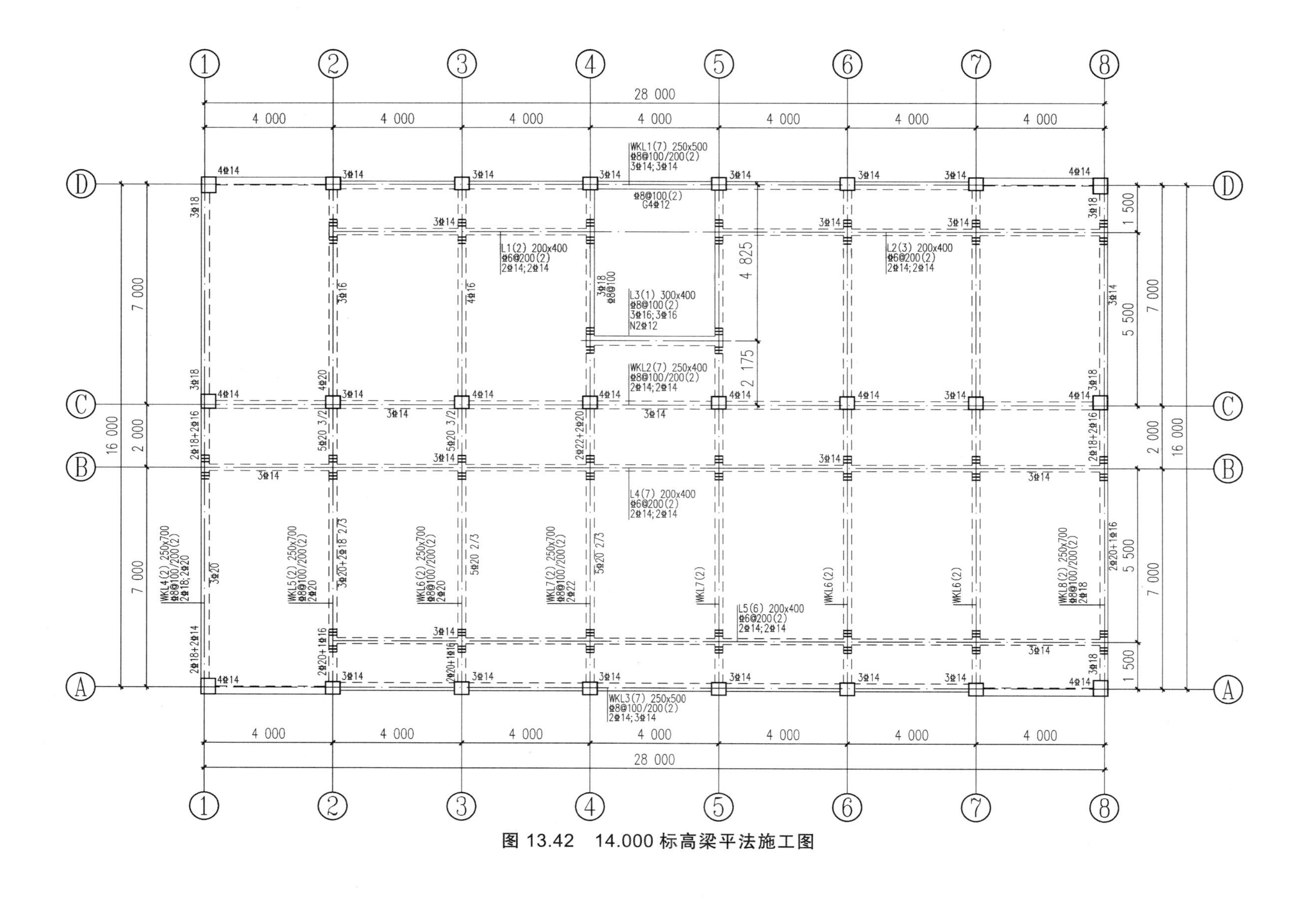

图 13.42 14.000标高梁平法施工图

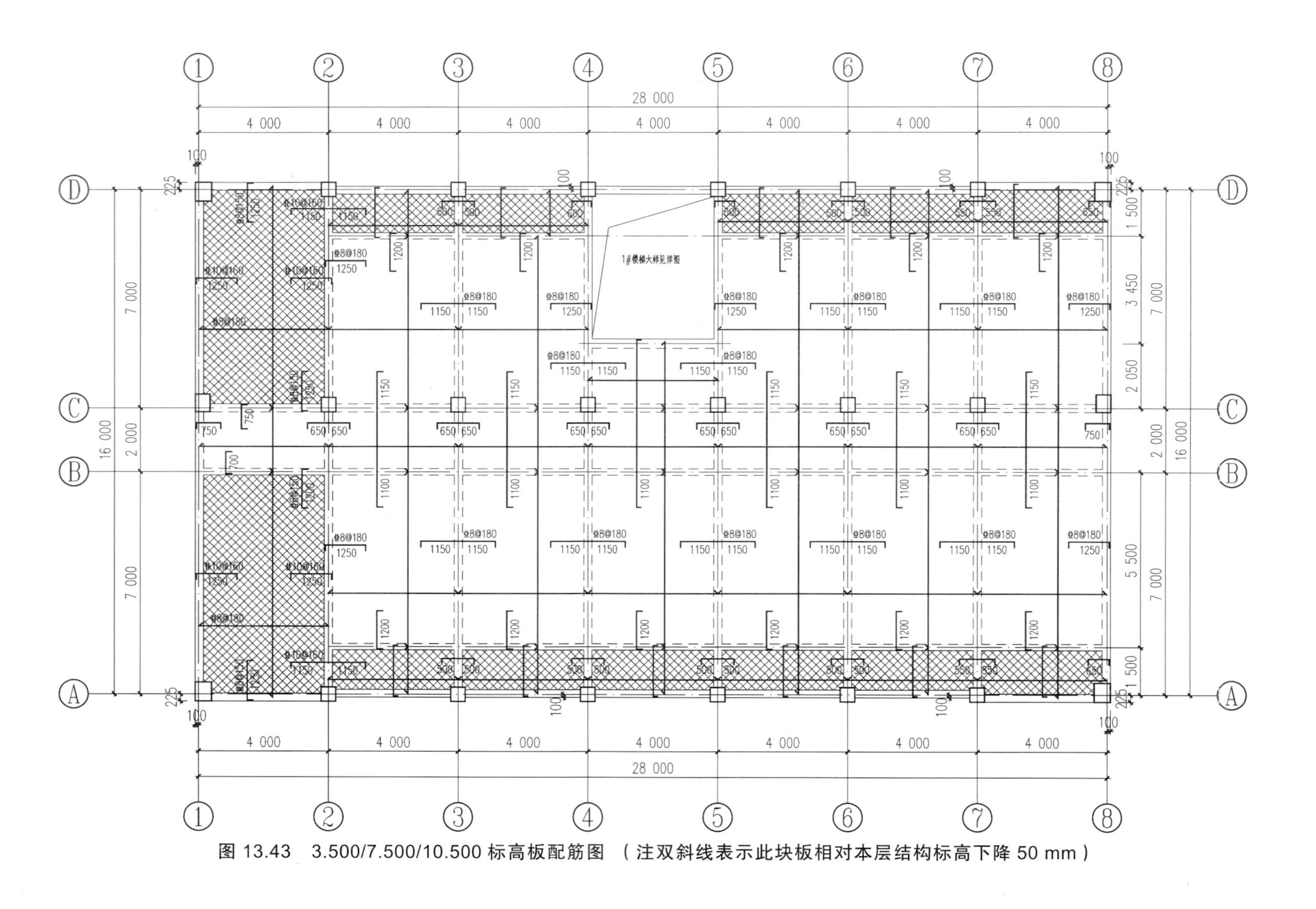

图 13.43　3.500/7.500/10.500 标高板配筋图　（注双斜线表示此块板相对本层结构标高下降 50 mm）

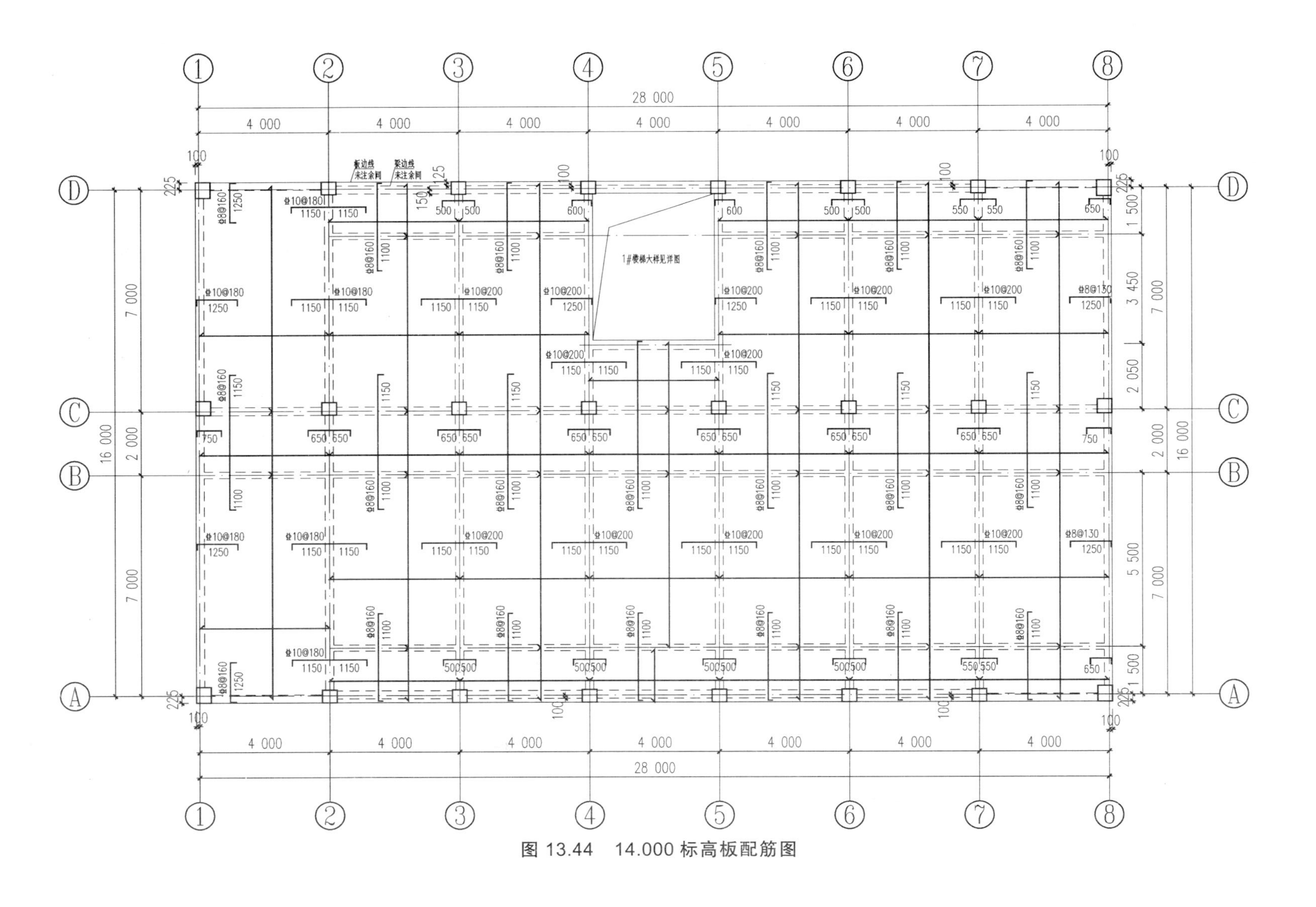

图 13.44　14.000标高板配筋图

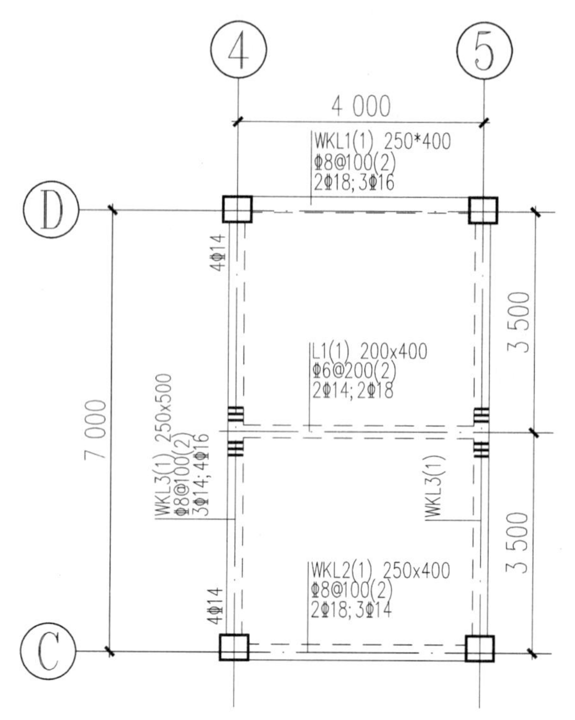

图 13.45　16.700 标高梁平法施工图

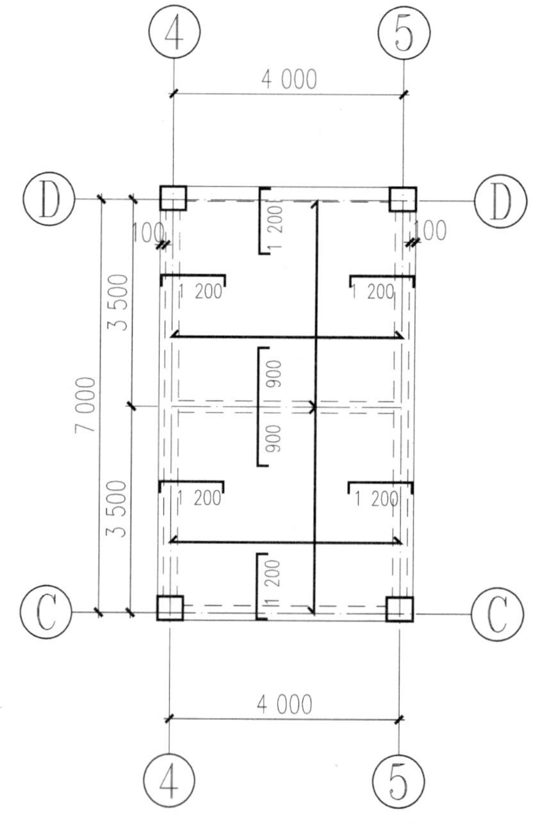

图 13.46　16.700 标高板配筋图

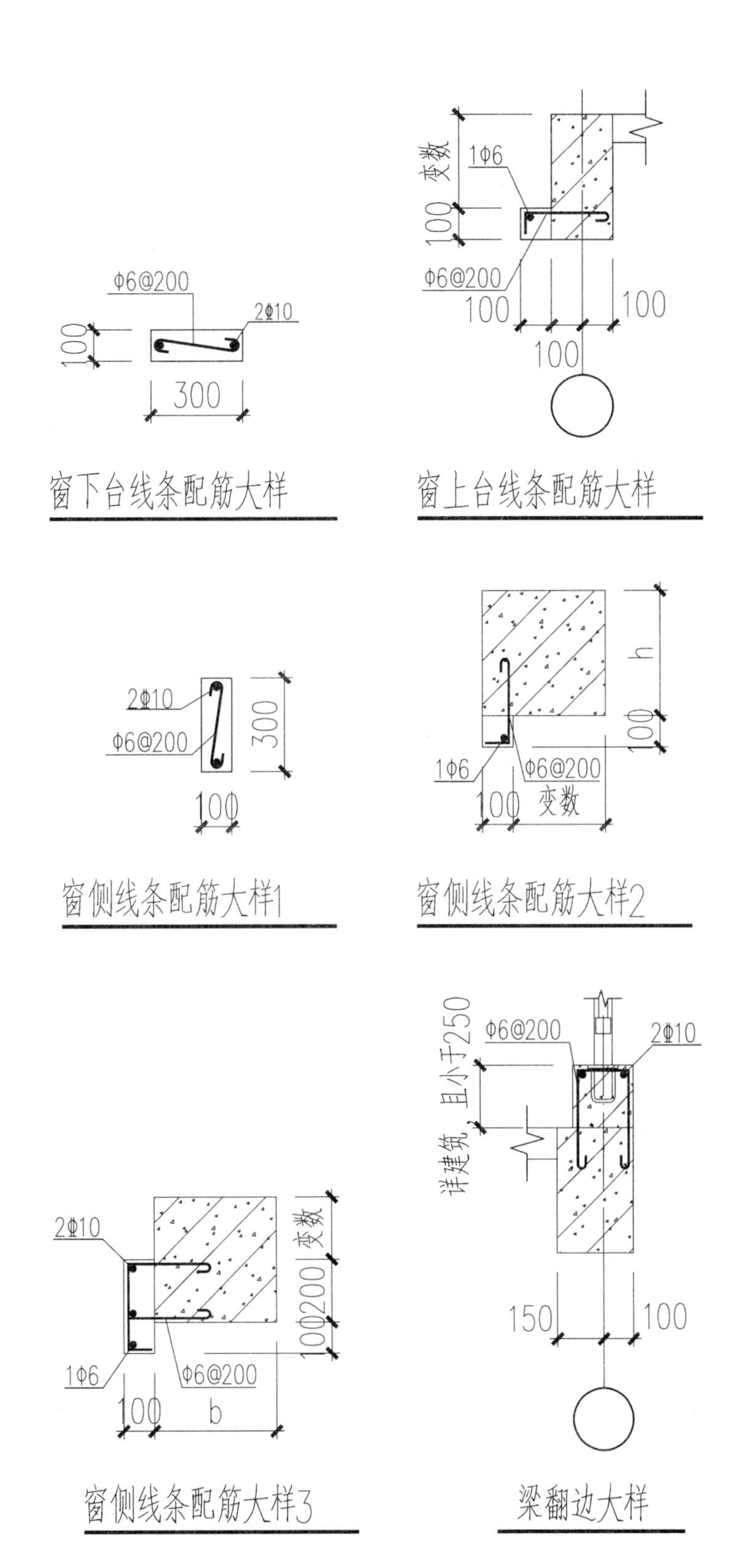

图 13.47　凸线配筋大样

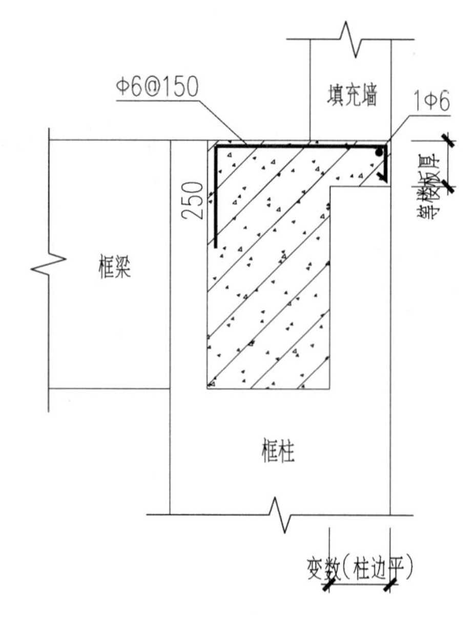

图 13.48　楼梯间洞边挑耳大样

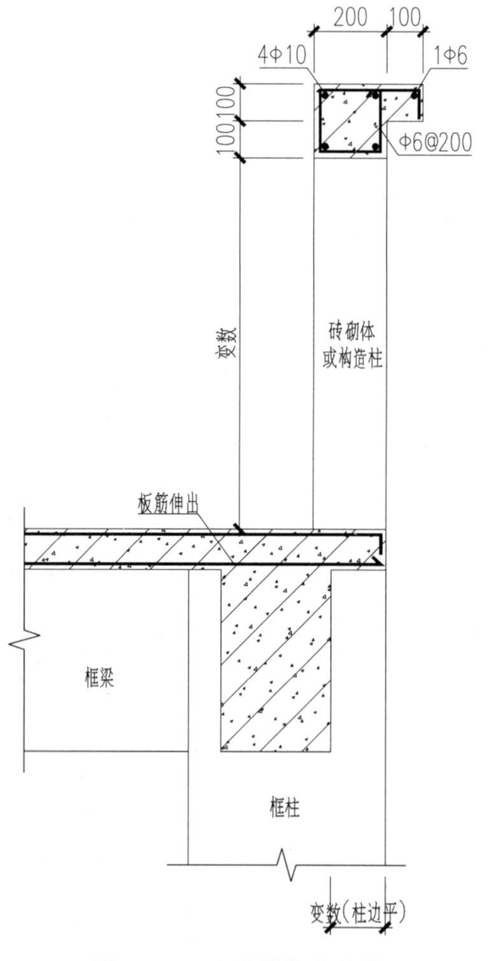

图 13.49　女儿墙构造大样

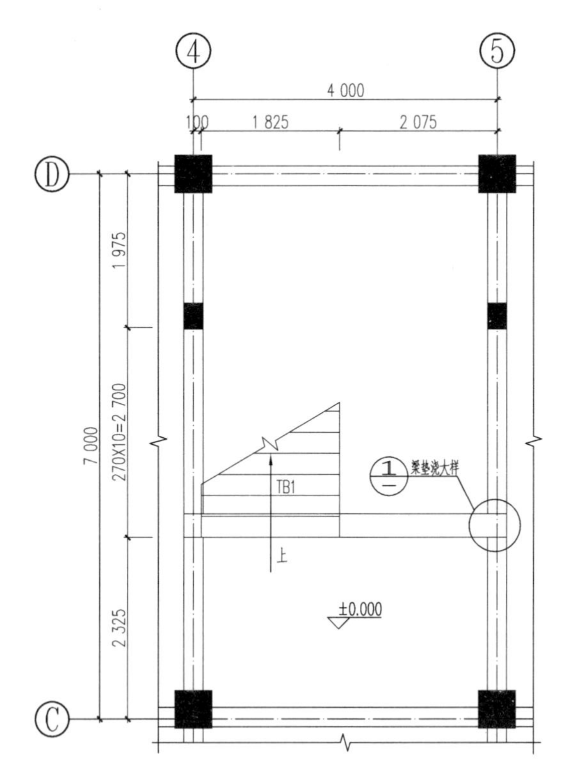

图 13.50　楼梯 ± 0.000 标高平面布置图

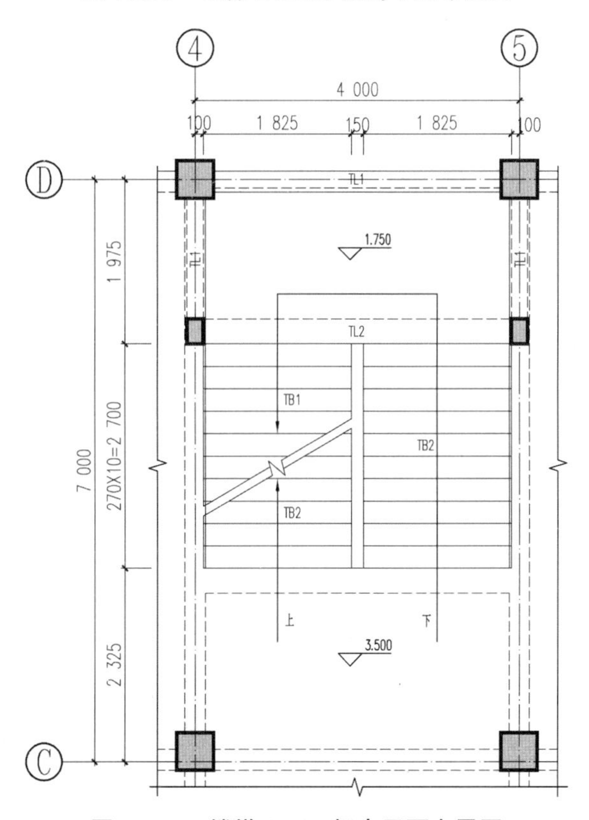

图 13.51　楼梯 3.500 标高平面布置图

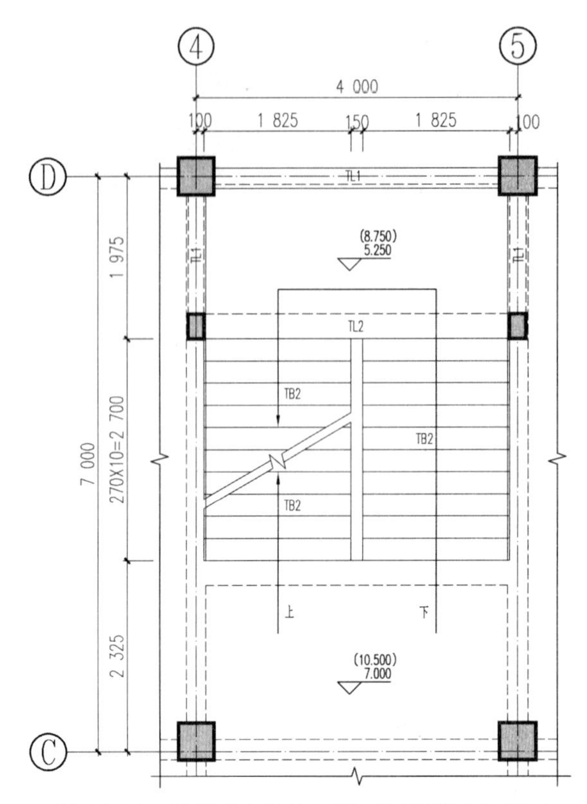

图 13.52　楼梯 7.000/10.500 标高平面布置图

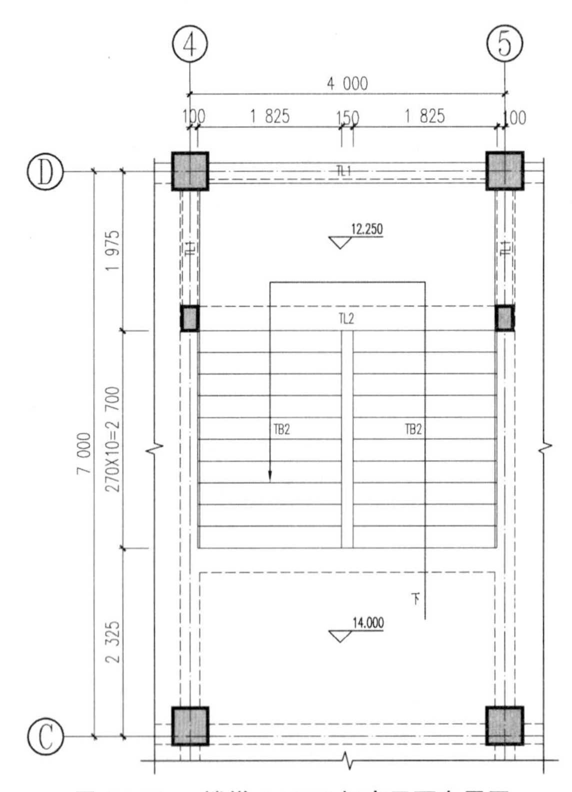

图 13.53　楼梯 14.000 标高平面布置图

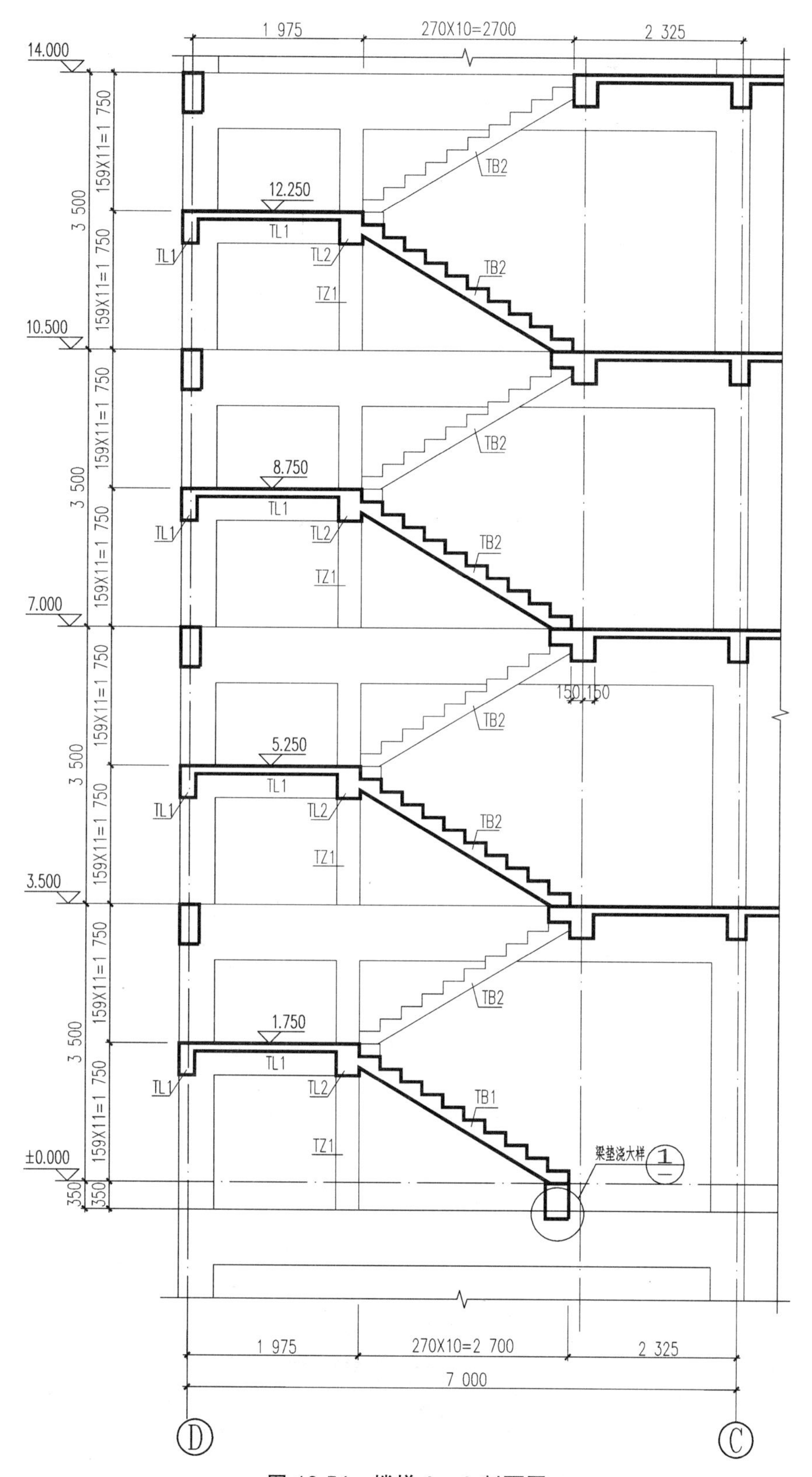

图 13.54 楼梯 A—A 剖面图

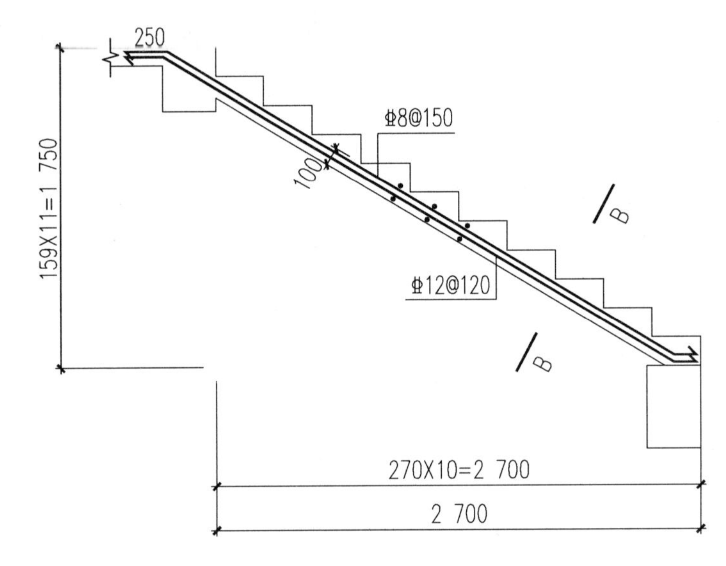

图 13.55　楼梯 TB1 配筋大样图

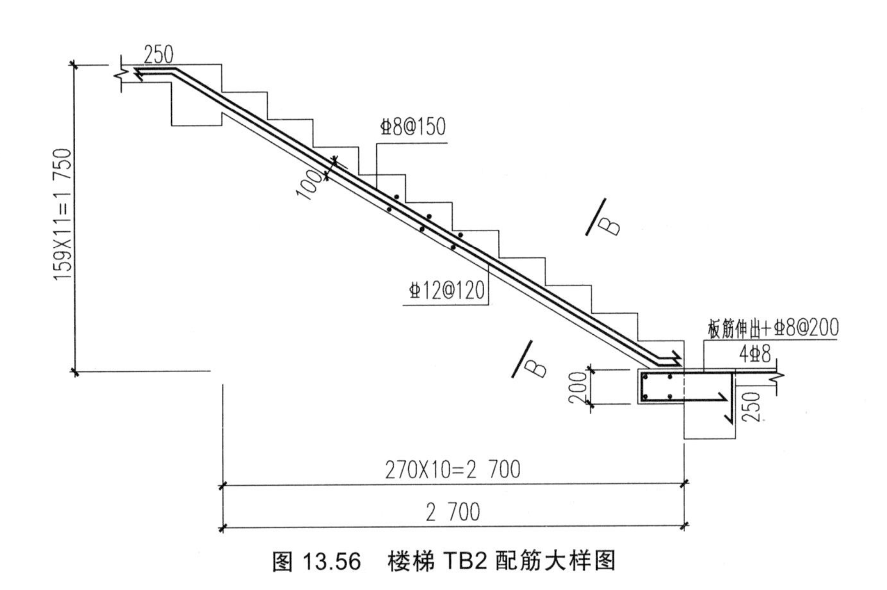

图 13.56　楼梯 TB2 配筋大样图

上部纵筋
Φ6@250
梯板厚
下部纵筋
梯板宽

图 13.57　楼梯 B—B 配筋大样图

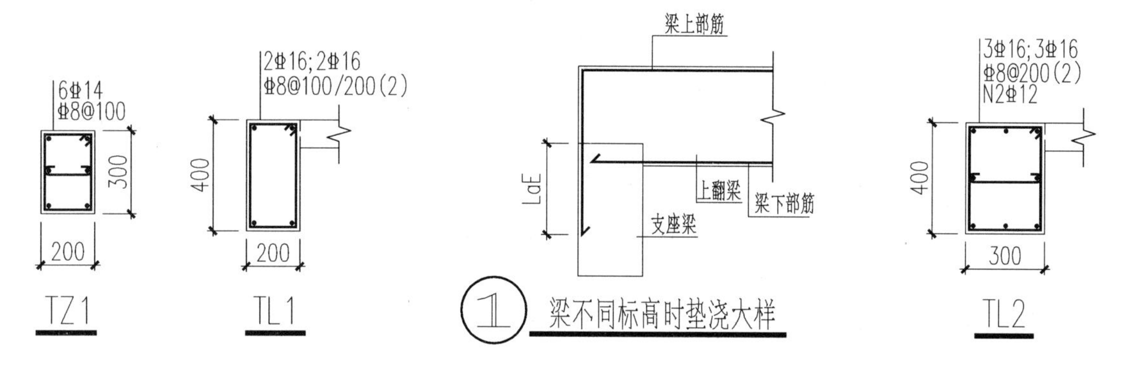

注：1.图中TZ构造同KZ。
2.未注梯板分布筋为Φ6@250。
3.休息平台板厚H=100 mm。
4.休息平台板受力筋双网双向布置，均为Φ8@200。

图 13.58　楼梯 TL/TZ 配筋大样图

第14章　清单计量规范项目节录

14.1　土方工程（表14.1）

表14.1　土方工程清单项目及计算规则（编码：010101、010103）

项目编码	项目名称	项目特征	计量单位	工程量计算规则	工程内容
010101001	平整场地	1. 土壤类别 2. 弃土运距 3. 取土运距	m^2	按设计图示尺寸以建筑物首层建筑面积计算	1. 土方挖填 2. 场地找平 3. 运输
010101002	挖一般土方	1. 土壤类别 2. 挖土深度 3. 弃土运距	m^3	按设计图示尺寸以体积计算	1. 排地表水 2. 土方开挖 3. 围护（挡土板）及拆除 4. 基底钎探 5. 运输
010101003	挖沟槽土方			按设计图示尺寸以基础垫层底面积乘以挖土深度以体积计算	
010101004	挖基坑土方				
010103001	回填土	1. 密实度要求 2. 填方材料品种 3. 填方粒径要求 4. 填方来源运距		按设计图示尺寸以体积计算。 1. 场地回填：回填面积乘以平均回填厚度以体积计算。 2. 室内回填：主墙间净面积乘以回填厚度。 3. 基础回填:挖方体积减去设计室外地坪以下埋设的基础体积(包括基础垫层及其他构筑物)	1. 运输 2. 回填 3. 夯实
010103002	余方弃置	1. 废弃料品种 2. 运距		按挖方清单项目工程量减利用回填方体积（正数）计算	余方点装料运输至弃置点

14.2　桩基工程（表14.2～表14.3）

表14.2　打桩清单项目及计算规则（编码：010301）

项目编码	项目名称	项目特征	计量单位	工程量计算规则	工程内容
010301001	预制钢筋混凝土方桩	1. 地层情况 2. 送桩深度、桩长 3. 桩截面 4. 桩倾斜度 5. 沉桩方式 6. 接桩方式 7. 混凝土强度等级	m m^3 根	1. 以米计量，按设计图示尺寸以桩长（包括桩尖）计算。 2. 以立方米计量，按设计图示截面面积乘以桩长（包括桩尖）以实体积计算。 3. 以根计量，按设计图示数量计算	1. 工作平台搭拆 2. 桩机竖拆、移位 3. 沉桩 4. 接桩 5. 送桩
010301002	预制钢筋混凝土管桩	1. 地层情况 2. 送桩深度、桩长 3. 桩外径、壁厚 4. 桩倾斜度 5. 沉桩方式 6. 桩尖类型 7. 混凝土强度等级 8. 填充材料种类 9. 防护材料种类			1. 工作平台搭拆 2. 桩机竖拆、移位 3. 沉桩 4. 接桩 5. 送桩 6. 桩尖制作安装 7. 填充材料、刷防护材料

续表

项目编码	项目名称	项目特征	计量单位	工程量计算规则	工程内容
010301003	钢管桩	1. 地层情况 2. 送桩深度、桩长 3. 材质 4. 管径、壁厚 5. 桩倾斜度 6. 沉桩方式 7. 填充材料种类 8. 防护材料种类	t 根	1. 以吨计量，按设计图示尺寸以质量计算。 2. 以根计量，按设计图示数量计算	1. 工作平台搭拆 2. 桩机竖拆、移位 3. 沉桩 4. 接桩 5. 送桩 6. 切割钢管、精割盖帽 7. 管内取土 8. 填充材料、刷防护材料
010301004	截（凿）桩头	1. 桩类型 2. 桩头截面、高度 3. 混凝土强度等级 4. 有无钢筋	m^3 根	1. 以立方米计量，按设计图示截面面积乘以桩长(包括桩尖)以实体积计算。 2. 以根计量，按设计图示数量计算	1. 截（切割）桩头 2. 凿平 3. 废料外运

表 14.3　灌注桩清单项目及计算规则（编码：010302）

项目编码	项目名称	项目特征	计量单位	工程量计算规则	工程内容
010302001	泥浆护壁成孔灌注桩	1. 地层情况 2. 空桩深度、桩长 3. 桩径 4. 成孔方法 5. 护筒类型、长度 6. 混凝土种类、强度等级	m m^3 根	1. 以米计量，按设计图示尺寸以桩长(包括桩尖)计算。 2. 以立方米计量，按截面在桩上范围内以实体积计算。 3. 以根计量，按设计图示数量计算	1. 护筒埋设 2. 成孔、固壁 3. 混凝土制作、运输、灌注、养护 4. 土方、废泥浆外运 5. 打桩场地硬化及泥浆池、泥浆沟
010302002	沉管灌注桩	1. 地层情况 2. 空桩深度、桩长 3. 复打长度 4. 桩径 5. 沉管方式 6. 桩尖类型 7. 混凝土种类、强度等级			1. 打（拔）钢管 2. 桩尖制作、安装 3. 混凝土制作、运输、灌注、养护
010302003	干作业成孔灌注桩	1. 地层情况 2. 空桩深度、桩长 3. 桩径 4. 扩孔直径、高度 5. 成孔方式 6. 混凝土种类、强度等级		1. 以米计量，按设计图示尺寸以桩长(包括桩尖)计算。 2. 以立方米计量，按截面在桩上范围内以实体积计算。 3. 以根计量，按设计图示数量计算	1. 成孔、扩孔 2. 混凝土制作、运输、灌注、振捣、养护

续表

项目编码	项目名称	项目特征	计量单位	工程量计算规则	工程内容
010302004	挖孔桩土（石）方	1. 地层情况 2. 挖孔深度 3. 弃土（石）运距	m^3	按设计图示尺寸（含护壁）截面面积乘以挖孔深度以立方米计算	1. 排地表水 2. 挖土、凿石 3. 基底钎探 4. 运输
010302005	人工挖孔灌注桩	1. 桩芯长度 2. 桩芯直径、扩底直径、扩底高度 3. 护壁厚度、高度 4. 护壁混凝土种类、强度等级 5. 桩芯混凝土种类、强度等级	m^3 根	1. 以立方米米计量，按桩芯混凝土体积计算。 2. 以根计量，按设计图示数量计算	1. 护壁制作 2. 混凝土制作、运输、灌注、振捣、养护
010302006	钻孔压浆桩	1. 地层情况 2. 空钻深度、桩长 3. 钻孔直径 4. 水泥强度等级	m 根	1. 以米计量，按设计图示尺寸以桩长计算。 2. 以根计量，按设计图示数量计算	钻孔、下注浆管、投放骨料、浆液制作、运输、压浆
010302007	灌注桩后压浆	1. 注浆导管材料、规格 2. 注浆导管长度 3. 单孔注浆量 4. 水泥强度等级	孔	按设计图示以注浆孔数计算	1. 注浆导管制作、安装 2. 浆液制作、运输、压浆

14.3 砌体工程（表 14.4～表 14.6）

表 14.4 砌体基础清单项目及计算规则（编码：010401、010403、010404）

项目编码	项目名称	项目特征	计量单位	工程量计算规则	工作内容
010401001	砖基础	1. 砖品种、规格、强度等级 2. 基础类型 3. 砂浆强度等级 4. 防潮层材料种类	m^3	按设计图示尺寸以体积计算。 包括附墙垛基础宽出部分体积，扣除地梁（圈梁）、构造柱所占体积，不扣除基础大放脚 T 型接头处的重叠部分及嵌入基础内的钢筋、铁件、管道、基础砂浆防潮层和单个面积≤0.3 m^2 的孔洞所占体积，靠墙暖气沟的挑檐不增加。 基础长度：外墙按中心线，内墙按净长线计算	1. 砂浆制作、运输 2. 砌砖 3. 防潮层铺设 4. 材料运输
010403001	石基础	1. 石料种类、规格 2. 基础类型 3. 砂浆强度等级	m^3	按设计图示尺寸以体积计算。 包括附墙垛基础宽出部分体积，不扣除基础砂浆防潮层及单个面积≤0.3 m^2 的孔洞所占体积，靠墙暖气沟的挑檐不增加体积。 基础长度：外墙按中心线，内墙按净长计算	1. 砂浆制作、运输 2. 吊装 3. 砌石 4. 防潮层铺设 5. 材料运输
010404001	垫层	垫层材料种类、配合比、厚度	m^3	按设计图示尺寸以体积计算	1. 垫层材料的拌制 2. 垫层铺设 3. 材料运输

注：除混凝土垫层按混凝土部分项目编码列项外，没有包括垫层要求的清单项目应按 010404001 垫层项目列项。

表 14.5　砖砌体（编码：010401）

项目特征	项目名称	项目特征	计量单位	工程量计算规则	工程内容
010401003	实心砖墙	1. 砖品种、规格、强度等级 2. 墙体类型 3. 砂浆强度等级、配合比	m^3	按设计图示尺寸以体积计算。扣除门窗洞口、过人洞、空圈、嵌入墙内的钢筋混凝土柱、梁、圈梁、挑梁、过梁及凹进墙内的壁龛、管槽、暖气槽、消火栓箱所占体积。不扣除梁头、板头、檩头、垫木、木楞头、沿缘木、木砖、门窗走头、砖墙内加固钢筋、木筋、铁件、钢管及单个面积 $0.3\ m^2$ 以内的孔洞所占体积。凸出墙面的腰线、挑檐、压顶、窗台线、虎头砖、门窗套的体积亦不增加。凸出墙面的砖垛并入墙体体积内计算。 1. 墙长度：外墙按中心线，内墙按净长计算。 2. 墙高度： （1）外墙：斜（坡）屋面无檐口天棚者算至屋面板底；有屋架且室内外均有大棚者算至屋架下弦底另加 200 mm；无天棚者算至屋架下弦底另加 300 mm，出檐宽度超过 600 mm 时按实砌高度计算；平屋面算至钢筋混凝土板底。 （2）内墙：位于屋架下弦者，算至屋架下弦底；无屋架者算至天棚底另加 100 mm；有钢筋混凝土楼板隔层者算至楼板顶；有框架梁时算至梁底。 （3）女儿墙：从屋面板上表面算至女儿墙顶面（如有混凝土压顶时算至压顶下表面）。 （4）内、外山墙：按其平均高度计算	1. 砂浆制作、运输 2. 砌砖 3. 刮缝 4. 砖压顶砌筑 5. 材料运输
010401004	多孔砖墙				
010401005	空心砖墙				

表 14.6　砌块砌体（编码：010402）

项目编码	项目名称	项目特征	计量单位	工程量计算规则	工程内容
010402001	砌块墙	1. 砌块品种、规格、强度等级 2. 墙体类型 3. 砂浆强度等级	m^3	按设计图示尺寸以体积计算。 扣除门窗、洞口、嵌入墙内的钢筋混凝土柱、梁、圈梁、挑梁、过梁及凹进墙内的壁龛、管槽、暖气槽、消火栓箱所占体积，不扣除梁头、板头、檩木、垫木、木楞头、沿缘木、木砖、门窗走头、砖墙内加固钢筋、木筋、铁件、钢管及单个面积 $\leq 0.3\ m^2$ 的孔洞所占体积。凸出墙面的腰线、挑檐、压顶、窗台线、虎头砖、门窗套的体积亦不增加，凸出墙面的砖垛并入墙体体积内。 1. 墙长度：外墙按中心线，内墙按净长计算。 2. 墙高度： （1）外墙：斜（坡）屋面无檐口天棚者算至屋面板底；有屋架且室内外均有天棚者算至屋架下弦底另加 200 mm；无天棚者算至屋架下弦底另加 300 mm，出檐宽度超过 600 mm 时按实砌高度计算；平屋面算至钢筋混凝土板底。 （2）内墙：位于屋架下弦者，算至屋架下弦底；无屋架者算至天棚底另加 100 mm；有钢筋混凝土楼板隔层者算至楼板顶；有框架梁时算至梁底。 （3）女儿墙：从屋面板上表面算至女儿墙顶面（如有混凝土压顶时算至压顶下表面）。 （4）内、外山墙：按其平均高度计算。 3. 框架间墙：不分内外墙按墙体净尺寸以体积计算。 4. 围墙：高度算至压顶上表面（如有混凝土压顶时算至压顶下表面），围墙柱并入围墙体积内	1. 砂浆制作、运输 2. 砌砖、砌块 3. 勾缝 4. 材料运输
010402002	砌块柱			按设计图示尺寸以体积计算。 扣除混凝土及钢筋混凝土梁垫、梁头、板头所占体积	

14.4 混凝土工程（表 14.7～表 14.20）

表 14.7 混凝土基础清单项目及计算规则（编码：010501）

项目编码	项目名称	项目特征	计量单位	工程量计算规则	工程内容
010501001	垫层	1. 混凝土种类 2. 混凝土强度等级	m^3	按设计图示尺寸以体积计算。不扣除构件内钢筋、预埋铁件和伸入承台基础的桩头所占体积	1. 混凝土制作、运输、浇筑、振捣、养护 2. 地脚螺栓二次灌浆
010501002	带形基础				
010501003	独立基础				
010501004	满堂基础				
010501005	桩承台基础				
010501006	设备基础	1. 混凝土种类 2. 混凝土强度等级 3. 灌浆材料及其强度等级			

表 14.8 现浇混凝土柱（编码：010502）

项目编码	项目名称	项目特征	计量单位	工程量计算规则	工程内容
010502001	矩形柱	1. 混凝土种类 2. 混凝土强度等级	m^3	按设计图示尺寸以体积计算。不扣除构件内钢筋、预埋铁件所占体积。 柱高： 1. 有梁板的柱高，应自柱基上表面（或楼板上表面）至上一层楼板上表面之间的高度计算。 2. 无梁板的柱高，应自柱基上表面（或楼板上表面）至柱帽下表面之间的高度计算。 3. 框架柱的柱高，应自柱基上表面至柱顶高度计算。 4. 构造柱按全高计算，嵌接墙体部分并入柱身体积。 5. 依附柱上的牛腿和升板的柱帽，并入柱身体积计算	1. 模板及支撑制作、安装、拆除、堆放、运输及清理模板内杂物、刷隔离剂等 2. 混凝土制作、运输、浇筑、振捣、养护
010502002	构造柱				
010502003	异形柱	1. 柱形状 2. 混凝土种类 3. 混凝土强度等级			

表 14.9 现浇混凝土梁（编码：010503）

项目编码	项目名称	项目特征	计量单位	工程量计算规则	工程内容
010503001	基础梁	1. 混凝土种类 2. 混凝土强度等级	m^3	按设计图示尺寸以体积计算。不扣除构件内钢筋、预埋铁件所占体积，伸入墙内的梁头、梁垫并入梁体积内。 梁长： 1. 梁与柱连接时，梁长算至柱侧面。 2. 主梁与次梁连接时，次梁长算至主梁侧面	1. 模板及支撑制作、安装、拆除、堆放、运输及清理模板内杂物、刷隔离剂等 2. 混凝土制作、运输、浇筑、振捣、养护
010503002	矩形梁				
010503003	异形梁				
010503004	圈梁				
010503005	过梁				
010503006	弧形、拱形梁				

表 14.10　现浇混凝土墙（编码：010504）

项目编码	项目名称	项目特征	计量单位	工程量计算规则	工程内容
010504001	直形墙	1. 混凝土种类 2. 混凝土强度等级	m^3	按设计图示尺寸以体积计算。扣除门窗洞口及单个面积 $0.3\ m^2$ 以外的孔洞所占体积，墙垛及突出墙面部分并入墙体体积计算内	1. 模板及支撑制作、安装、拆除、堆放、运输及清理模板内杂物、刷隔离剂等 2. 混凝土制作、运输、浇筑、振捣、养护
010504002	弧形墙				
010504003	短肢剪力墙				
010504004	挡土墙				

表 14.11　现浇混凝土板（编码：010505）

项目编码	项目名称	项目特征	计量单位	工程量计算规则	工程内容
010505001	有梁板	1. 混凝土种类 2. 混凝土强度等级	m^3	按设计图示尺寸以体积计算。不扣除构件内钢筋、预埋铁件及单个面积 $0.3\ m^2$ 以内的孔洞所占体积。 有梁板（包括主、次梁与板）按梁、板体积之和计算，无梁板按板和柱帽体积之和计算，各类板伸入墙内的板头并入板体积内计算，薄壳板的肋、基梁并入薄壳体积内计算。	混凝土制作、运输、浇筑、振捣、养护
010505002	无梁板				
010505003	平板				
010505004	拱板				
010505005	薄壳板				
010505006	栏板				
010505007	天沟、挑檐板			按设计图示尺寸以体积计算	
010505008	雨篷、悬挑板、阳台板			按设计图示尺寸以墙外部分体积计算，包括伸出墙外的牛腿和雨篷反挑檐的体积	
010505009	空心板			按设计图示尺寸以体积计算。空心板应扣除空心部分体积	
010505010	其他板			按设计图示尺寸以体积计算	

表 14.12　现浇混凝土楼梯（编码：010506）

项目编码	项目名称	项目特征	计量单位	工程量计算规则	工程内容
010506001	直形楼梯	1. 混凝土种类 2. 混凝土强度等级	m^2 m^3	1. 以平方米计算，按设计图示尺寸以水平投影面积计算。不扣除宽度小于 500 mm 的楼梯井，伸入墙内部分不计算。 2. 以立方米计算，按设计图示尺寸以体积计算	1. 模板及支撑制作、安装、拆除、堆放、运输及清理模板内杂物、刷隔离剂等 2. 混凝土制作、运输、浇筑、振捣、养护
010506002	弧形楼梯				

表 14.13　现浇混凝土其他构件（编码：010507）

项目编码	项目名称	项目特征	计量单位	工程量计算规则	工程内容
010507001	散水、坡道	1. 垫层材料种类、厚度 2. 面层厚度 3. 混凝土种类 4. 混凝土强度等级 5. 变形缝填塞材料种类	m^2	按设计图示尺寸以水平投影面积计算。不扣除单个 $0.3\ m^2$ 以内的孔洞所占面积	1. 地基夯实 2. 铺设垫层 3. 模板及支撑制作、安装、拆除、堆放、运输及清理模板内杂物、刷隔离剂等 4. 混凝土制作、运输、浇筑、振捣、养护 5. 变形缝填塞
010507002	室外地坪	1. 地坪厚度 2. 混凝土强度等级			
010507003	电缆沟、地沟	1. 土壤类别 2. 沟截面净空尺寸 3. 垫层材料种类、厚度 4. 混凝土种类 5. 混凝土强度等级 6. 防护材料种类	m	按设计图示以中心线长度计算	1. 挖填运土石方 2. 铺设垫层 3. 模板及支撑制作、安装、拆除、堆放、运输及清理模板内杂物、刷隔离剂等 4. 混凝土制作、运输、浇筑、振捣、养护 5. 刷防护材料
010507004	台阶	1. 踏步高、宽 2. 混凝土种类 3. 混凝土强度等级	m^2 m^3	1. 以平方米计算，按设计图示尺寸以水平投影面积计算。 2. 以立方米计算，按设计图示尺寸以体积计算	1. 模板及支撑制作、安装、拆除、堆放、运输及清理模板内杂物、刷隔离剂等 2. 混凝土制作、运输、浇筑、振捣、养护
010507005	扶手、压顶	1. 断面尺寸 2. 混凝土种类 3. 混凝土强度等级	m m^3	1. 以米计算，按设计图示的中心线长度计算 2. 以立方米计算，按设计图示尺寸以体积计算	1. 模板及支撑制作、安装、拆除、堆放、运输及清理模板内杂物、刷隔离剂等 2. 混凝土制作、运输、浇筑、振捣、养护
010507006	化粪池检查井	1. 部位 2. 混凝土强度等级 3. 防水、抗渗要求	m^3 座	1. 按设计图示尺寸以体积计算。 2. 以座计算，按设计图示数量计算	
010507007	其他构件	1. 构件的类型 2. 构件规格 3. 部位 4. 混凝土种类 5. 混凝土强度等级	m^3		

表 14.14　后浇带（编码：010508）

项目编码	项目名称	项目特征	计量单位	工程量计算规则	工程内容
010508001	后浇带	1. 混凝土种类 2. 混凝土强度等级	m^3	按设计图示尺寸以体积计算	1. 模板及支撑制作、安装、拆除、堆放、运输及清理模板内杂物、刷隔离剂等 2. 混凝土制作、运输、浇筑、振捣、养护

表 14.15 预制混凝土柱（编码：010509）

项目编码	项目名称	项目特征	计量单位	工程量计算规则	工程内容
010509001	矩形柱	1. 图代号 2. 单件体积 3. 安装高度 4. 混凝土强度等级 5. 砂浆（细石混凝土）强度等级	m^3 根	1. 按设计图示尺寸以体积计算 2. 按设计图示尺寸以数量计算	1. 模板及支撑制作、安装、拆除、堆放、运输及清理模板内杂物、刷隔离剂等 2. 混凝土制作、运输、浇筑、振捣、养护 3. 构件运输、安装 4. 砂浆制作、运输 5. 接头灌缝、养护
010509002	异形柱				

表 14.16 预制混凝土梁（编码：010510）

项目编码	项目名称	项目特征	计量单位	工程量计算规则	工程内容
010510001	矩形梁	1. 图代号 2. 单件体积 3. 安装高度 4. 混凝土强度等级 5. 砂浆（细石混凝土）强度等级	m^3 根	1. 按设计图示尺寸以体积计算。 2. 按设计图示尺寸以数量计算	1. 模板及支撑制作、安装、拆除、堆放、运输及清理模板内杂物、刷隔离剂等 2. 混凝土制作、运输、浇筑、振捣、养护 3. 构件运输、安装 4. 砂浆制作、运输 5. 接头灌缝、养护
010510002	异形梁				
010510003	过梁				
010510004	拱形梁				
010510005	鱼腹式吊车梁				
010510006	其他梁				

表 14.17 预制混凝土屋架（编码：010511）

项目编码	项目名称	项目特征	计量单位	工程量计算规则	工程内容
010511001	折线型	1. 图代号 2. 单件体积 3. 安装高度 4. 混凝土强度等级 5. 砂浆（细石混凝土）强度等级	m^3 榀	1. 按设计图示尺寸以体积计算。 2. 按设计图示尺寸以数量计算	1. 模板及支撑制作、安装、拆除、堆放、运输及清理模板内杂物、刷隔离剂等 2. 混凝土制作、运输、浇筑、振捣、养护 3. 构件运输、安装 4. 砂浆制作、运输 5. 接头灌缝、养护
010511002	组合				
010511003	薄腹				
010511004	门式刚架				
010511005	天窗架				

表 14.18　预制混凝土板（编码：010512）

项目编码	项目名称	项目特征	计量单位	工程量计算规则	工程内容
010512001	平板	1. 图代号 2. 单件体积 3. 安装高度 4. 混凝土强度等级 5. 砂浆（细石混凝土）强度等级	m^3 块	1. 按设计图示尺寸以体积计算。不扣除单个面积≤300 mm×300 mm 的孔洞所占体积，扣除空心板空洞体积。 2. 按设计图示尺寸以数量计算	1. 模板及支撑制作、安装、拆除、堆放、运输及清理模板内杂物、刷隔离剂等 2. 混凝土制作、运输、浇筑、振捣、养护 3. 构件运输、安装 4. 砂浆制作、运输 5. 接头灌缝、养护
010512002	空心板				
010512003	槽形板				
010512004	网架板				
010512005	折线板				
010512006	带肋板				
010512007	大型板				
010512008	沟盖板、井盖板、井圈	1. 构件尺寸 2. 安装高度 3. 混凝土强度等级 4. 砂浆强度等级	m^3 （块、套）	1. 按设计图示尺寸以体积计算。 2. 按设计图示尺寸以数量计算	

表 14.19　预制混凝土楼梯（编码：010513）

项目编码	项目名称	项目特征	计量单位	工程量计算规则	工程内容
010513001	楼梯	1. 楼梯类型 2. 单件体积 3. 混凝土强度等级 4. 砂浆（细石混凝土）强度等级	m^3 段	1. 按设计图示尺寸以体积计算。扣除空心踏步板空洞体积。 2. 按设计图示尺寸以数量计算	1. 模板及支撑制作、安装、拆除、堆放、运输及清理模板内杂物、刷隔离剂等 2. 混凝土制作、运输、浇筑、振捣、养护 3. 构件运输、安装 4. 砂浆制作、运输 5. 接头灌缝、养护

表 14.20　其他预制构件（编码：010514）

项目编码	项目名称	项目特征	计量单位	工程量计算规则	工程内容
010514001	烟道、垃圾道、通风道	1. 单件体积 2. 混凝土强度等级 3. 砂浆强度等级	m^3 m^2 根（块、套）	1. 按设计图示尺寸以体积计算。不扣除单个面积≤300 mm×300 mm 的孔洞所占体积，扣除烟道、垃圾道、通风道的孔洞体积。 2. 按设计图示尺寸以面积计算。不扣除单个面积≤300 mm×300 mm 的孔洞所占面积。 3. 按设计图示尺寸以数量计算	1. 模板及支撑制作、安装、拆除、堆放、运输及清理模板内杂物、刷隔离剂等 2. 混凝土制作、运输、浇筑、振捣、养护 3. 构件运输、安装 4. 砂浆制作、运输 5. 接头灌缝、养护
010514002	其他构件	1. 单件体积 2. 构件的类型 3. 混凝土强度等级 4. 砂浆强度等级			

14.5 钢筋工程（表 14.21）

表 14.21 钢筋工程清单项目及计算规则（编码：010515、010516）

项目编码	项目名称	项目特征	计量单位	工程量计算规则	工程内容
010515001	现浇构件钢筋	钢筋种类、规格	t	按设计图示钢筋（网）长度（面积）乘以单位理论质量计算	1. 钢筋（网、笼）制作、运输 2. 钢筋（网、笼）安装 3. 焊接（绑扎）
010515002	预制构件钢筋				
010515003	钢筋网片				
010515004	钢筋笼				
010515005	先张法预应力钢筋	1. 钢筋种类、规格 2. 锚具种类		按设计图示钢筋长度乘以单位理论质量计算	1. 钢筋制作、运输 2. 钢筋张拉
010515006	后张法预应力钢筋	（略）		（略）	（略）
010515007	预应力钢丝				
010515008	预应力钢绞线				
010515009	支撑钢筋（铁马）	钢筋种类、规格		按钢筋长度乘以单位理论质量计算	钢筋制作、焊接、安装
010516001	螺栓	1. 螺栓种类 2. 规格		按设计图示尺寸以质量计算	1. 螺栓、铁件制作、运输 2. 螺栓、铁件安装
010516002	预埋铁件	1. 钢筋种类 2. 规格 3. 铁件尺寸			
010516003	机械连接	1. 连接方式 2. 螺纹套筒种类 3. 规格	个	按数量计算	1. 钢筋套丝 2. 套筒连接

14.6 屋面及防水工程（表 14.22～表 14.24）

表 14.22 瓦、型材屋面（编码：010901）

项目编码	项目名称	项目特征	计量单位	工程量计算规则	工程内容
010901001	瓦屋面	1. 瓦品种、规格 2. 黏结层砂浆的配合比	m^2	按设计图示尺寸以斜面积计算 不扣除房上烟囱、风帽底座、风道、小气窗、斜沟等所占面积。小气窗的出檐部分不增加面积	1. 砂浆制作、运输、摊铺、养护 2. 安瓦、做瓦脊
010901002	型材屋面	1. 型材品种、规格 2. 金属檩条材料品种、规格 3. 接缝、嵌缝材料种类			1. 檩条制作、运输、安装 2. 屋面型材安装 3. 接缝、嵌缝

续表

项目编码	项目名称	项目特征	计量单位	工程量计算规则	工程内容
010901003	阳光板屋面	1. 阳光板品种、规格 2. 骨架材料品种、规格 3. 接缝、嵌缝材料种类 4. 油漆品种、刷漆遍数	m^2	按设计图示尺寸以斜面积计算。 不扣除屋面面积 $\leqslant 0.3\ m^2$ 孔洞所占面积	1. 骨架制作、运输、安装，刷防护材料、油漆 2. 阳光板安装 3. 接缝、嵌缝
010901004	玻璃钢屋面	1. 玻璃钢品种、规格 2. 骨架材料品种、规格 3. 玻璃钢固定方式 4. 接缝、嵌缝材料种类 5. 油漆品种、刷漆遍数			1. 骨架制作、运输、安装，刷防护材料、油漆 2. 玻璃钢制作、安装 3. 接缝、嵌缝
010901005	膜结构屋面	1. 膜布品种、规格 2. 支柱（网架）钢材品种、规格 3. 钢丝绳品种、规格 4. 锚固基座做法 5. 油漆品种、刷漆遍数		按设计图示尺寸以需要覆盖的水平投影面积计算	1. 膜布热压胶接 2. 支柱（网架）制作、安装 3. 膜布安装 4. 穿钢丝绳、锚头锚固 5. 锚固基座、挖土、回填 6. 刷防护材料、油漆

表 14.23　屋面防水及其他（编码：010902）

项目编码	项目名称	项目特征	计量单位	工程量计算规则	工程内容
010902001	屋面卷材防水	1. 卷材品种、规格 2. 防水层数 3. 防水层做法	m^2	按设计图示尺寸以面积计算： 1. 斜屋顶（不包括平屋顶找坡）按斜面积计算，平屋顶按水平投影面积计算。 2. 不扣除房上烟囱、风帽底座、风道、屋面小气窗和斜沟所占面积。 3. 屋面的女儿墙、伸缩缝和天窗等处的弯起部分，并入屋面工程量内	1. 基层处理 2. 刷底油 3. 铺油毡卷材、接缝
010902002	屋面涂膜防水	1. 防水膜品种 2. 涂膜厚度、遍数 3. 增强材料种类			1. 基层处理 2. 刷基层处理剂 3. 铺布、刷涂防水层
010902003	屋面刚性层	1. 刚性层厚度 2. 混凝土种类 3. 混凝土强度等级 4. 嵌缝材料种类 5. 钢筋规格、型号		按设计图示尺寸以面积计算。不扣除房上烟囱、风帽底座、风道等所占面积	1. 基层处理 2. 混凝土制作、运输、铺筑、养护 3. 钢筋制安

续表

项目编码	项目名称	项目特征	计量单位	工程量计算规则	工程内容
010902004	屋面排水管	1. 排水管品种、规格 2. 雨水斗、山墙出水口品种、规格 3. 接缝、嵌缝材料种类 4. 油漆品种、刷漆遍数	m	按设计图示尺寸以长度计算。如设计未标注尺寸，以檐口至设计室外散水上表面垂直距离计算	1. 排水管及配件安装、固定 2. 雨水斗、山墙出水口、雨水篦子安装 3. 接缝、嵌缝 4. 油漆
010902005	屋面排（透）气管	1. 排（透）气管品种、规格 2. 接缝、嵌缝材料种类 3. 油漆品种、刷漆遍数		按设计图示尺寸以长度计算	1. 排（透）气管及配件安装、固定 2. 铁件制作、安装 3. 接缝、嵌缝 4. 油漆
010902006	屋面（廊、阳台）泄（吐）水管	1. 吐水管品种、规格 2. 接缝、嵌缝材料种类 3. 吐水管长度 4. 油漆品种、刷漆遍数	根/个	按设计图示数量计算	1. 水管管及配件安装、固定 2. 接缝、嵌缝 3. 油漆
010902007	屋面天沟、檐沟	1. 材料品种、规格 2. 接缝、嵌缝材料种类	m^2	按设计图示尺寸以面积计算。铁皮和卷材天沟按展开面积计算	1. 天沟材料铺设 2. 天沟配件安装 3. 接缝、嵌缝 4. 刷防护材料
010902008	屋面变形缝	1. 嵌缝材料种类 2. 止水带材料种类 3. 盖缝材料种类 4. 防护材料种类	m	按设计图示尺寸以长度计算	1. 清缝 2. 填塞防水材料 3. 止水带安装 4. 盖缝制作、安装 5. 刷防护材料

表 14.24 墙、地面防水、防潮（编码：010903）

项目编码	项目名称	项目特征	计量单位	工程量计算规则	工程内容
010903001	墙面卷材防水	1. 卷材品种、规格、厚度 2. 防水层数 3. 防水做法	m^2	按设计图示尺寸以面积计算	1. 基层处理 2. 刷黏结剂 3. 铺防水卷材 4. 接缝、嵌缝
010903002	墙面涂膜防水	1. 防水膜品种 2. 涂膜厚度、遍数、 3. 增强材料种类			1. 基层处理 2. 刷基层处理剂 3. 铺布、喷涂防水层
010903003	墙面砂浆防水（防潮）	1. 防水层做法 2. 砂浆厚度、配合比 3. 增强材料种类			1. 基层处理 2. 挂钢丝网片 3. 设置分格缝 4. 砂浆制作、运输、摊铺、养护
010903004	墙面变形缝	1. 嵌缝材料种类 2. 止水带材料种类 3. 盖板材料 4. 防护材料种类	m	按设计图示以长度计算	1. 清缝 2. 填塞防水材料 3. 止水带安装 4. 盖缝制作、安装 5. 刷防护材料

14.7 保温工程（表 14.25）

表 14.25 隔热、保温（编码：011001）

项目编码	项目名称	项目特征	计量单位	工程量计算规则	工程内容
011001001	保温隔热屋面	1. 保温隔热材料品种、规格、厚度 2. 隔气层品种、厚度 3. 黏结材料种类、做法 4. 防护材料种类、做法	m^2	按设计图示尺寸以面积计算。扣除面积>0.3 m^2孔洞所占面积	1. 基层清理 2. 刷黏结材料 3. 铺粘保温层 4. 铺、刷（喷）防护材料

14.8 楼地面装饰工程（表 14.26～表 14.33）

表 14.26 整体面层（编码：011101）

项目编码	项目名称	项目特征	计量单位	工程量计算规则	工程内容
011101001	水泥砂浆楼地面	1. 找平层厚度、砂浆配合比 2. 素水泥浆遍数 3. 面层厚度、砂浆配合比 4. 面层做法要求	m^2	按设计图示尺寸以面积计算。扣除凸出地面构筑物、设备基础、室内铁道、地沟等所占面积，不扣除间壁墙及≤0.3 m^2柱、垛、附墙烟囱及孔洞所占面积。门洞、空圈、暖气包槽、壁龛的开口部分不增加面积	1. 基层清理 2. 抹找平层 3. 抹面层 4. 材料运输
011101002	现浇水磨石楼地面	1. 找平层厚度、砂浆配合比 2. 面层厚度、水泥石子浆配合比 3. 嵌条材料种类、规格 4. 石子种类、规格、颜色 5. 颜料种类、颜色 6. 图案要求 7. 磨光、酸洗、打蜡要求			1. 基层清理 2. 抹找平层 3. 面层铺设 4. 嵌缝条安装 5. 磨光、酸洗、打蜡 6. 材料运输
011101003	细石混凝土地面	1. 找平层厚度、砂浆配合比 2. 面层厚度、混凝土强度等级			1. 基层清理 2. 抹找平层 3. 面层铺设 4. 材料运输
011101004	菱苦土楼地面	1. 找平层厚度、砂浆配合比 2. 面层厚度 3. 打蜡要求			1. 清理基层 2. 抹找平层 3. 面层铺设 4. 打蜡 5. 材料运输
011101005	自流坪楼地面	1. 找平层厚度、砂浆配合比 2. 界面剂材料种类 3. 中层漆材料种类、厚度 4. 面漆材料种类、厚度 5. 面层材料种类			1. 基层清理 2. 抹找平层 3. 涂界面剂 4. 涂刷中层漆 5. 打磨、吸尘 6. 自流坪面漆（浆） 7. 拌合自流坪浆料 8. 铺面层
011101006	平面砂浆找平层	找平层厚度、砂浆配合比		按设计图示尺寸以面积计算	1. 基层清理 2. 抹找平层 3. 材料运输

表 14.27 块料面层（编码：011102）

<table>
<tr><th>项目编码</th><th>项目名称</th><th>项目特征</th><th>计量单位</th><th>工程量计算规则</th><th>工程内容</th></tr>
<tr><td>011102001</td><td>石材楼地面</td><td rowspan="3">1. 找平层厚度、砂浆配合比
2. 结合层厚度、砂浆配合比
3. 面层材料品种、规格、颜色
4. 嵌缝材料种类
5. 防护层材料种类
6. 酸洗、打蜡要求</td><td rowspan="3">m^2</td><td rowspan="3">按设计图示尺寸以面积计算。门洞、空圈、暖气包槽、壁龛的开口部分并入相应的工程量内</td><td rowspan="3">1. 基层清理
2. 抹找平层
3. 面层铺设、磨边
4. 嵌缝
5. 刷防护材料
6. 酸洗、打蜡
7. 材料运输</td></tr>
<tr><td>011102002</td><td>碎石材楼地面</td></tr>
<tr><td>011102003</td><td>块料楼地面</td></tr>
</table>

表 14.28 橡塑面层（编码：011103）

<table>
<tr><th>项目编码</th><th>项目名称</th><th>项目特征</th><th>计量单位</th><th>工程量计算规则</th><th>工程内容</th></tr>
<tr><td>011103001</td><td>橡胶板楼地面</td><td rowspan="4">1. 黏结层厚度、材料种类
2. 面层材料品种、规格、颜色
3. 压线条种类</td><td rowspan="4">m^2</td><td rowspan="4">按设计图示尺寸以面积计算。门洞、空圈、暖气包槽、壁龛的开口部分并入相应的工程量内</td><td rowspan="4">1. 基层清理
2. 面层铺贴
3. 压缝条装钉
4. 材料运输</td></tr>
<tr><td>011103002</td><td>橡胶板卷材楼地面</td></tr>
<tr><td>011103003</td><td>塑料板楼地面</td></tr>
<tr><td>011103004</td><td>塑料卷材楼地面</td></tr>
</table>

表 14.29 其他材料面层（编码：011104）

<table>
<tr><th>项目编码</th><th>项目名称</th><th>项目特征</th><th>计量单位</th><th>工程量计算规则</th><th>工程内容</th></tr>
<tr><td>011104001</td><td>地毯楼地面</td><td>1. 面层材料品种、规格、颜色
2. 防护材料种类
3. 黏结材料种类
4. 压线条种类</td><td rowspan="4">m^2</td><td rowspan="4">按设计图示尺寸以面积计算。门洞、空圈、暖气包槽、壁龛的开口部分并入相应的工程量内</td><td>1. 基层清理
2. 铺贴面层
3. 刷防护材料
4. 装钉压条
5. 材料运输</td></tr>
<tr><td>011104002</td><td>竹、木（复合）地板</td><td rowspan="2">1. 龙骨材料种类、规格、铺设间距
2. 基层材料种类、规格
3. 面层材料品种、规格、颜色
4. 防护材料种类</td><td rowspan="2">1. 基层清理
2. 龙骨铺设
3. 基层铺设
4. 面层铺贴
5. 刷防护材料
6. 材料运输</td></tr>
<tr><td>011104003</td><td>金属复合地板</td></tr>
<tr><td>011104004</td><td>防静电活动地板</td><td>1. 支架高度、材料种类
2. 面层材料品种、规格、颜色
3. 防护材料种类</td><td>1. 清理基层
2. 固定支架安装
3. 活动面层安装
4. 刷防护材料
5. 材料运输</td></tr>
</table>

表 14.30　踢脚线（编码：011105）

<table>
<tr><th>项目编码</th><th>项目名称</th><th>项目特征</th><th>计量单位</th><th>工程量计算规则</th><th>工程内容</th></tr>
<tr><td>011105001</td><td>水泥砂浆踢脚线</td><td>1. 踢脚线高度
2. 底层厚度、砂浆配合比
3. 面层厚度、砂浆配合比</td><td rowspan="7">m^2
m</td><td rowspan="7">1. 以平方米计量，按设计图示长度乘以高度以面积计算。
2. 以米计量，按延长米计算</td><td>1. 基层清理
2. 底层和面层抹灰
3. 材料运输</td></tr>
<tr><td>011105002</td><td>石材踢脚线</td><td rowspan="2">1. 踢脚线高度
2. 粘贴层厚度、材料种类
3. 面层材料品种、规格、颜色
4. 防护材料种类</td><td rowspan="2">1. 基层清理
2. 底层抹灰
3. 面层铺贴、磨边
4. 擦缝
5. 磨光、酸洗、打蜡
6. 刷防护材料
7. 材料运输</td></tr>
<tr><td>011105003</td><td>块料踢脚线</td></tr>
<tr><td>011105004</td><td>塑料板踢脚线</td><td>1. 踢脚线高度
2. 黏结层厚度、材料种类
3. 面层材料种类、规格、颜色</td><td rowspan="4">1. 基层清理
2. 基层铺贴
3. 面层铺贴
4. 材料运输</td></tr>
<tr><td>011105005</td><td>木质踢脚线</td><td rowspan="3">1. 踢脚线高度
2. 基层材料种类、规格
3. 面层材料品种、规格、颜色</td></tr>
<tr><td>011105006</td><td>金属踢脚线</td></tr>
<tr><td>011105007</td><td>防静电踢脚线</td></tr>
</table>

表 14.31　楼梯装饰（编码：011106）

<table>
<tr><th>项目编码</th><th>项目名称</th><th>项目特征</th><th>计量单位</th><th>工程量计算规则</th><th>工程内容</th></tr>
<tr><td>011106001</td><td>石材楼梯面层</td><td rowspan="3">1. 找平层厚度、砂浆配合比
2. 黏结层厚度、材料种类
3. 面层材料品种、规格、颜色
4. 防滑条材料种类、规格
5. 勾缝材料种类
6. 防护层材料种类
7. 酸洗、打蜡要求</td><td rowspan="5">m^2</td><td rowspan="5">按设计图示尺寸以楼梯（包括踏步、休息平台及≤500 mm的楼梯井）水平投影面积计算。楼梯与楼地面相连时，算至梯口梁内侧边沿；无梯口梁者，算至最上一层踏步边沿加300 mm</td><td rowspan="3">1. 基层清理
2. 抹找平层
3. 面层铺贴、磨边
4. 贴嵌防滑条
5. 勾缝
6. 刷防护材料
7. 酸洗、打蜡
8. 材料运输</td></tr>
<tr><td>011106002</td><td>块料楼梯面层</td></tr>
<tr><td>011106003</td><td>拼碎块料楼梯面层</td></tr>
<tr><td>011106004</td><td>水泥砂浆楼梯面层</td><td>1. 找平层厚度、砂浆配合比
2. 面层厚度、砂浆配合比
3. 防滑条材料种类、规格</td><td>1. 基层清理
2. 抹找平层
3. 抹面层
4. 抹防滑条
5. 材料运输</td></tr>
<tr><td>011106005</td><td>现浇水磨石楼梯面层</td><td>1. 找平层厚度、砂浆配合比
2. 面层厚度、水泥石子浆配合比
3. 防滑条材料种类、规格
4. 石子种类、规格、颜色
5. 颜料种类、颜色
6. 磨光、酸洗、打蜡要求</td><td>1. 基层清理
2. 抹找平层
3. 抹面层
4. 贴嵌防滑条
5. 磨光、酸洗、打蜡
6. 材料运输</td></tr>
</table>

续表

项目编码	项目名称	项目特征	计量单位	工程量计算规则	工程内容
011106006	地毯 楼梯面层	1. 基层种类 2. 面层材料品种、规格、颜色 3. 防护材料种类 4. 黏结材料种类 5. 固定配件材料种类、规格	m^2	按设计图示尺寸以楼梯（包括踏步、休息平台及≤500 mm的楼梯井）水平投影面积计算。楼梯与楼地面相连时，算至梯口梁内侧边沿；无梯口梁者，算至最上一层踏步边沿加300 mm	1. 基层清理 2. 铺贴面层 3. 固定配件安装 4. 刷防护材料 5. 材料运输
011106007	木板 楼梯面层	1. 基层材料种类、规格 2. 面层材料品种、规格、颜色 3. 黏结材料种类 4. 防护材料种类			1. 基层清理 2. 基层铺贴 3. 面层铺贴 4. 刷防护材料 5. 材料运输
011106008	橡胶板 楼梯面层	1. 黏结层厚度、材料种类 2. 面层材料品种、规格、颜色 3. 压线条种类			1. 基层清理 2. 面层铺贴 3. 压线条装钉 4. 材料运输
011106009	塑料板 楼梯面层				

表 14.32　台阶装饰（编码：011107）

项目编码	项目名称	项目特征	计量单位	工程量计算规则	工程内容
011107001	石材 台阶面	1. 找平层厚度、砂浆配合比 2. 黏结层材料种类 3. 面层材料品种、规格、颜色 4. 勾缝材料种类 5. 防滑条材料种类、规格 6. 防护材料种类	m^2	按设计图示尺寸以台阶（包括最上层踏步边沿加300 mm）水平投影面积计算	1. 基层清理 2. 抹找平层 3. 面层铺贴 4. 贴嵌防滑条 5. 勾缝 6. 刷防护材料 7. 材料运输
011107002	块料 台阶面				
011107003	拼碎块料 台阶面				
011107004	水泥砂浆 台阶面	1. 找平层厚度、砂浆配合比 2. 面层厚度、砂浆配合比 3. 防滑条材料种类			1. 清理基层 2. 抹找平层 3. 抹面层 4. 抹防滑条 5. 材料运输
011107005	现浇水磨石 台阶面	1. 找平层厚度、砂浆配合比 2. 面层厚度、水泥石子浆配合比 3. 防滑条材料种类 4. 石子种类、规格、颜色 5. 颜料种类、颜色 6. 磨光、酸洗、打蜡要求			1. 清理基层 2. 抹找平层 3. 抹面层 4. 贴嵌防滑条 5. 打磨、酸洗、打蜡 6. 材料运输
011107006	剁假石 台阶面	1. 找平层厚度、砂浆配合比 2. 面层厚度、砂浆配合比 3. 剁假石要求			1. 清理基层 2. 抹找平层 3. 抹面层 4. 剁假石 5. 材料运输

表 14.33　零星装饰项目（编码：011108）

项目编码	项目名称	项目特征	计量单位	工程量计算规则	工程内容
011108001	石材零星项目	1. 工程部位 2. 找平层厚度、砂浆配合比 3. 贴结合层厚度、材料种类 4. 面层材料品种、规格、颜色 5. 勾缝材料种类 6. 防护材料种类 7. 酸洗、打蜡要求	m^2	按设计图示尺寸以面积计算	1. 清理基层 2. 抹找平层 3. 面层铺贴、磨边 4. 勾缝 5. 刷防护材料 6. 酸洗、打蜡 7. 材料运输
011108002	碎拼石材零星项目				
011108003	块料零星项目				
011108004	水泥砂浆零星项目	1. 工程部位 2. 找平层厚度、砂浆配合比 3. 面层厚度、砂浆厚度			1. 清理基层 2. 抹找平层 3. 抹面层 4. 材料运输

14.9　墙面装饰工程（表 14.34～表 14.43）

表 14.34　墙面抹灰（编码：011201）

项目编码	项目名称	项目特征	计量单位	工程量计算规则	工程内容
011201001	墙面一般抹灰	1. 墙体类型 2. 底层厚度、砂浆配合比 3. 面层厚度、砂浆配合比 4. 装饰面材料种类 5. 分格缝宽度、材料种类	m^2	按设计图示尺寸以面积计算。扣除墙裙、门窗洞口及单个>0.3 m^2的孔洞面积，不扣除踢脚线、挂镜线和墙与构件交接处的面积，门窗洞口和孔洞的侧壁及顶面不增加面积。附墙柱、梁、垛、烟囱侧壁并入相应的墙面面积内。 1. 外墙抹灰面积按外墙垂直投影面积计算。 2. 外墙裙抹灰面积按其长度乘以高度计算。 3. 内墙抹灰面积按主墙间的净长乘以高度计算。 （1）无墙裙的，高度按室内楼地面至天棚底面计算。 （2）有墙裙的，高度按墙裙顶至天棚底面计算。 （3）有吊顶天棚抹灰，高度算至天棚底。 4. 内墙裙抹灰面按内墙净长乘以高度计算	1. 基层清理 2. 砂浆制作、运输 3. 底层抹灰 4. 抹面层 5. 抹装饰面 6. 勾分格缝
011201002	墙面装饰抹灰				
011201003	墙面勾缝	1. 勾缝类型 3. 勾缝材料种类			1. 基层清理 2. 砂浆制作、运输 3. 勾缝
011201004	立面砂浆找平层	1. 基层类型 2. 找平层砂浆厚度、配合比			1. 基层清理 2. 砂浆制作、运输 3. 抹灰找平

表 14.35　柱（梁）面抹灰（编码：011202）

<table>
<tr><th>项目编码</th><th>项目名称</th><th>项目特征</th><th>计量单位</th><th>工程量计算规则</th><th>工程内容</th></tr>
<tr><td>011202001</td><td>柱、梁面一般抹灰</td><td rowspan="2">1. 柱（梁）体类型
2. 底层厚度、砂浆配合比
3. 面层厚度、砂浆配合比
4. 装饰面材料种类
5. 分格缝宽度、材料种类</td><td rowspan="4">m^2</td><td rowspan="3">1. 柱面抹灰：按设计图示柱断面周长乘以高度以面积计算。
2. 梁面抹灰：按设计图示梁断面周长乘以高度以面积计算</td><td rowspan="2">1. 基层清理
2. 砂浆制作、运输
3. 底层抹灰
4. 抹面层
5. 勾分格缝</td></tr>
<tr><td>011202002</td><td>柱、梁面装饰抹灰</td></tr>
<tr><td>011202003</td><td>柱、梁面砂浆找平</td><td>1. 柱（梁）体类型
2. 找平的砂浆厚度、配合比</td><td>1. 基层清理
2. 砂浆制作、运输
3. 抹灰找平</td></tr>
<tr><td>011202004</td><td>柱面勾缝</td><td>1. 勾缝类型
2. 勾缝材料种类</td><td>按设计图示柱断面周长乘以高度以面积计算</td><td>1. 基层清理
2. 砂浆制作、运输
3. 勾缝</td></tr>
</table>

表 14.36　零星抹灰（编码：011203）

<table>
<tr><th>项目编码</th><th>项目名称</th><th>项目特征</th><th>计量单位</th><th>工程量计算规则</th><th>工程内容</th></tr>
<tr><td>011203001</td><td>零星项目一般抹灰</td><td rowspan="2">1. 基层类型、部位
2. 底层厚度、砂浆配合比
3. 面层厚度、砂浆配合比
4. 装饰面材料种类
5. 分格缝宽度、材料种类</td><td rowspan="3">m^2</td><td rowspan="3">按设计图示尺寸以面积计算</td><td rowspan="2">1. 基层清理
2. 砂浆制作、运输
3. 底层抹灰
4. 抹面层
5. 抹装饰面
6. 勾分格缝</td></tr>
<tr><td>011203002</td><td>零星项目装饰抹灰</td></tr>
<tr><td>011203003</td><td>零星项目砂浆找平</td><td>1. 基层类型、部位
2. 找平的砂浆厚度、配合比</td><td>1. 基层清理
2. 砂浆制作、运输
3. 勾缝</td></tr>
</table>

表 14.37　墙面块料面层（编码：011204）

<table>
<tr><th>项目编码</th><th>项目名称</th><th>项目特征</th><th>计量单位</th><th>工程量计算规则</th><th>工程内容</th></tr>
<tr><td>011204001</td><td>石材墙面</td><td rowspan="3">1. 墙体类型
2. 安装方式
3. 面层材料品种、规格、颜色
4. 缝宽、嵌缝材料种类
5. 防护材料种类
6. 磨光、酸洗、打蜡要求</td><td rowspan="3">m^2</td><td rowspan="3">按镶贴表面积计算</td><td rowspan="3">1. 基层清理
2. 砂浆制作、运输
3. 黏结层铺贴
4. 面层安装
5. 嵌缝
6. 刷防护材料
7. 磨光、酸洗、打蜡</td></tr>
<tr><td>011204002</td><td>碎拼石材墙面</td></tr>
<tr><td>011204003</td><td>块料墙面</td></tr>
<tr><td>011204004</td><td>干挂石材钢骨架</td><td>1. 骨架种类、规格
2. 防锈漆品种遍数</td><td>t</td><td>按设计图示尺寸以质量计算</td><td>1. 骨架制作、运输、安装
2. 刷漆</td></tr>
</table>

表 14.38　柱（梁）面镶贴块料（编码：011205）

项目编码	项目名称	项目特征	计量单位	工程量计算规则	工程内容
011205001	石材柱面	1. 柱截面类型、尺寸 2. 安装方式 3. 面层材料品种、规格、颜色 4. 缝宽、嵌缝材料种类 5. 防护材料种类 6. 磨光、酸洗、打蜡要求	m^2	按镶贴表面积计算	1. 基层清理 2. 砂浆制作、运输 3. 黏结层铺贴 4. 面层安装 5. 嵌缝 6. 刷防护材料 7. 磨光、酸洗、打蜡
011205002	块料柱面				
011205003	拼碎石材柱面				
011205004	石材梁面	1. 安装方式 2. 面层材料品种、规格、颜色 3. 缝宽、嵌缝材料种类 4. 防护材料种类 5. 磨光、酸洗、打蜡要求			
011205005	块料梁面				

表 14.39　镶贴零星块料（编码：011206）

项目编码	项目名称	项目特征	计量单位	工程量计算规则	工程内容
011206001	石材零星项目	1. 基层类型、部位 2. 安装方式 3. 面层材料品种、规格、颜色 4. 缝宽、嵌缝材料种类 5. 防护材料种类 6. 磨光、酸洗、打蜡要求	m^2	按镶贴表面积计算	1. 基层清理 2. 砂浆制作、运输 3. 面层安装 4. 嵌缝 5. 刷防护材料 6. 磨光、酸洗、打蜡
011206002	块料零星项目				
011206003	拼碎石材零星项目				

表 14.40　墙饰面（编码：011207）

项目编码	项目名称	项目特征	计量单位	工程量计算规则	工程内容
011207001	墙面装饰板	1. 龙骨材料种类、规格、中距 2. 隔离层材料种类、规格 3. 基层材料种类、规格 4. 面层材料品种、规格、品牌、颜色 5. 压条材料种类、规格	m^2	按设计图示墙净长乘以净高以面积计算。扣除门窗洞口及单个$>0.3\ m^2$的孔洞所占面积	1. 基层清理 2. 龙骨制作、运输、安装 3. 钉隔离层 4. 基层铺钉 5. 面层铺贴
011207002	墙面装饰浮雕	1. 基层类型 2. 浮雕材料种类 3. 浮雕样式		按设计图示尺寸以面积计算	1. 基层清理 2. 材料制作、运输 3. 安装成型

表 14.41　柱（梁）饰面（编码：011208）

项目编码	项目名称	项目特征	计量单位	工程量计算规则	工程内容
011208001	柱（梁）面装饰	1. 龙骨材料种类、规格、中距 2. 隔离层材料种类 3. 基层材料种类、规格 4. 面层材料品种、规格、品种、颜色 5. 压条材料种类、规格	m^2	按设计图示饰面外围尺寸以面积计算。柱帽、柱墩并入相应柱饰面工程量内	1. 基层清理 2. 龙骨制作、运输、安装 3. 钉隔离层 4. 基层铺钉 5. 面层铺贴
011208002	成品装饰柱	1. 柱截面、高度尺寸 2. 柱材质	根 m	1. 以根计量，按设计数量计算。 2. 以米计量，按设计长度计算	柱运输、固定、安装

表 14.42　幕墙（编码：011209）

项目编码	项目名称	项目特征	计量单位	工程量计算规则	工程内容
011209001	带骨架幕墙	1. 骨架材料种类、规格、中距 2. 面层材料品种、规格、品种、颜色 3. 面层固定方式 4. 隔离带、框边封闭材料品种、规格 5. 嵌缝、塞口材料种类	m^2	按设计图示框外围尺寸以面积计算。与幕墙同种材质的窗所占面积不扣除	1. 骨架制作、运输、安装 2. 面层安装 3. 嵌缝、塞口 4. 清洗
011209002	全玻（无框玻璃）幕墙	1. 玻璃品种、规格、颜色 2. 黏结塞口材料种类 3. 固定方式		按设计图示尺寸以面积计算，带肋全玻幕墙按展开面积计算	1. 幕墙安装 2. 嵌缝、塞口 3. 清洗

表 14.43　隔断（编码：011210）

项目编码	项目名称	项目特征	计量单位	工程量计算规则	工程内容
011210001	木隔断	1. 骨架、边框材料种类、规格 2. 隔板材料品种、规格、颜色 3. 嵌缝、塞口材料品种 4. 压条材料种类	m^2	按设计图示框外围尺寸以面积计算。不扣除单个≤0.3 m^2孔洞所占面积；浴厕门的材质与隔断相同时，门的面积并入隔断面积内	1. 骨架及边框制作、运输、安装 2. 隔板制作、运输、安装 3. 嵌缝、塞口 4. 装钉压条
011210002	金属隔断				1. 骨架及边框制作、运输、安装 2. 隔板制作、运输、安装 3. 嵌缝、塞口

续表

项目编码	项目名称	项目特征	计量单位	工程量计算规则	工程内容
011210003	玻璃隔断	1. 边框材料种类、规格 2. 玻璃品种、规格、颜色 3. 嵌缝、塞口材料品种	m^2	按设计图示框外围尺寸以面积计算。不扣除单个≤0.3 m^2孔洞所占面积	1. 边框制作、运输、安装 2. 玻璃制作、运输、安装 3. 嵌缝、塞口
011210004	塑料隔断	1. 边框材料种类、规格 2. 隔板材料品种、规格、颜色 3. 嵌缝、塞口材料品种			1. 骨架及边框制作、运输、安装 2. 隔板制作、运输、安装 3. 嵌缝、塞口
011210005	成品隔断	1. 隔板材料品种、规格、颜色 2. 嵌缝、塞口材料品种	m^2 间	1. 以平方米计量，按设计图示框外围尺寸以面积计算。 2. 以间计量，按设计间的数量计算	1. 隔板制作、运输、安装 2. 嵌缝、塞口
011210006	其他隔断	1. 骨架、边框材料种类、规格 2. 隔板材料品种、规格、颜色 3. 嵌缝、塞口材料品种	m^2	按设计图示框外围尺寸以面积计算。不扣除单个≤0.3 m^2 孔洞所占面积	1. 骨架及边框安装 2. 隔板安装 3. 嵌缝、塞口

14.10 天棚装饰工程（表 14.44～表 14.47）

表 14.44 天棚抹灰（编码：011301）

项目编码	项目名称	项目特征	计量单位	工程量计算规则	工程内容
011301001	天棚抹灰	1. 基层类型 2. 抹灰厚度、材料种类 3. 砂浆配合比	m^2	按设计图示尺寸以水平投影面积计算。不扣除间壁墙、垛、柱、附墙烟囱、检查口和管道所占的面积，带梁天棚、梁两侧抹灰面积并入天棚面积内，板式楼梯底面抹灰按斜面积计算，锯齿形楼梯底板抹灰按展开面积计算	1. 基层清理 2. 底层抹灰 3. 抹面层

表 14.45　天棚吊顶（编码：011302）

项目编码	项目名称	项目特征	计量单位	工程量计算规则	工程内容
011302001	天棚吊顶	1. 吊顶形式、吊杆规格、高度 2. 龙骨材料种类、规格、中距 3. 基层材料种类、规格 4. 面层材料品种、规格 5. 压条材料种类、规格 6. 嵌缝材料种类 7. 防护材料种类	m^2	按设计图示尺寸以水平投影面积计算。天棚面中的灯槽及跌级、锯齿形、吊挂式、藻井式天棚面积不展开计算。不扣除间壁墙、检查口、附墙烟囱、柱垛和管道所占面积，扣除单个 0.3 m^2 以外的孔洞、独立柱及与天棚相连的窗帘盒所占的面积	1. 基层清理、吊杆安装 2. 龙骨安装 3. 基层板铺贴 4. 面层铺贴 5. 嵌缝 6. 刷防护材料
011302002	格栅吊顶	1. 龙骨材料种类、规格、中距 2. 基层材料种类、规格 3. 面层材料品种、规格、 4. 防护材料种类		按设计图示尺寸以水平投影面积计算	1. 基层清理 2. 安装龙骨 3. 基层板铺贴 4. 面层铺贴 5. 刷防护材料
011302003	吊筒吊顶	1. 吊筒形状、规格 2. 吊筒材料种类 3. 防护材料种类			1. 基层清理 2. 吊筒制作安装 3. 刷防护材料
011302004	藤条造型悬挂吊顶	1. 骨架材料种类、规格 2. 面层材料品种、规格			1. 基层清理 2. 龙骨安装 3. 铺贴面层
011302005	织物软吊顶				
011302006	装饰网架吊顶	网架材料品种、规格			1. 基层清理 2. 网架制作安装

表 14.46　采光天棚（编码：011303）

项目编码	项目名称	项目特征	计量单位	工程量计算规则	工程内容
011303001	采光天棚	1. 骨架类型 2. 固定类型、固定材料品种、规格 3. 面层材料品种、规格 4. 嵌缝、塞口材料品种	m^2	按框外围展开面积计算	1. 基层清理 2. 面层制作 3. 嵌缝、塞口 4. 清洗

表 14.47　天棚其他装饰（编码：011304）

项目编码	项目名称	项目特征	计量单位	工程量计算规则	工程内容
011304001	灯带（槽）	1. 灯带形式、尺寸 2. 格栅片材料品种、规格 3. 安装固定方式	m^2	按设计图示尺寸以框外围面积计算	安装、固定
011304002	送风口、回风口	1. 风口材料品种、规格、 2. 安装固定方式 3. 防护材料种类	个	按设计图示数量计算	1. 安装、固定 2. 刷防护材料

14.11　门窗工程（表 14.48～表 14.57）

表 14.48　木门（编码：010801）

项目编码	项目名称	项目特征	计量单位	工程量计算规则	工程内容
010801001	木质门	1. 门代号及洞口尺寸 2. 镶嵌玻璃品种、厚度	樘 m^2	1. 以樘计量，按设计图示数量计算。 2. 以平方米计量，按设计图示洞口尺寸面积计算	1. 门安装 2. 玻璃安装 3. 五金安装
010801002	木质门带套				
010801003	木质连窗门				
010801004	木质防火门				
010801005	木门框	1. 门代号及洞口尺寸 2. 框截面尺寸 3. 防护材料种类	樘 m	1. 以樘计量，按设计图示数量计算 2. 以米计量，按设计图示框的中心线以延长米计算	1. 木门框制作安装 2. 运输 3. 刷防护材料
010801008	门锁安装	1. 锁品种 2. 锁规格	个（套）	按设计图示数量计算	安装

表 14.49　金属门（编码：010802）

项目编码	项目名称	项目特征	计量单位	工程量计算规则	工程内容
010802001	金属（塑钢）门	1. 门代号及洞口尺寸 2. 门框或扇外围尺寸 3. 门框或扇材质 4. 玻璃品种、厚度	樘 m^2	1. 以樘计量，按设计图示数量计算 2. 以平方米计量，按设计图示洞口尺寸面积计算	1. 门安装 2. 五金安装 3. 玻璃安装
010802002	彩板门	1. 门代号及洞口尺寸 2. 门框或扇外围尺寸			
010802003	钢质防火门	1. 门代号及洞口尺寸 2. 门框或扇外围尺寸 3. 门框或扇材质			
010802004	防盗门				1. 门安装 2. 五金安装

表 14.50　金属卷（闸）门（编码：010803）

项目编码	项目名称	项目特征	计量单位	工程量计算规则	工程内容
010803001	金属卷帘（闸）门	1. 门代号及洞口尺寸 2. 门材质 3. 启动装置品种、规格 4. 刷防护材料种类 5. 油漆品种、刷漆遍数	樘 m^2	1. 以樘计量，按设计图示数量计算 2. 以平方米计量，按设计图示洞口尺寸面积计算	1. 门运输、安装 2. 启动装置、活动小门、五金安装
010803002	防火卷帘（闸）门				

表 14.51　厂库房大门、特种门（编码：010804）

项目编码	项目名称	项目特征	计量单位	工程量计算规则	工程内容
010804001	木板大门	1. 门代号及洞口尺寸 2. 门框或扇外围尺寸 3. 门框或扇材质 4. 五金种类规格 5. 防护材料种类	樘 m^2	1. 以樘计量，按设计图示数量计算 2. 以平方米计量，按设计图示洞口尺寸面积计算	1. 门（骨架）制作、运输 2. 门、五金配件安装 3. 刷防护材料
010804002	钢木大门				
010804003	全钢板大门				
010804004	防护铁丝门			1. 以樘计量，按设计图示数量计算 2. 以平方米计量，按设计图示门框或扇以面积计算	
010804005	金属格栅门	1. 门代号及洞口尺寸 2. 门框或扇外围尺寸 3. 门框或扇材质 4. 启动装置品种、规格		1. 以樘计量，按设计图示数量计算 2. 以平方米计量，按设计图示洞口尺寸面积计算	1. 门运输、安装 2. 启动装置、五金安装
010804006	钢质花饰大门	1. 门代号及洞口尺寸 2. 门框或扇外围尺寸 3. 门框或扇材质		1. 以樘计量，按设计图示数量计算 2. 以平方米计量，按设计图示门框或扇以面积计算	1. 门安装 2. 五金配件安装
010804007	特种门			1. 以樘计量，按设计图示数量计算 2. 以平方米计量，按设计图示洞口尺寸面积计算	

表 14.52　其他门（编码：010805）

项目编码	项目名称	项目特征	计量单位	工程量计算规则	工程内容
010805001	电子感应门	1. 门代号及洞口尺寸 2. 门框或扇外围尺寸 3. 门框或扇材质 4. 玻璃品种、厚度 5. 启动装置品种、规格 6. 电子配件品种、规格	樘 m^2	1. 以樘计量，按设计图示数量计算。 2. 以平方米计量，按设计图示洞口尺寸面积计算	1. 门安装 2. 启动装置、五金点子配件安装
010805002	旋转门				
010805003	电子对讲门				
010805004	电动伸缩门				
010805005	全玻自由门	1. 门代号及洞口尺寸 2. 门框或扇外围尺寸 3. 框材质 4. 玻璃品种、厚度			1. 门安装 2. 五金安装
010805006	镜面不锈钢饰面门	1. 门代号及洞口尺寸 2. 门框或扇外围尺寸 3. 框、扇材质 4. 玻璃品种、厚度			
010805007	复合材料门				

表 14.53　木窗（编码：010806）

项目编码	项目名称	项目特征	计量单位	工程量计算规则	工程内容
010806001	木质窗	1. 窗代号及洞口尺寸 2. 玻璃品种、厚度	樘 m^2	1. 以樘计量，按设计图示数量计算。 2. 以平方米计量，按设计图示洞口尺寸面积计算	1. 窗安装 2. 五金、玻璃安装
010806002	木飘（凸）窗			1. 以樘计量，按设计图示数量计算。 2. 以平方米计量，按设计图示框外围展开面积计算	
010806003	木橱窗	1. 窗代号 2. 框截面及外围展开面积 3. 玻璃品种、厚度 4. 防护材料种类			1. 窗制作、运输、安装 2. 五金、玻璃安装
010806004	木百纱窗	1. 窗代号及框外围尺寸 2. 纱窗材料品种、规格		1. 以樘计量，按设计图示数量计算。 2. 以平方米计量，按框外围尺寸以面积计算	1. 窗安装 2. 五金安装

表 14.54　金属窗（编码：010807）

项目编码	项目名称	项目特征	计量单位	工程量计算规则	工程内容
010807001	金属（塑钢、断桥）窗	1. 窗代号及洞口尺寸 2. 框、扇材质 3. 玻璃品种、厚度	樘 m^2 个/套	1. 以樘计量，按设计图示数量计算。 2. 以平方米计量，按设计图示洞口尺寸面积计算	1. 窗安装 2. 五金、玻璃安装
010807002	金属防火窗				
010807003	金属百叶窗				1. 窗安装 2. 五金安装
010807004	金属纱窗	1. 窗代号及洞口尺寸 2. 框、扇材质 3. 窗纱材料品种、厚度		1. 以樘计量，按设计图示数量计算。 2. 以平方米计量，按框外围尺寸以面积计算	
010807005	金属格栅窗	1. 窗代号及洞口尺寸 2. 框外围尺寸 3. 框、扇材质		1. 以樘计量，按设计图示数量计算。 2. 以平方米计量，按设计图示洞口尺寸面积计算	
010807006	金属（塑钢、断桥）橱窗	1. 窗代号 2. 框外围展开面积 3. 框、扇材质 4. 玻璃品种、厚度 5. 防护材料种类		1. 以樘计量，按设计图示数量计算。 2. 以平方米计量，按框外围尺寸以面积计算	1. 窗制作、运输、安装 2. 五金、玻璃安装 3. 刷防护材料
010807007	金属（塑钢、断桥）飘（凸）窗	1. 窗代号 2. 框外围展开面积 3. 框、扇材质 4. 玻璃品种、厚度			1. 窗安装 2. 五金、玻璃安装
010807008	彩板窗	1. 窗代号及洞口尺寸 2. 框外围尺寸 3. 框、扇材质 4. 玻璃品种、厚度			
010807009	复合材料窗			1. 以樘计量，按设计图示数量计算。 2. 以平方米计量，设计图示洞口尺寸或框外围以面积计算	

表 14.55　门窗套（编码：010808）

<table>
<tr><th>项目编码</th><th>项目名称</th><th>项目特征</th><th>计量单位</th><th>工程量计算规则</th><th>工程内容</th></tr>
<tr><td>010808001</td><td>木门窗套</td><td>1. 窗代号及洞口尺寸
2. 门窗套展开宽度
3. 基层材料种类
4. 面层材料品种、规格
5. 线条品种、规格
6. 防护材料种类</td><td rowspan="5">樘
m^2
m</td><td rowspan="5">1. 以樘计量，按设计图示数量计算。
2. 以平方米计量，按设计图示尺寸以展开面积计算。
3. 以米计量，按设计图示中心以延长米计算</td><td rowspan="3">1. 清理基层
2. 立筋制作、安装
3. 基层板安装
4. 面层铺贴
5. 线条安装
6. 刷防护材料</td></tr>
<tr><td>010808002</td><td>木筒子板</td><td rowspan="2">1. 筒子板宽度
2. 基层材料种类
3. 面层材料品种、规格
4. 线条品种、规格
5. 防护材料种类</td></tr>
<tr><td>010808003</td><td>饰面夹板筒子板</td></tr>
<tr><td>010808004</td><td>金属门窗套</td><td>1. 窗代号及洞口尺寸
2. 门窗套展开宽度
3. 基层材料种类
4. 面层材料品种、规格
5. 防护材料种类</td><td>1. 清理基层
2. 立筋制作、安装
3. 基层板安装
4. 面层铺贴
5. 刷防护材料</td></tr>
<tr><td>010808005</td><td>石材门窗套</td><td>1. 窗代号及洞口尺寸
2. 门窗套展开宽度
3. 黏结层厚度、砂浆配合比
4. 面层材料品种、规格
5. 线条品种、规格</td><td>1. 清理基层
2. 立筋制作、安装
3. 基层抹灰
4. 面层铺贴
5. 线条安装</td></tr>
<tr><td>010808006</td><td>门窗木贴脸</td><td>1. 窗代号及洞口尺寸
2. 贴脸板宽度
3. 防护材料种类</td><td>樘
m</td><td>1. 以樘计量，按设计图示数量计算。
2. 以米计量，按设计图示中心以延长米计算</td><td>安装</td></tr>
<tr><td>010808007</td><td>成品木门窗套</td><td>1. 窗代号及洞口尺寸
2. 门窗套展开宽度
3. 门窗套材料品种、规格</td><td>樘
m^2
m</td><td>1. 以樘计量，按设计图示数量计算。
2. 以平方米计量，按设计图示尺寸以展开面积计算。
3. 以米计量，按设计图示中心以延长米计算</td><td>1. 清理基层
2. 立筋制作、安装
3. 板安装</td></tr>
</table>

表 14.56　窗台板（编码：010809）

<table>
<tr><th>项目编码</th><th>项目名称</th><th>项目特征</th><th>计量单位</th><th>工程量计算规则</th><th>工程内容</th></tr>
<tr><td>010809001</td><td>木窗台板</td><td rowspan="3">1. 基层材料种类
2. 窗台板材质、规格、颜色
3. 防护材料种类</td><td rowspan="4">m^2</td><td rowspan="4">按设计图示尺寸以展开面积计算</td><td rowspan="3">1. 基层清理
2. 基层板制作、安装
3. 窗台板制作、安装
4. 刷防护材料</td></tr>
<tr><td>010809002</td><td>铝塑窗台板</td></tr>
<tr><td>010809003</td><td>金属窗台板</td></tr>
<tr><td>010809004</td><td>石材窗台板</td><td>1. 黏结层厚度、砂浆配合比
2. 窗台板材质、规格、颜色</td><td>1. 基层清理
2. 抹找平层
3. 窗台板制作、安装</td></tr>
</table>

表 14.57　窗帘盒、窗帘轨（编码：010810）

项目编码	项目名称	项目特征	计量单位	工程量计算规则	工程内容
010810001	窗帘	1. 窗帘材质 2. 窗帘高度 3. 窗帘层数 4. 带幔要求	m m^2	1. 以米计量，按设计图示尺寸以成活后计算。 2. 以平方米计量，按设计图示尺寸以成活后面积计算	1. 制作、运输 2. 安装
010810002	木窗帘盒	1. 窗帘盒材质、规格 2. 防护材料种类	m	按设计图示尺寸以长度计算	1. 制作、运输、安装 2. 刷防护材料
010810003	饰面夹板、塑料窗帘盒				
010810004	铝合金窗帘盒				
010810005	窗帘轨	1. 窗帘盒材质、规格 2. 轨的数量 3. 防护材料种类			

14.12　油漆涂料工程（表 14.58～表 14.65）

表 14.58　门油漆（编码：011401）

项目编码	项目名称	项目特征	计量单位	工程量计算规则	工程内容
011401001	木门油漆	1. 门类型 2. 门代号及洞口尺寸 3. 腻子种类 4. 刮腻子要求 5. 防护材料种类 6. 油漆品种、刷漆遍数	樘 m^2	1. 以樘计量，按设计图示数量计算。 2. 以平方米计量，按设计图示洞口尺寸以面积计算	1. 基层清理 2. 刮腻子 3. 刷防护材料、油漆
011401002	金属门油漆				1. 除锈、基层清理 2. 刮腻子 3. 刷防护材料、油漆

表 14.59　窗油漆（编码：011402）

项目编码	项目名称	项目特征	计量单位	工程量计算规则	工程内容
011402001	木窗油漆	1. 窗类型 2. 窗代号及洞口尺寸 3. 腻子种类 4. 刮腻子要求 5. 防护材料种类 6. 油漆品种、刷漆遍数	樘 m^2	1. 以樘计量，按设计图示数量计算。 2. 以平方米计量，按设计图示洞口尺寸以面积计算	1. 基层清理 2. 刮腻子 3. 刷防护材料、油漆
011402002	金属窗油漆				1. 除锈、基层清理 2. 刮腻子 3. 刷防护材料、油漆

表 14.60　木扶手及其他板条、线条油漆（编码：011403）

项目编码	项目名称	项目特征	计量单位	工程量计算规则	工程内容
011403001	木扶手油漆	1. 断面尺寸 2. 腻子种类 3. 刮腻子要求 4. 防护材料种类 5. 油漆品种、刷漆遍数	m	按设计图示尺寸以长度计算	1. 基层清理 2. 刮腻子 3. 刷防护材料、油漆
011403002	窗帘盒油漆				
011403003	封檐板、顺水板油漆				
011403004	挂衣板、黑板框油漆				
011403005	挂镜线、窗帘棍、单独木线油漆				

表 14.61　木材面油漆（编码：011404）

项目编码	项目名称	项目特征	计量单位	工程量计算规则	工程内容
011404001	木护墙、木墙裙油漆	1. 腻子种类 2. 刮腻子要求 3. 防护材料种类 4. 油漆品种、刷漆遍数	m^2	按设计图示尺寸以面积计算	1. 基层清理 2. 刮腻子 3. 刷防护材料、油漆
011404002	窗台板、筒子板、盖板、门窗套、踢脚线油漆				
011404003	清水板条天棚、檐口油漆				
011404004	木方格吊顶天棚油漆				
011404005	吸音板墙面、天棚面油漆				
011404006	暖气罩油漆				
011404007	其他木材面				
011404008	木间壁、木隔断油漆			按设计图示尺寸以单面外围面积计算	
011404009	玻璃间壁露明墙筋油漆				
011404010	木栅栏、木栏杆（带扶手）油漆				
011404011	衣柜、壁柜油漆			按设计图示尺寸以油漆部分展开面积计算	
011404012	梁柱饰面油漆				
011404013	零星木装修油漆				
011404014	木地板油漆			按设计图示尺寸以面积计算。空洞、空圈、暖气包槽、壁龛的开口部分并入相应的工程量内	
011404015	木地板烫硬蜡面	1. 硬蜡品种 2. 面层处理要求			1. 基层清理 2. 烫蜡

表 14.62　金属面油漆（编码：011405）

项目编码	项目名称	项目特征	计量单位	工程量计算规则	工程内容
011405001	金属面油漆	1. 构件名城 2. 腻子种类 3. 刮腻子要求 4. 防护材料种类 5. 油漆品种、刷漆遍数	t m^2	1. 以吨计量，按设计图示尺寸以质量计算。 2. 以平方米计量，按设计图示洞口尺寸以面积计算	1. 基层清理 2. 刮腻子 3. 刷防护材料、油漆

表 14.63　抹灰面油漆（编码：011406）

项目编码	项目名称	项目特征	计量单位	工程量计算规则	工程内容
011406001	抹灰面油漆	1. 基层类型 2. 腻子种类 3. 刮腻子要求 4. 防护材料种类 5. 油漆品种、刷漆遍数 6. 部位	m^2	按设计图示尺寸以面积计算	1. 基层清理 2. 刮腻子 3. 刷防护材料、油漆
011406002	抹灰线条油漆	1. 线条宽度、道数 2. 腻子种类 3. 刮腻子要求 4. 防护材料种类 5. 油漆品种、刷漆遍数	m	按设计图示尺寸以长度计算	
011406003	满刮腻子	1. 基层类型 2. 腻子种类 3. 刮腻子要求	m^2	按设计图示尺寸以面积计算	1. 基层清理 2. 刮腻子

表 14.64　喷刷、涂料（编码：011407）

项目编码	项目名称	项目特征	计量单位	工程量计算规则	工程内容
011407001	墙面喷刷涂料	1. 基层类型 2. 喷刷涂料部位 3. 腻子种类 4. 刮腻子要求 5. 涂料品种、刷喷遍数	m^2	按设计图示尺寸以面积计算	1. 基层清理 2. 刮腻子 3. 刷、喷涂料
011407002	天棚喷刷涂料				
011407003	空花格、栏杆刷涂料	1. 腻子种类 2. 刮腻子要求 3. 涂料品种、刷喷遍数		按设计图示尺寸以单面外围面积计算	
011407004	线条刷涂料	1. 基层清理 2. 线条宽度 3. 刮腻子要求 4. 刷防护材料、油漆	m	按设计图示尺寸以长度计算	
011407005	金属构件刷防火涂料	1. 喷刷防火涂料构件名称 2. 防火等级要求 3. 涂料品种、刷喷遍数	m^2 t	1. 以平方米计量，按设计图示洞口尺寸以面积计算。 2. 以吨计量，按设计图示尺寸以质量计算	1. 基层清理 2. 刷防护材料、油漆
011407006	木材构件喷刷防火涂料		m^2	按设计图示尺寸以面积计算	1. 基层清理 2. 刷防火涂料

表 14.65　裱糊（编码：011408）

<table>
<tr><th>项目编码</th><th>项目名称</th><th>项目特征</th><th>计量单位</th><th>工程量计算规则</th><th>工程内容</th></tr>
<tr><td>011408001</td><td>墙纸裱糊</td><td rowspan="2">1. 基层类型
2. 裱糊部位
3. 腻子种类
4. 刮腻子要求
5. 黏结材料种类
6. 防护材料种类
7. 面层材料品种、规格、品牌、颜色</td><td rowspan="2">m^2</td><td rowspan="2">按设计图示尺寸以面积计算</td><td rowspan="2">1. 基层清理
2. 刮腻子
3. 面层铺粘
4. 刷防护材料</td></tr>
<tr><td>011408002</td><td>织锦缎裱糊</td></tr>
</table>

14.13　单价措施项目（表 14.66～表 14.70）

表 14.66　脚手架工程（编码：011701）

<table>
<tr><th>项目编码</th><th>项目名称</th><th>项目特征</th><th>计量单位</th><th>工程量计算规则</th><th>工程内容</th></tr>
<tr><td>011701001</td><td>综合脚手架</td><td>1. 建筑结构形式
2. 檐口高度</td><td rowspan="4">m^2</td><td rowspan="8">1. 综合脚手架按建筑面积计算。
2. 外脚手架、里脚手架按所服务对象的垂直投影面积计算。
3. 悬空脚手架按搭设的水平投影面积计算。
4. 挑脚手架按搭设长度乘以搭设层数以延长米计算。
5. 满堂脚手架按搭设的水平投影面积计算。
6. 整体提升架、外装饰吊篮按所服务对象的垂直投影面积计算</td><td>1. 场内外材料搬运
2. 搭拆脚手架、斜道、上料平台
3. 安全网的铺设
4. 选择附墙点与主体连接
5. 测试电动装置、安全锁等
6. 拆除脚手架后材料的堆放</td></tr>
<tr><td>011701002</td><td>外脚手架</td><td rowspan="2">1. 搭设方式
2. 搭设高度
3. 脚手架材质</td><td rowspan="5">1. 场内外材料搬运
2. 搭拆脚手架、斜道、上料平台
3. 安全网的铺设
4. 拆除脚手架后材料的堆放</td></tr>
<tr><td>011701003</td><td>里脚手架</td></tr>
<tr><td>011701004</td><td>悬空脚手架</td><td rowspan="2">1. 搭设方式
2. 悬挑宽度
3. 脚手架材质</td></tr>
<tr><td>011701005</td><td>挑脚手架</td><td>m</td></tr>
<tr><td>011701006</td><td>满堂脚手架</td><td>1. 搭设方式
2. 搭设高度
3. 脚手架材质</td><td rowspan="3">m^2</td></tr>
<tr><td>011701007</td><td>整体提升架</td><td>1. 搭设方式及启动装置
2. 搭设高度</td><td>1. 场内外材料搬运
2. 选择附墙点与主体连接
3. 搭拆脚手架、斜道、上料平台
4. 安全网的铺设
5. 测试电动装置、安全锁等
6. 拆除脚手架后材料的堆放</td></tr>
<tr><td>011701008</td><td>外装饰吊篮</td><td>1. 升降方式及启动装置
2. 搭设高度及吊篮型号</td><td>1. 场内外材料搬运
2. 吊篮安装
3. 测试电动装置、安全锁等
4. 吊篮拆除</td></tr>
</table>

注：① 使用综合脚手架时，不再使用外脚手架、里脚手架等单项脚手架。
② 同一建筑物有不同檐高时，建筑物竖向切面分别按不同檐高编列清单项目。

表 14.67　混凝土模板及支架（撑）（编码：011702）

<table>
<tr><th>项目编码</th><th>项目名称</th><th>项目特征</th><th>计量单位</th><th>工程量计算规则</th><th>工作内容</th></tr>
<tr><td>011702001</td><td>基础</td><td>基础类型</td><td rowspan="10">m^2</td><td rowspan="27">按模板与现浇混凝土构件的接触面积计算。
1. 现浇混凝土墙、板单孔面积 $\le 0.3\ m^2$ 的孔洞不予扣除，洞侧壁模板亦不增加；单孔面积 $>0.3\ m^2$ 时应予扣除，洞侧壁模板面积并入墙、板工程量内计算。
2. 现浇框架分别按梁、板、柱有关规定计算；附墙柱、暗梁、暗柱并入墙工程量内计算。
3. 柱、梁、墙、板相互连接的重叠部分，均不计算模板面积。
4. 构造柱按图示外露部分计算模板面积。
5. 雨篷、悬挑板、阳台板按图示外挑部分尺寸的水平投影面积计算，挑出墙外的悬臂梁及板边不另计算。
6. 按楼梯（包括休息平台、平台梁、斜梁和楼层板的水平投影面积计算，不扣除宽度 ≤ 500 mm 的楼梯井所占面积，楼梯踏步、踏步板、平台梁等侧面模板不另计算，伸入墙内部分亦不增加。
7. 台阶按图示台阶水平投影面积计算。台阶端头两侧不另计算模板面积。架空式混凝土台阶按楼梯计算</td><td rowspan="10">1. 模板制作
2. 模板安装、拆除、整理堆放及场外运输
3. 清理模板黏结物及模内杂物、刷隔离剂等</td></tr>
<tr><td>011702002</td><td>矩形柱</td><td rowspan="2"></td></tr>
<tr><td>011702003</td><td>构造柱</td></tr>
<tr><td>011702004</td><td>异形柱</td><td>柱截面形状</td></tr>
<tr><td>011702005</td><td>基础梁</td><td>梁截面形状</td></tr>
<tr><td>011702006</td><td>矩形梁</td><td>支撑高度</td></tr>
<tr><td>011702007</td><td>异形梁</td><td>1. 梁截面形状
2. 支撑高度</td></tr>
<tr><td>011702008</td><td>圈梁</td><td rowspan="2"></td></tr>
<tr><td>011702009</td><td>过梁</td></tr>
<tr><td>011702010</td><td>弧形、拱形梁</td><td>1. 梁截面形状
2. 支撑高度</td></tr>
<tr><td>011702011</td><td>直形墙</td><td rowspan="3"></td><td rowspan="17">m^2</td><td rowspan="17">1. 模板制作
2. 模板安装、拆除、整理堆放及场外运输
3. 清理模板黏结物及模内杂物、刷隔离剂等</td></tr>
<tr><td>011702012</td><td>弧形墙</td></tr>
<tr><td>011702013</td><td>短肢剪力墙、电梯井壁</td></tr>
<tr><td>011702014</td><td>有梁板</td><td rowspan="7">支撑高度</td></tr>
<tr><td>011702015</td><td>无梁板</td></tr>
<tr><td>011702016</td><td>平板</td></tr>
<tr><td>011702017</td><td>拱板</td></tr>
<tr><td>011702018</td><td>薄壳板</td></tr>
<tr><td>011702019</td><td>空心板</td></tr>
<tr><td>011702020</td><td>其他板</td></tr>
<tr><td>011702021</td><td>栏板</td><td></td></tr>
<tr><td>011702022</td><td>天沟、檐沟</td><td>构件类型</td></tr>
<tr><td>011702023</td><td>雨篷、悬挑板、阳台板</td><td>1. 构件类型
2. 板厚度</td></tr>
<tr><td>011702024</td><td>楼梯</td><td>类型</td></tr>
<tr><td>011702025</td><td>其他现浇构件</td><td>构件类型</td></tr>
<tr><td>011702026</td><td>电缆沟、地沟</td><td>1. 沟类型
2. 沟截面</td></tr>
<tr><td>011702027</td><td>台阶</td><td>台阶踏步宽</td></tr>
<tr><td>011702028</td><td>扶手</td><td>扶手断面尺寸</td><td rowspan="5">m^2</td><td rowspan="5">按模板与现浇混凝土构件的接触面积计算</td><td rowspan="5"></td></tr>
<tr><td>011702029</td><td>散水</td><td></td></tr>
<tr><td>011702030</td><td>后浇带</td><td>后浇带部位</td></tr>
<tr><td>011702031</td><td>化粪池</td><td>1. 化粪池部位
2. 化粪池规格</td></tr>
<tr><td>011702032</td><td>检查井</td><td></td></tr>
</table>

注：① 原槽浇筑的混凝土基础，不计算模板。

② 混凝土模板及支撑（架）项目，只适用于平方米计算，按模板与混凝土构件的接触面积计算。以立方米计量的模板及支撑（支架），按混凝土及钢筋混凝土实体项目执行，其综合单价中应包含模板及支撑（支架）。

③ 采用清水模板时，应在特征中注明。

④ 若现浇混凝土梁、板支撑高度超过 3.6 m 时，项目特征应描述支撑高度。

表 14.68　垂直运输（编码：011703）

项目编码	项目名称	项目特征	计量单位	工程量计算规则	工作内容
011703001	垂直运输	1. 建筑物建筑类型及结构形式 2. 地下室建筑面积 3. 建筑物檐口高度、层数	1. m^2 2. 天	1. 按建筑面积以 m^2 计算。 2. 按施工工期日历天数计算	1. 垂直运输机械的固定装置、基础制作、安装 2. 行走式垂直运输机械轨道的铺设、拆除、摊销

注：① 建筑物檐口高度是指设计室外地坪至檐口滴水的高度（平屋顶系指屋面板底高度），突出主体建筑物屋顶的电梯机房、楼梯出入口、水箱间、瞭望塔、排烟机房等不计入檐口高度。
② 垂直运输指施工工程在合理工期内所需垂直运输机械。
③ 同一建筑物有不同檐高时，按建筑物的不同檐高做纵向分割，分别计算建筑面积，以不同檐高分别编码列项。

表 14.69　超高施工增加（编码：011704）

项目编码	项目名称	项目特征	计量单位	工程量计算规则	工作内容
011704001	超高施工增加	1. 建筑物建筑类型及结构形式 2. 建筑物檐口高度、层数 3. 单层建筑物檐口高度超过 20 m，多层建筑物超过 6 层部分的建筑面积	m^2	按建筑物超高部分的建筑面积以 m^2 计算	1. 建筑物超高引起的人工工效降低以及由于人工工效降低引起的机械效降 2. 高层施工用水加压水泵的安装、拆除及工程台班 3. 通信联络设备的使用及摊销

注：① 单层建筑物檐口高度超过 20 m，多层建筑物超过 6 层时，可按超高部分的建筑面积计算超高施工增加。计算层数时，地下室不计入层数。
② 同一建筑物有不同檐高时，可按不同高度的建筑面积分别计算建筑面积，以不同檐高分别编码列项。

表 14.70　大型机械设备进出场及安拆（编码：011705）

项目编码	项目名称	项目特征	计量单位	工程量计算规则	工作内容
011705001	大型机械设备进出场及安拆	1. 机械设备名称 2. 机械设备规格、型号	台次	按使用机械设备的数量计算	1. 安拆费包括施工机械、设备在现场安装拆卸所需人工、材料、机械和试运转费用以及机械辅助设施的折旧、搭设、拆除等费用 2. 进出场费包括施工机械、设备整体或分体自停放地点运至施工现场或由一施工地点运至另一施工地点所发生的运输、装卸、辅助材料等费用

第15章 常用计价定额项目节录

15.1 土方工程（表 15.1～表 15.5）

表 15.1 《基础定额》平整场地定额消耗量

定额编号			1-48
项目名称			平整场地/100 m^2
人工	综合工日	工日	3.15
机械	电动打夯机	台班	—

表 15.2 《基础定额》土方分部相关定额消耗量节录

定额编号		1-8	1-46	1-53	1-54	1-72	1-73
项目名称		人工 挖沟槽	回填土	双轮车运土方		人工装车自卸汽车 运土方	
		三类土	夯填	运距		运距	
		深 2 m 以内		50 m 以内	每增加 50 m	1 km 内	每增 1 km
计量单位		100 m^3				1 000 m^3	
名称	单位	消耗量					
综合人工	工日	53.730	29.400	16.440	2.640	165.590	0
材料：水	m^3					12.000	
夯实机（电动）	台班	0.180	7.980				
履带式推土机	台班					2.575	
自卸汽车（综合）	台班					14.771	3.518
洒水车（3 000 L）	台班					0.600	

注：表中人工挖沟槽定额按三类土编制，如实际为一、二类土时人工定额乘系数 0.6，为四类土时人工定额乘系数 1.45。

表 15.3 某地人、材、机单价取值

名称	单位	单价	名称	单位	单价
综合人工	元/工日	70.00	履带式推土机（75 kW）	元/台班	849.82
水	元/m^3	5.60	自卸汽车（综合）	元/台班	484.37
夯实机（电动）	元/台班	28.81	洒水车（3 000 L）	元/台班	442.95

表 15.4 《基础定额》土方分部相关单位估价表节录

定额编号		1-8	1-46	1-53	1-54	1-72	1-73
项目名称		人工挖沟槽	回填土	双轮车运土方		人工装车自卸汽车运土方	
		三类土	夯填	运距		运距	
		深 2 m 以内		50 m 以内	每增 50 m	1 km 内	每增 1 km
		100 m^3				1 000 m^3	
基价/元		3 766.29	2 287.90	1 150.80	184.80	21 267.19	
其中	人工费/元	3 761.10	2 058.00	1 150.80	184.80	11 591.30	
	材料费/元					67.20	
	机械费/元	5.19	229.90			9 608.69	1 704.01

表 15.5 某省新编人工挖槽坑的单位估价表

工作内容：挖土、装土、把土抛于坑槽边自然堆放　　　　计量单位：100 m^3

定额编号				01010004	01010005	01010006
项目名称				人工挖沟槽、基坑		
				（三类土）深度（m 以内）		
				2	4	6
基　价/元				3 076.40	3 373.63	3 698.46
人工费/元				3 076.40	3 373.63	3 698.46
材料费/元				—	—	—
机械费/元				—	—	—
名称		单位	单价/元	数　量		
人工	综合人工	工日	63.88	48.159	52.812	57.897

注：表中人工挖槽坑定额按三类土编制，如实际为一、二类土时人工定额乘系数 0.6，为四类土时人工定额乘系数 1.45。

15.2 桩基工程（表 15.6～表 15.13）

表 15.6 《基础定额》桩基工程相关定额消耗量节录

计量单位：10 m^3

<table>
<tr><td colspan="3">定额编号</td><td>2-1</td><td>5-434</td><td>6-15</td></tr>
<tr><td colspan="3" rowspan="3">项目名称</td><td>柴油桩机打桩</td><td rowspan="3">预制混凝土方桩</td><td>2 类构件</td></tr>
<tr><td>10 m 以内</td><td>运距（km 以内）</td></tr>
<tr><td>一级土</td><td>5</td></tr>
<tr><td>人工</td><td>综合人工</td><td>工日</td><td>11.41</td><td>13.30</td><td>3.16</td></tr>
<tr><td rowspan="10">材料</td><td>麻袋</td><td>条</td><td>2.50</td><td>—</td><td>—</td></tr>
<tr><td>草袋子</td><td>条</td><td>4.50</td><td>—</td><td>—</td></tr>
<tr><td>二等板枋材</td><td>m^3</td><td>0.02</td><td>0.01</td><td>—</td></tr>
<tr><td>金属周转材料摊销</td><td>kg</td><td>2.19</td><td>—</td><td>—</td></tr>
<tr><td>预制混凝土 C20、碎石 40、P.S42.5</td><td>m^3</td><td>—</td><td>10.15</td><td>—</td></tr>
<tr><td>草席</td><td>m^2</td><td>—</td><td>2.76</td><td>—</td></tr>
<tr><td>水</td><td>m^3</td><td>—</td><td>10.18</td><td>—</td></tr>
<tr><td>木材（综合）</td><td>m^3</td><td>—</td><td>—</td><td>0.01</td></tr>
<tr><td>镀锌铁丝 8#</td><td>kg</td><td>—</td><td>—</td><td>3.14</td></tr>
<tr><td>加固钢丝绳</td><td>kg</td><td>—</td><td>—</td><td>0.32</td></tr>
<tr><td rowspan="9">机械</td><td>轨道式柴油打桩机（锤重 2.5 t）</td><td>台班</td><td>0.88</td><td>—</td><td>—</td></tr>
<tr><td>履带式起重机（5 t）</td><td>台班</td><td>0.88</td><td>—</td><td>—</td></tr>
<tr><td>塔式起重机（60 kN/m 以内）</td><td>台班</td><td>—</td><td>0.25</td><td>—</td></tr>
<tr><td>混凝土搅拌机（400 L）</td><td>台班</td><td>—</td><td>0.25</td><td>—</td></tr>
<tr><td>混凝土振捣器（插入式）</td><td>台班</td><td>—</td><td>0.50</td><td>—</td></tr>
<tr><td>皮带运输机（30 m×0.5 m）</td><td>台班</td><td>—</td><td>0.25</td><td>—</td></tr>
<tr><td>机动翻斗车（1 t）</td><td>台班</td><td>—</td><td>0.63</td><td>—</td></tr>
<tr><td>汽车式起重机（5 t）</td><td>台班</td><td>—</td><td>—</td><td>0.79</td></tr>
<tr><td>载货汽车（8 t）</td><td>台班</td><td>—</td><td>—</td><td>1.19</td></tr>
</table>

表 15.7　某地人、材、机单价取值

项目名称	单位	单价	项目名称	单位	单价
麻袋	元/条	4.80	轨道式柴油打桩机（2.5 t）	元/台班	887.20
草袋子	元/条	3.76	履带式起重机（5 t）	元/台班	149.50
二等板枋材	元/m^3	1 200.00	塔式起重机（60 kN/m 以内）	元/台班	442.30
金属周转材料摊销	元/kg	2.41	混凝土搅拌机（400 L）	元/台班	125.70
预制混凝土 C20、碎石 40、P.S42.5	元/m^3	248.8	混凝土振捣器（插入式）	元/台班	7.89
草席	元/m^2	2.10	皮带运输机（30 m×0.5 m）	元/台班	180.60
水	元/m^3	4.00	机动翻斗车（1 t）	元/台班	92.10
木材（综合）	元/m^3	960.00	汽车式起重机（5 t）	元/台班	360.50
镀锌铁丝 8#	元/kg	6.28	载货汽车（8 t）	元/台班	379.40
加固钢丝绳	元/kg	9.18	综合人工	元/工日	70.00

表 15.8 《基础定额》桩基工程相关项目重新计算的单位估价表

计量单位：10 m^3

定额编号		2-1	5-434	6-15
项目名称		柴油桩机打桩	预制混凝土方桩	2 类构件
		10 m 以内		运距（km 以内）
		一级土		5
基价/元		1 769.20	3 763.96	989.74
其中	人工费/元	931.00	221.20	158.00
	材料费/元	58.20	2 583.84	32.26
	机械费/元	912.30	249.12	736.28

表 15.9　某省新编预制方桩的单位估价表（一）

计量单位：100 m

定额编号	01030001	01030002	01030003
项目名称	打钢筋混凝土方桩		
	300 mm×300 mm 以内		
	$L\leqslant 12$ m	$L\leqslant 28$ m	$L\leqslant 45$ m
基价/元	1 841.39	1 427.89	2 016.87
人工费/元	499.48	363.73	336.39
材料费/元	17.10	17.10	17.10
机械费/元	1 324.81	1 047.06	1 663.38

续表

名称		单位	单价/元	数量		
材料	钢筋混凝土方桩	m	—	(101.5)	(101.5)	(101.5)
	桩帽	kg	4.41	0.660	0.660	0.660
	垫木	m^3	1 250.00	0.008	0.008	0.008
	白棕绳	kg	18.00	0.045	0.045	0.045
	草纸	kg	2.50	1.350	1.350	1.350
机械	履带式起重机 15 t	台班	625.07	0.833	0.616	0.580
	轨道式柴油打桩机 2.5 t	台班	965.34	0.833	—	—
	履带式柴油打桩机 冲击质量 5 t	台班	1 074.71	—	0.616	—
	履带式柴油打桩机 冲击质量 7 t	台班	2 242.83	—	—	0.480

表 15.10 某省新编预制方桩的单位估价表（二）

工作内容：捆桩、吊桩、就位、打桩、校正、移动状架，安置或更换衬垫，添加润滑油、燃料，测量、记录等。

计量单位：100 m

定额编号				01030004	01030005	01030006
项目名称				打钢筋混凝土方桩		
				400 mm×400 mm 以内		
				$L \leq 12$ m	$L \leq 28$ m	$L \leq 45$ m
基价/元				1 961.95	1 534.33	2 270.26
人工费/元				554.54	433.36	384.62
材料费/元				30.11	30.11	30.11
机械费/元				1 377.30	1 070.86	1 855.53
名称		单位	单价/元	数量		
材料	钢筋混凝土方桩	m	—	(101.5)	(101.5)	(101.5)
	桩帽	kg	4.41	1.173	1.173	1.173
	垫木	m^3	1 250.00	0.014	0.014	0.014
	白棕绳	kg	18.00	0.080	0.080	0.080
	草纸	kg	2.50	2.400	2.400	2.400
机械	履带式起重机 15 t	台班	625.07	0.866	0.630	0.647
	轨道式柴油打桩机 2.5 t	台班	965.34	0.866	—	—
	履带式柴油打桩机 冲击质量 5 t	台班	1 074.71	—	0.630	—
	履带式柴油打桩机 冲击质量 7 t	台班	2 242.83	—	—	0.647

表 15.11　某省新编预制方桩的单位估价表（三）

计量单位：见表

定额编号				01030028	01030029	01030030
项目名称				硫黄胶泥接桩	焊接桩	法兰接桩
				10 个	个	
基价/元				686.63	110.94	82.64
人工费/元				221.28	6.77	5.62
材料费/元					18.95	25.95
机械费/元				465.35	85.22	51.07
名称		单位	单价/元	数量		
材料	硫黄胶泥	kg	—	（195.870）	—	—
	螺栓（综合）	kg	—	—	—	（3.744）
	型钢（综合）	t	—	—	（0.026）	—
	建筑石油沥青	kg	5.20	—	—	4.043
	低合金实心焊丝 ϕ12 mm	kg	5.12	—	2.831	0.736
	二氧化碳	kg	2.10	—	2.123	0.522
机械	履带式柴油打桩机 冲击质量 5 t	台班	1 074.71	0.433	0.031	—
	轨道式柴油打桩机 4 t	台班	1 450.24	—	0.031	—
	二氧化碳气体保护焊机 YM-350KR	台班	112.07	—	0.062	0.025
	轨道式柴油打桩机 2.5 t	台班	965.34	—	—	0.050

表 15.12　某省新编预制方桩的单位估价表（四）

计量单位：100 m

定额编号				01030031	01030032	01030033
项目名称				送方桩		
				300×300	400×400	500×500
基价/元				1 860.80	2 400.53	4 514.25
人工费/元				400.08	477.38	706.26
材料费/元				9.24	16.00	25.23
机械费/元				1 451.48	1 907.15	3 782.76
名称		单位	单价/元	数量		
材料	送桩帽	kg	—	（6.952）	（12.358）	（19.310）
	垫木	m^3	1 250.00	0.003	0.005	0.008
	白棕绳	kg	18.00	0.045	0.080	0.125
	钢丝绳（综合）	kg	8.80	0.020	0.035	0.055
	草纸	kg	2.50	1.800	3.200	5.000
机械	履带式起重机 15 t	台班	625.07	1.044	1.122	1.319
	履带式柴油打桩机 冲击质量 2.5 t	台班	765.24	1.044	—	—
	履带式柴油打桩机 冲击质量 5 t	台班	1 074.71	—	1.122	—
	履带式柴油打桩机 冲击质量 7 t	台班	2 242.83	—	—	1.319

表 15.13 《基础定额》桩基工程相关项目单位估价表

计量单位：10 m³

定额编号				2-146
项目名称				桩径在 1 800 mm 以内
				挖孔深度（m 以内）
				15
基价/元				8 034.35
其中	人工费/元			4 874.80
	材料费/元			2 862.52
	机械费/元			297.03
名称		单位	单价	数量
人工	综合人工	工日	70.00	69.640
材料	C20 现浇混凝土，碎石 20，细砂，P.S42.5	m³	254.70	2.610
	C20 现浇混凝土，碎石 40，细砂，P.S42.5	m³	246.90	7.620
	钢模板摊销	kg	2.57	7.670
	安全设施及照明费	元	1.00	50.000
	垂直运输费	元	1.00	70.000
	水	m³	4.00	8.870
	其他材料费	元	1.00	141.180
机械	滚筒式混凝土搅拌机（电动）400 L	台班	125.70	0.611
	混凝土振捣器（插入式）	台班	7.89	0.611
	吹风机 能力 4 m³/min	台班	66.69	3.230

15.3 砌体工程（表 15.14～表 15.15）

表 15.14 《基础定额》砌体工程相关项目单位估价表

定额编号		3-1	3-54	8-17	9-127
项目名称		砖基础	石基础	混凝土基础垫层	防水砂浆
			平毛石		平面
		10 m³	10 m³	10 m³	100 m²
基价/元		3 070.83	2 170.49	3 642.81	1 367.62
其中	基价/元	852.60	770.70	1 346.10	645.40
	基价/元	2 184.40	1 365.96	2 244.03	692.72
	基价/元	33.83	33.83	52.68	29.50

续表

名称		单位	单价	数量			
人工	综合人工	工日	70.00	12.180	11.010	19.230	9.220
材料	水泥砂浆（M5.0）	m^3	202.17	2.490	3.300	—	—
	普通黏土砖	千块	320.00	5.240	—	—	—
	水	m^3	4.00	1.050	0.790	5.000	3.800
	毛石	m^3	62.00	—	11.220	—	—
	C10 现浇混凝土	m^3	201.23	—	—	10.100	—
	木模板	m^3	1 200.00	—	—	0.150	—
	其他材料费	元	1.00	—	—	11.610	—
	水泥砂浆（1：2）	m^3	311.09	—	—	—	2.040
	防水粉	kg	0.78	—	—	—	55.000
机械	灰浆搅拌机 200 L	台班	86.75	0.390	0.390	—	0.340
	混凝土搅拌机（400 L）	台班	125.70	—	—	0.380	—
	混凝土振捣器（平板式）	台班	6.83	—	—	0.720	—

表 15.15　某省新编混水砖墙相关项目单位估价表

计量单位：10 m^3

定额编号				01040007	01040008	01040009
项目名称				混水砖墙		
				1/2 砖	3/4 砖	1 砖
基价/元				1 208.22	1 178.72	952.82
其中	人工费/元			1 171.56	1 139.62	912.21
	材料费/元			6.33	6.16	5.94
	机械费/元			30.33	32.94	34.67
名称		单位	单价/元	数量		
材料	标准砖 240 mm×115 mm×53 mm	千块	—	（5.541）	（5.410）	（5.300）
	砌筑混合砂浆 M5.0	m^3	—	—	（2.276）	（2.396）
	砌筑水泥砂浆 M5.0	m^3	—	（2.096）	—	—
	水	m^3	5.60	1.130	1.100	1.060
机械	灰浆搅拌机 200 L	台班	86.90	0.349	0.379	0.399

15.4 混凝土工程（表 15.16～表 15.17）

表 15.16 某省新编混凝土工程相关项目单位估价表（一）

计量单位：10 m^3

定额编号				01050001	01050009
项目名称				基础垫层	杯形基础
基价/元				992.15	891.74
其中	人工费/元			782.53	671.38
	材料费/元			29.54	48.64
	机械费/元			180.08	171.72
材料	名称	单位	单价/元	数量	
	C10 现浇混凝土	m^3	—	（10.150）	—
	草席	m^2	1.40	1.100	1.300
	水	m^3	5.60	5.000	8.360
	C20 现浇混凝土	m^3	—	—	（10.150）
机械	强制式混凝土搅拌机（500 L）	台班	192.49	0.859	0.372
	混凝土振捣器（平板式）	台班	6.83	0.790	—
	混凝土振捣器（插入式）	台班	15.47	—	0.770
	机动翻斗车（装载质量 1 t）	台班	150.17	—	0.645

表 15.17 某省新编混凝土工程相关项目单位估价表（二）

计量单位：10 m^3

定额编号				01050088	01050096	01050097	01050111
项目名称				构造柱	圈梁	过梁	平板
基价/元				812.39	1 033.12	1 253.72	477.74
其中	人工费/元			784.45	932.65	1 150.48	359.64
	材料费/元			8.60	81.13	83.90	98.76
	机械费/元			19.34	19.34	19.34	19.34
名称		单位	单价/元	数量			
材料	（商）混凝土 C20	m^3	—	（10.150）	（10.150）	（10.150）	（10.150）
	草席	m^2	1.40	1.260	13.990	14.130	24.42
	水	m^3	5.60	1.220	10.990	11.450	11.53
机械	混凝土振捣器（插入式）	台班	15.47	1.250	1.250	1.250	1.250

15.5　钢筋工程（表 15.18）

表 15.18 《基础定额》钢筋工程单位估价表

计量单位：t

定额编号				2-183	4-202	4-203	4-204
项目名称				灌注桩	现浇构件		
				钢筋笼	圆钢		带肋钢
				制作	ϕ10 以内	ϕ10 以外	
基价/元				6 913.71	6 570.82	5 895.86	6 020.20
其中	人工费/元			835.80	1 323.00	501.90	513.10
	材料费/元			5 424.82	5 203.34	5 286.12	5 386.59
	机械费/元			653.09	44.48	107.84	120.51
名　称		单位	单价/元	消 耗 量			
人工	综合人工	工日	70.00	11.940	18.900	7.170	7.330
材料	钢筋ϕ10 以内	t	5 000.00	0.162	1.020	—	—
	钢筋ϕ10 以外	t	5 100.00	0.888	—	1.020	—
	带肋钢筋ϕ10 以外	t	5 200.00	—	—	—	1.020
	铁丝 22#	kg	8.30	—	12.450	2.290	2.520
	电焊条	kg	7.10	9.120	—	9.120	8.640
	水	m^3	3.00	—	—	0.120	0.110
	其他材料费	元	1.00	21.290	—	—	—
机械	电动卷扬机 单筒慢速牵引力 50 kN	台班	105.50	—	0.347	0.146	0.163
	钢筋切断机ϕ40 以内	台班	38.61	—	0.117	0.090	0.097
	钢筋弯曲机ϕ40 以内	台班	24.45	—	0.137	0.206	0.207
	直流电焊机 32 kW	台班	167.54	—	—	0.422	0.472
	对焊机（容量 75 kV·A）	台班	183.66	1.260	—	0.072	0.084
	交流弧焊机（容量 42 kV·A）	台班	180.65	2.240	—	—	—
	其他机械费	元	1.00	17.020	—	—	—

15.6 屋面防水工程（表 15.19～表 15.20）

表 15.19 某省新编屋面防水工程单位估价表相关项目节录（一）

计量单位：100 m^2

定额编号				01080041	01080042	01080043	01080044
项目名称				石油沥青玛蹄脂卷材屋面			
				一毡二油	二毡三油	二毡三油一砂	增减一毡一油
基价/元				1 526.68	2 438.73	2 562.54	838.57
其中	人工费/元			266.38	515.51	550.65	159.7
	材料费/元			1 260.3	1 923.22	2 011.89	678.87
	机械费/元			—	—	—	—
名称		单位	单价/元	数量			
材料	石油沥青玛瑞脂	m^3	—	（0.460）	（0.610）	（0.690）	（0.150）
	圆钢 HPB300 ϕ10 以内	t	—	（0.005）	（0.005）	（0.005）	—
	石油沥青油毡	m^2	5.60	124.170	237.940	237.940	113.770
	冷底子油 3∶7	kg	8.77	49.000	49.000	49.000	—
	圆钉（综合）	kg	5.41	0.280	0.280	0.280	—
	木材	kg	0.65	205.700	245.400	301.180	—
	绿豆砂	m^3	100.80	—	—	0.520	—

表 15.20 某省新编屋面防水工程单位估价表相关项目节录（二）

计量单位：100 m^2

定额编号				01090018	01090019	01090020
项目名称				水泥砂浆找平层		
				填充材料上	硬基层上	每增减 5 mm
				厚 20 mm		
基价/元				495.49	569.88	103.21
其中	人工费/元			455.46	501.46	95.82
	材料费/元			3.36	39.13	—
	机械费/元			36.67	29.29	7.39
名称		单位	单价/元	数量		
材料	水泥砂浆	m^3	—	（2.530）	（2.020）	（0.510）
	素水泥浆	m^3	357.66	—	0.100	—
	水	m^3	5.60	0.600	0.600	—
机械	灰浆搅拌机 200 L	台班	86.90	0.422	0.337	0.085

15.7 保温工程（表 15.21～表 15.26）

表 15.21 某省保温工程单位估价表相关项目节录

计量单位：10 m³

定额编号		01100158（换）	01100155
项目名称		干铺炉渣	铺加气混凝土块
基价/元		511.39	3 426.77
其中	人工费/元	258.89	446.24
	材料费/元	252.50	2 980.53
	机械费/元	—	—

注：此表为 03 定额内容。

表 15.22 屋面保温单位估价表（一）

计量单位：100 m²

定额编号				03132341	03132342	03132343	03132344
项目名称				聚苯板		硬泡聚氨酯保温（mm）	
				干铺	粘贴	50	每增减 5
基价/元				192.92	780.71	3 999.56	46.62
人工费/元				192.92	779.97	435.28	26.64
材料费/元					0.74	3 364.48	
机械费/元						199.8	19.98
名称		单位	单价/元	数量			
材料	聚苯乙烯泡沫板 厚 100	m²	—	（105.000）	（105.000）		
	聚合物砂浆黏结剂	m²	—		（350.000）		
	聚氨酯泡沫塑料	kg	—			（135.000）	（135.000）
	水	m³	5.60		0.132		
	聚氨酯底漆	kg	28.00			58.910	
	聚氨酯黏合剂	kg	29.01			68.000	
机械	电动空气压缩机 0.6 m³/min	台班	101.94			1.960	0.196

表 15.23　屋面保温单位估价表（二）

计量单位：10 m^3

定额编号				03132345	03132346	03132347	03132348
项目名称				泡沫混凝土块	现浇泡沫混凝土	沥青玻璃棉毡	沥青矿渣棉毡
基价/元				314.29	962.85	297.68	297.68
人工费/元				314.29	704.60	297.68	297.68
材料费/元							
机械费/元					258.25		
名称		单位	单价/元	数量			
材料	泡沫混凝土块 $r=450$ kg/m^2	m^3	—	（10.700）			
	现浇泡沫混凝土	m^3	—		（10.150）		
	沥青玻璃棉毡	m^3	—			（10.63）	
	沥青矿渣棉毡	m^3	—				（10.400）
机械	灰浆搅拌机 200 L	台班	86.90		1.692	1.960	0.196
	混凝土振捣器　平板式	台班	18.65		0.770		
	机动翻斗车　装载质量 1 t	台班	150.17		0.645		

表 15.24　屋面保温单位估价表（三）

计量单位：10 m^3

定额编号				03132349	03132350	03132351	03132352	03132353
项目名称				现浇		水泥蛭石块	加气混凝土	
				水泥蛭石	水泥珍珠岩		现浇拌制	商品混凝土
基价/元				748.36	748.36	358.37	1 008.20	405.00
人工费/元				459.30	459.30	358.37	749.95	405.00
材料费/元				39.20	39.20			
机械费/元				249.86	249.86		258.25	
名称		单位	单价/元	数量				
材料	水泥蛭石 1：10	m^3	—	（10.400）				
	水泥珍珠岩浆 1：10	m^3	—		（10.400）			
	水泥蛭石块	m^3	—			（10.400）		
	加气混凝土 700 kg/m^3	m^3	—				（10.150）	
	加气混凝土（商品）	m^3	—					（10.150）
	水	m^3	5.60	7.000	7.000			
机械	灰浆搅拌机 200 L	台班	86.90	1.733	1.733		1.692	
	混凝土振捣器　平板式	台班	18.65				0.770	
	机动翻斗车 装载质量 1 t	台班	150.17	0.661	0.661		0.645	

表 15.25　屋面保温单位估价表（四）

计量单位：10 m^3

定额编号				03132354	03132355	03132356	03132357
项目名称					干铺		铺细砂
				沥青珍珠岩块	蛭石	珍珠岩	100 m^2
基价/元				358.37	231.25	231.25	161.77
人工费/元				358.37	231.25	231.25	120.73
材料费/元							41.04
机械费/元							
名称		单位	单价/元	数量			
材料	沥青珍珠岩块 r = 365 kg/m^3	m^3	—	(10.400)			
	蛭石	m^3	—		(12.480)		
	珍珠岩	m^3	—			(12.480)	
	砂子	m^3	62.00				0.630
	水泥砂浆 1∶2	m^3	322.48				0.080

表 15.26　屋面保温单位估价表（五）

计量单位：10 m^3

定额编号				03132358	03132355	03132356
项目名称				水泥石灰炉渣	炉渣混凝土	陶粒混凝土
基价/元				910.93	719.47	677.99
人工费/元				668.18	528.93	482.93
材料费/元						
机械费/元				242.75	190.54	195.06
名称		单位	单价/元	数量		
材料	水泥石灰炉渣 1∶1∶8	m^3	—	(10.100)		
	炉渣混凝土	m^3	—		(10.100)	
	矿渣硅酸盐水泥 P.S42.5	t	—			(1.827)
	陶粒	m^3	—			(10.350)
机械	灰浆搅拌机 200 L	台班	86.90	1.684		
	滚筒式混凝土搅拌机 400 L	台班	151.10		0.623	0.637
	机动翻斗车 装载质量 1 t	台班	150.17	0.642	0.642	0.658

15.8 楼地面装饰工程（表 15.27～表 15.28）

表 15.27 某地新编楼地面装饰相关项目单位估价表（一）

计量单位：10 m^3

定额编号				01090012	01090013
项目名称				混凝土地坪垫层	
				现浇混凝土	商品混凝土
基价/元				910.47	480.31
其中	人工费/元			782.53	437.58
	材料费/元			28.00	28.00
	机械费/元			99.94	14.73
名称		单位	单价/元	数量	
材料	混凝土	m^3	—	（10.100）	（10.100）
	水	m^3	5.60	5.000	5.000
机械	混凝土搅拌机 400 L	台班	84.36	1.010	—
	混凝土振捣器 平板式	台班	18.65	0.790	0.790

表 15.28 某地新编楼地面装饰相关项目单位估价表（二）

计量单位：100 m^2

定额编号				01090069	01090070	01090071	01090072
项目名称				花岗岩楼地面			
				周长 3 200 mm 以内		周长 3 200 mm 以外	
				单色	多色	单色	多色
基价/元				2 745.33	2 836.68	2 852.57	2 944.56
其中	人工费/元			2 566.06	2 657.41	2 673.38	2 765.37
	材料费/元			80.32	80.32	80.32	80.32
	机械费/元			98.95	98.95	98.87	98.87
名称		单位	单价/元	数量			
材料	花岗岩板（厚 20 mm）	m^3	—	（102.000）	（102.000）	（102.000）	（102.000）
	水泥砂浆	m^3	—	（2.020）	（2.020）	（2.020）	（2.020）
	素水泥浆	m^3	357.66	0.100	0.100	0.100	0.100
	白水泥	kg	0.50	10.300	10.300	10.300	10.300
	水	m^3	5.60	2.600	2.600	2.600	2.600
	石材切割锯片	片	23.00	0.420	0.420	0.420	0.420
	棉纱头	kg	10.60	1.000	1.000	1.000	1.000
	锯木屑	m^3	7.64	0.600	0.600	0.600	0.600
机械	灰浆搅拌机 200 L	台班	86.90	0.337	0.337	0.336	0.336
	石材切割机	台班	34.66	2.010	2.010	2.010	2.010

15.9 墙面装饰工程（表 15.29）

表 15.29 某地新编墙面装饰相关项目单位估价表

计量单位：100 m^2

定额编号				01100118	01100120
项目名称				瓷板 152 mm×152 mm 墙面	
				水泥砂浆粘贴	干粉型黏结剂粘贴
基价/元				3 561.22	3 982.43
其中	人工费/元			3 414.39	3 849.41
	材料费/元			82.50	81.72
	机械费/元			64.33	51.30
名称		单位	单价/元	数量	
材料	内墙瓷板 152×152	m^2	—	（103.50）	（103.50）
	水泥砂浆 1∶2.5	m^3	—	（0.820）	—
	干粉型黏结剂	kg	—	—	（421.000）
	白水泥	kg	0.50	15.500	15.500
	石材切割锯片	片	23.00	0.960	0.960
	棉纱头	kg	10.60	1.000	1.000
	水	m^3	5.60	0.810	0.670
	素水泥浆	m^3	357.66	0.100	0.100
	107 胶	kg	0.80	2.210	2.210
机械	灰浆搅拌机 200 L	台班	86.90	1.010	—
	石材切割机	台班	34.66	0.790	1.480

15.10 天棚装饰工程（表 15.30～表 15.32）

表 15.30 某省新编天棚面装饰单位估价表相关项目节录（一）

计量单位：100 m^2

定额编号		01110033	01110034	01110035	01110036
项目名称		装配式 U 型轻钢天棚龙骨（不上人型）			
		龙骨间距 400×500		龙骨间距 600×400	
		平面	跌级	平面	跌级
基价/元		2 032.42	2 538.83	1 929.97	2 527.85
其中	人工费/元	1 552.28	1 619.74	1 417.31	1 552.28
	材料费/元	466.15	905.1	498.67	961.58
	机械费/元	13.99	13.99	13.99	13.99

续表

名称		单位	单价/元	数量			
材料	轻钢天棚龙骨	m^2	—	(101.500)	(101.500)	(101.500)	(101.500)
	角钢	t	4 650.00	0.040	0.040	0.040	0.040
	电焊条	kg	7.50	1.280	1.280	1.280	1.280
	垫圈	个	0.32	155.000	392.000	176.000	207.000
	射钉	个	0.35	153.000	155.000	153.000	155.000
	螺母	个	0.17	309.000	783.000	352.000	413.000
	高强螺栓	kg	17.80	1.060	0.990	1.200	1.220
	吊筋	kg	4.00	24.000	33.000	28.000	86.000
	方钢管 25×25×2.5	m	18.50	—	6.100	—	6.120
	钢板(综合)	kg	4.68	—	0.470	—	0.470
	扁钢(综合)	kg	4.63	—	1.540	—	1.540
	锯材	m^3	1 200.00	—	0.100	—	0.070
	铁件	kg	4.3	—	1.140	—	0.700
机械	交流弧焊机 32 kV·A	台班	139.87	0.100	0.100	0.100	0.100

表 15.31　某省新编天棚面装饰单位估价表相关项目节录(二)

计量单位：100 m^2

定额编号				01110098	01110099
项目名称				安装在型钢龙骨上	
				木工板	纸面石膏板
基价/元				1 061.14	1 216.56
其中	人工费/元			847.30	1 002.72
	材料费/元			213.84	213.84
	机械费/元			—	—
名称		单位	单价/元	数量	
材料	大芯板　厚 18 mm	m^2	—	(105.00)	—
	纸面石膏板　厚 9 mm	m^2	—	—	(105.00)
	沉头机螺栓　M5×40	套	0.10	2138.400	2138.400

表 15.32　某省新编天棚面装饰单位估价表相关项目节录（三）

计量单位：100 m²

定额编号				01110217	01120267	01120269
项目名称				贴绷带、刮腻子	双飞粉二遍	每增减一遍双飞粉
				石膏板缝	天棚抹灰面	
基价/元				563.52	792.00	354.62
其中	人工费/元			518.32	787.00	352.62
	材料费/元			45.20	5.00	2.00
	机械费/元			—	—	—
名称		单位	单价/元	数量		
材料	绷带	m	—	（157.500）	—	—
	117 胶	m²	—	—	（88.00）	（31.240）
	双飞粉	m²	—	—	（220.00）	（78.320）
	嵌缝膏	kg	1.20	37.670	—	—
	其他材料费	元	1.00	—	5.000	2.000

15.11　门窗工程（表 15.33～表 15.36）

表 15.33　某省新编门窗工程单位估价表相关项目节录（一）

计量单位：见表

定额编号				01070001	01070002	01070003	01070004
项目名称				实木门框	实木镶板门扇	实木镶板半玻门扇	实木全玻门
					凹凸型	网格型	
				100 m	100 m²		
基价/元				705.30	5 954.20	5 490.16	6 081.20
其中	人工费/元			638.80	5 749.20	5 238.16	5 749.20
	材料费/元			66.50	205.00	252.00	332.00
	机械费/元			—	—	—	—
名称		单位	单价/元	数量			
材料	烘干锯材	m³	—	（0.660）	（3.600）	（3.100）	（3.400）
	磨砂玻璃（厚 5 mm）	m²	—	—	—	（30.000）	（57.000）
	线条	m	—	—	—	（403.000）	（809.000）
	白乳胶	kg	6.00	—	7.000	7.000	7.000
	铁钉圆钉（综合规格）	kg	5.30	5.000	—	—	—
	其他材料费	元	1.00	40.000	163.000	210.000	290.000

表 15.34　某省新编门窗工程单位估价表相关项目节录（二）

计量单位：100 m^2

定额编号				01070055	01070056	01070057	01070058
项目名称				铝合金门制安		铝合金窗制安	
				平开门	推拉门	平开窗	推拉窗
基价/元				10 051.78	9 112.34	9 545.24	8 024.73
其中	人工费/元			5 998.33	6 154.20	4 763.60	4 566.59
	材料费/元			3 555.81	2 470.78	4 261.60	2 959.42
	机械费/元			497.64	487.36	520.04	498.72
名称		单位	单价/元	数量			
材料	铝合金型材	kg	—	（784.500）	（652.965）	（476.595）	（526.451）
	平钢化玻璃（厚 5 mm）	m^2	—	（88.632）	（87.466）	—	—
	浮法玻璃（厚 5 mm）	m^2	—	—	—	（92.190）	（93.150）
	平开锁	把	—	（52.910）	—	—	—
	不锈钢合页	个	—	（158.730）	—	—	—
	不锈钢滑撑（12 寸）	支	—	—	—	（104.167）	—
	七字执手	把	—	—	—	（52.083）	—
	滑轮	套	—	—	（88.888）	—	（148.148）
	月牙锁	把	—	—	（22.222）	—	（37.037）
	聚氨酯泡沫填缝剂 750 mL	支	18.00	6.591	3.647	12.100	6.661
	玻璃胶 500 mL	支	10.00	67.093	61.670	83.300	49.455
	密封毛条	m	0.18	—	620.520	—	410.900
	密封胶条	m	0.30	289.418	336.444	525.000	411.111
	螺钉	个	0.04	1 525.900	870.000	2 975.560	1 017.280
	门窗地脚	个	0.85	576.130	457.120	777.780	555.560
	膨胀螺栓	个	0.74	1 152.260	914.240	1 555.560	1 111.132
	合金钢钻头	个	8.50	7.200	5.720	9.720	6.840
	密封胶 300 mL	支	8.00	87.875	48.765	83.335	88.816
	三元乙丙胶条	m	1.00	488.900	—	343.750	—
	其他材料费	元	1.00	23.000	37.000	29.000	43.000
机械	电锤　功率 520 W	台班	4.23	14.400	11.460	19.440	13.890
	电动切割机	台班	107.97	1.600	1.620	1.610	1.630
	载重汽车 6 t	台班	425.77	0.620	0.620	0.620	0.620

表 15.35　某省新编门窗工程单位估价表相关项目节录（三）

计量单位：100 m^2

定额编号				01070071	01070072	01070073	01070074
项目名称				铝合金成品安装		铝合金成品安装	
				平开门	推拉门	平开窗	推拉窗
基价/元				4 408.69	3 994.37	3 947.98	3 862.30
其中	人工费/元			2 999.17	3 077.10	2 351.42	2 303.51
	材料费/元			1 360.24	866.09	1 483.92	1 506.17
	机械费/元			49.28	51.18	112.64	52.62
名称		单位	单价/元	数量			
材料	铝合金门、窗	m^2	—	（100.000）	（100.000）	（100.000）	（100.000）
	聚氨酯泡沫填缝剂 750 mL	支	18.00	4.700	3.800	8.633	5.500
	膨胀螺栓	个	0.74	932.000	457.000	768.250	995
	合金钢钻头	个	8.50	5.830	2.860	6.930	6.220
	密封胶 300 mL	支	8.00	62.800	50.900	83.335	73.75
	其他材料费	元	1.00	34.000	28.000	34.000	28.000
机械	电锤　功率 520 W	台班	4.23	11.650	12.100	26.630	12.440

表 15.36　某省新编门窗工程单位估价表相关项目节录（四）

计量单位：见表

定额编号				01070160	01070161	01070163	01070164
项目名称				五金安装			
				L 型执手锁	球型执手锁	门轧头	防盗门扣
				把		副	
基价/元				25.25	12.78	3.19	3.19
其中	人工费/元			25.25	12.78	3.19	3.19
	材料费/元			—	—	—	—
	机械费/元			—	—	—	—
名称		单位	单价/元	数量			
材料	门锁	把	—	（1.000）	（1.000）	—	—
	门轧头或防盗门扣	付	—	—	—	（1.000）	（1.000）

15.12 油漆工程（表 15.37～表 15.40）

表 15.37 某省新编油漆工程单位估价表相关项目节录（一）

计量单位：见表

定额编号				01120001	01120002	01120003	01120004
项目名称				底油、调合漆二遍，磁漆一遍			
				单层木门	单层木窗	其他木材面	木扶手（不带托板）
				100 m^2			100 m
基价/元				2 104.39	2 073.46	1 443.36	510.95
其中	人工费/元			1 916.40	1 916.40	1 347.87	498.26
	材料费/元			187.99	157.06	95.49	12.69
	机械费/元			—	—	—	—
名称		单位	单价/元	数量			
材料	无光调合漆	kg	—	（50.930）	（42.440）	（25.700）	（4.900）
	醇酸磁漆	kg	—	（21.430）	（17.900）	（10.800）	（2.100）
	醇酸稀释剂	kg	6.20	1.100	0.900	0.500	0.100
	油漆溶剂油	kg	5.86	11.300	9.400	5.700	0.110
	熟桐油	kg	13.70	4.300	3.600	2.200	0.410
	清油	kg	7.80	1.800	1.500	0.900	0.170
	其他材料费	元	1.00	42.004	35.379	21.832	4.484

表 15.38 某省新编油漆工程单位估价表相关项目节录（二）

计量单位：100 m^2

定额编号				01120173	01120174	01120175
项目名称				红丹防锈漆	调合漆	
				单层钢门窗		
				一遍	二遍	每增加一遍
基价/元				272.69	638.01	331.33
其中	人工费/元			247.22	616.44	320.68
	材料费/元			25.47	21.57	10.65
	机械费/元					
名称		单位	单价/元	数量		
材料	红丹防锈漆	kg	—	（16.52）	—	—
	调合漆	kg	—	—	（22.46）	（11.23）
	油漆溶剂油	kg	5.86	1.720	2.380	1.180
	砂布	张	0.57	27.000	—	—
	其他材料费	元	1.00	—	7.620	3.740

表 15.39　某省新编油漆工程单位估价表相关项目节录（三）

计量单位：见表

定额编号			01120001	01120002	01120003	01120004
项目名称			底油、调合漆二遍，磁漆一遍			
			单层木门	单层木窗	其他木材面	木扶手
			100 m^2			100 m
基价/元			3 126.81	2 926.21	1 959.03	610.01
其中	人工费/元		1 916.40	1 916.40	1 347.87	498.26
	材料费/元		1 210.41	1 009.81	611.16	111.754
	机械费/元					
名称	单位	单价/元	数量			
材料 无光调合漆	kg	12.40	50.930	42.440	25.700	4.900
醇酸磁漆	kg	18.24	21.430	17.900	10.800	2.100
醇酸稀释剂	kg	6.20	1.100	0.900	0.500	0.100
油漆溶剂油	kg	5.86	11.300	9.400	5.700	0.110
熟桐油	kg	13.70	4.300	3.600	2.200	0.410
清油	kg	7.80	1.800	1.500	0.900	0.170
其他材料费	元	1.00	42.004	35.379	21.832	4.484

表 15.40　某省新编油漆工程单位估价表相关项目节录（四）

计量单位：100 m^2

定额编号			01120173	01120174	01120175
项目名称			红丹防锈漆	调合漆	
			单层钢门窗		
			一遍	二遍	每增加一遍
基价/元			545.27	941.22	482.94
其中	人工费/元		247.22	616.44	320.68
	材料费/元		298.05	324.78	162.26
	机械费/元				
名称	单位	单价/元	数量		
材料 红丹防锈漆	kg	16.50	16.520		
调合漆	kg	13.50		22.460	11.230
油漆溶剂油	kg	5.86	1.720	2.380	1.180
砂布	张	0.57	27.000		
其他材料费	元	1.00		7.620	3.740

15.13 单价措施项目（表 15.41 ~ 表 15.50）

表 15.41 脚手架项目单位估价表（一）

计量单位：100 m²

定额编号		C01-2-3	C01-2-14	C01-2-15	C01-2-71
项目名称		砌筑综合架（高 40 m 以内）	浇灌综合架（基本层）	浇灌综合架（增加层）	电梯井脚手架（45 m 以内）（座）
基价/元		980.94	350.34	195.51	1 768.47
其中	人工费/元	272.75	277.94	170.53	494.60
	材料费/元	681.00	72.40	24.98	1 205.47
	机械费/元	27.19	—	—	68.40

表 15.42 脚手架项目单位估价表（二）

计量单位：100 m²

定额编号		C01-2-20	C01-2-21	C02-1-8	C02-1-9
项目名称		浇灌运输道（1 m 以内）	浇灌运输道（3 m 以内）	满堂脚手架（基本层）	满堂脚手架（增加层）
基价/元		636.48	1 208.02	458.00	106.00
其中	人工费/元	102.71	284.87	232.00	88.00
	材料费/元	533.77	923.15	216.00	16.00
	机械费/元	—	—	10.00	2.00

表 15.43 某地新编外脚手架定额节录

计量单位：100 m²

定额编号				01150135	01150136	01150137	01150138
项目名称				钢管外脚手架			
				5 m 以内		9 m 以内	
				单排	双排	单排	双排
基价/元				430.80	577.15	514.77	614.30
其中	人工费/元			196.75	269.57	325.79	364.75
	材料费/元			174.44	243.71	125.11	181.43
	机械费/元			59.61	63.87	63.87	68.12
名称		单位	单价/元	数量			
材料	焊接钢管 $\phi 48 \times 3.5$	t·天	—	（44.600）	（67.500）	（61.300）	（103.510）
	直角扣件	百套·天	—	（123.380）	（168.140）	（169.110）	（256.150）
	对接扣件	百套·天	—	（11.650）	（23.670）	（12.820）	（35.500）
	回转扣件	百套·天	—	（9.290）	（6.770）	（10.200）	（10.140）
	底座	百套·天	—	（18.920）	（20.480）	（11.550）	（17.050）
	镀锌铁丝 8#	kg	5.80	8.600	8.900	4.100	4.550
	以下计价材省略						
机械	载重汽车 装载 6 t	台班	425.77	0.140	0.150	0.150	0.160

注：表中带括号的周转材料消耗量为未计价材料的消耗量，已根据不同对象、不同情况按正常施工条件下、合理的一次性使用期取定。其材料费单价应按实际市场租赁价计入。

表 15.44 某地新编混凝土模板定额节录

计量单位：100 m²

定额编号				01150243	01150244	01150245	01150246
项目名称				带形基础			
				钢筋混凝土有梁式		钢筋混凝土无梁式	
				组合钢模板	复合模板	组合钢模板	复合模板
基价/元				3 358.82	3 942.89	3 549.88	3 975.79
其中	人工费/元			1 546.79	1 333.24	1 732.55	1 519.58
	材料费/元			1 569.95	2 367.57	1 479.53	2 118.41
	机械费/元			242.08	242.08	337.80	337.80
名称		单位	单价/元	数量			
材料	组合钢模板	m^2·天	—	(777.158)	—	(761.263)	—
	焊接钢管 $\phi 48\times 3.5$	t·天	—	(36.984)	(36.894)	(14.399)	(14.399)
	直角扣件	百套·天	—	(56.838)	(56.838)	(22.193)	(22.193)
	对接扣件	百套·天	—	(10.560)	(10.560)	(4.121)	(4.121)
	回转扣件	百套·天	—	(3.261)	(3.261)	(1.273)	(1.273)
	底座	百套·天	—	(1.724)	(1.724)	(0.673)	(0.673)
	水泥砂浆 1：2	m^3	322.48	0.012	0.012	0.012	0.012
	复合木模板	m^2	38.00	—	20.990	—	20.988
	模板板枋材	m^3	1 230.00	0.014	0.014	0.273	0.144
	支撑方木	m^3	1 380.00	0.423	0.423	0.239	0.239
	以下计价材省略						
机械	载重汽车 装载 6 t	台班	425.77	0.350	0.350	0.510	0.510
	汽车式起重机 8 t	台班	601.19	0.153	0.153	0.198	0.198
	木工圆锯机	台班	27.02	0.040	0.040	0.060	0.060

注：表中带括号的材料消耗量为未计价材料的消耗量，已含正常施工条件下合理的一次占用期，其材料费应按实际计入。

表 15.45 某地新编垂直运输项目单位估价表（一）

计量单位：100 m²

定额编号				01150458	01150459	01150460	01150461
项目名称				设计室外地坪以下（层数）			
				一层	二层以内	三层以内	四层以内
基价/元				3 735.71	2 903.46	2 612.83	2 225.95
其中	人工费/元			—	—	—	—
	材料费/元			—	—	—	—
	机械费/元			3 735.71	2 903.46	2 612.83	2 225.95
名称		单位	单价/元	数量			
机械	自升式塔式起重机 600 kN·m	台班	471.80	7.918	6.154	5.538	4.718

表 15.46　某地新编垂直运输项目单位估价表（二）

计量单位：100 m²

定额编号				01150462	01150463	01150464	01150465	01150466
项目名称				设计室外地坪以上，20 m（6 层）以内				
				砖混结构		现浇框架		其他结构
				卷扬机	塔式起重机	卷扬机	塔式起重机	
基价/元				1 657.57	1 877.58	2 209.55	2 503.45	2 214.59
其中	人工费/元			—	—	—	—	—
	材料费/元			—	—	—	—	—
	机械费/元			1 657.57	1 877.58	2 209.55	2 503.45	2 214.59
名称		单位	单价/元	数量				
机械	自升式塔式起重机（600 kN·m）	台班	471.80	—	1.638	—	2.184	1.932
	电动单筒快速卷扬机（综合）	台班	202.34	8.192	5.460	10.920	7.280	6.440

表 15.47　某地新编垂直运输项目单位估价表（三）

计量单位：100 m²

定额编号				01150473	01150474	01150475	01150476
项目名称				设计室外地坪以上，20 m（6 层）以上			
				檐口高度 [m（层数）] 以内			
				30（10）	40（13）	50（16）	60（19）
基价/元				3 858.69	4 163.98	4 441.66	4 714.35
其中	人工费/元			123.22	189.66	238.53	273.73
	材料费/元			—	—	—	—
	机械费/元			3 735.47	3 974.32	4 203.13	4 440.62
名称		单位	单价/元	数量			
机械	自升式塔式起重机（800 kN·m）	台班	527.59	2.891	2.969	3.082	3.211
	电动单筒快速卷扬机（综合）	台班	202.34	9.640	9.910	10.269	10.716
	单笼施工电梯（75 m）	台班	259.38	0.960	1.489	1.846	2.138
	无线电调频对讲机 CI5	台班	5.54	1.922	2.979	3.691	4.277

表 15.48　某地新编建筑物超高增加费的单位估价表（节录）

计量单位：100 m²

定额编号		01150527	01150528	01150529	01150530	01150531
项目名称		檐高（层数）以内				
		30 m（10）	40 m（13）	50 m（16）	60 m（19）	70 m（22）
基价/元		1 213.59	1 751.63	2 662.87	3 390.40	4 165.32
其中	人工费/元	1 033.83	1 461.70	1 932.37	2 502.95	3 131.84
	材料费/元	—	—	—	—	—
	机械费/元	179.76	289.93	730.50	887.45	1 033.48

表 15.49　某地新编装饰工程超高增加费的定额消耗量

计量单位：万元

定额编号		01150607	01150608	01150609	01150610	01150611
项目名称		建筑物檐口高度/m				
		20 ~ 40	40 ~ 60	60 ~ 80	80 ~ 100	100 ~ 120
名称	单位	数量				
人工效系数	%	6.765	9.496	12.742	16.073	19.456
机械降效系数	%	0.630	0.649	0.633	0.702	0.769

表 15.50　某地新编大机三项费单位估价表

定额编号		01150619	01150621	01150649	01150624	01150652
项目名称		塔式起重机			施工电梯	
		固定式基础	安装拆卸费用	场外运输费用	安装拆卸费用	场外运输费用
		带配重	100 kN · m 以内		75 m 以内	
计量单位		座	座	台次	座	台次
基价/元		5 579.83	23 419.81	51 543.79	7 721.91	8 158.45
其中	人工费/元	1 724.76	7 665.60	2 555.20	3 449.52	638.80
	材料费/元	3 700.48	326.80	405.99	61.92	400.29
	机械费/元	154.59	15 427.41	48 582.60	4 210.47	7 119.36

第 16 章　未计价材料参考价格

未计价材料参考价格参见表 16.1。

表 16.1　未计价材料参考价格

序号	未计材品名	规格/型号	计量单位	单价/元
一	钢材			
1	圆钢（Ⅰ）	HPB300ϕ6.5～ϕ8	t	3 840.00
2	圆钢（Ⅰ）	HPB300ϕ10～ϕ12	t	4 070.00
3	圆钢（Ⅰ）	HPB300ϕ14～ϕ16	t	4 100.00
4	圆钢（Ⅰ）	HPB300ϕ22	t	4 180.00
5	螺纹钢（Ⅱ）	HRB335 ϕ12～ϕ14	t	3 790.00
6	螺纹钢（Ⅱ）	HRB335 ϕ16～ϕ25	t	3 630.00
7	螺纹钢（Ⅱ）	HRB335 ϕ28	t	3 740.00
8	螺纹钢（Ⅱ）	HRB335 ϕ32	t	3 840.00
9	螺纹钢（Ⅲ）	HRB400 ϕ12～ϕ14	t	3 910.00
10	螺纹钢（Ⅲ）	HRB400 ϕ16～ϕ25	t	3 750.00
11	螺纹钢（Ⅲ）	HRB400 ϕ28	t	3 860.00
12	螺纹钢（Ⅲ）	HRB400 ϕ32	t	3 960.00
13	等边角钢	Q235 综合	t	4 100.00
14	不等边角钢	Q235 综合	t	4 200.00
15	槽钢	8#～10#　10#～12#	t	4 250.00
16	扁钢	Q235 综合	t	4 150.00
17	不锈钢管	ϕ25～ϕ30×3	kg	27.00
18	不锈钢方管	38×38×1.5	m	33.71
19	型钢	（综合）	t	4 200.00
20	钢板	（综合）	t	4 150.00
二	地材			
21	红砖	240 mm×115 mm×53 mm	块	0.45
22	黏土空心砖（8 孔）	190 mm×190 mm×115 mm	块	0.71
23	免烧砖	240 mm×115 mm×53 mm	块	0.35
24	混凝土实心砖	240 mm×115 mm×53 mm	块	0.39
25		190 mm×115 mm×53 mm	块	0.34
26	混凝土多孔砖	240 mm×115 mm×90 mm	块	0.73
27		240 mm×190 mm×90 mm	块	0.90

续表

序号	未计材品名	规格/型号	计量单位	单价/元
28	混凝土多孔砖	190 mm×190 mm×115 mm	块	0.88
29		240 mm×115 mm×115 mm	块	0.77
30		240 mm×190 mm×115 mm	块	0.92
31	粉煤灰砖	240 mm×115 mm×53 mm	块	0.30
32	普通混凝土小型空心砌块	190 mm×190 mm×190 mm	块	1.20
33	山砂	基建一级	m^3	110.00
34	人工砂	石灰石加工	m^3	70.00
35	碎石	10～50 mm（综合）	m^3	70.00
36	毛石		m^3	68.00
37	瓜子石	1～5 mm	m^3	80.00
38	丙种石		m^3	63.00
39	陶粒	重 300 kg/m^3	m^3	190.00
40	石灰膏		kg	0.22
41	白石子	综合粒径	kg	0.20
三	水泥			
42	矿渣硅酸盐水泥	P.S32.5 包装	t	330.00
43	矿渣硅酸盐水泥	P.S42.5 包装	t	360.00
44	普通硅酸盐水泥	P.O42.5 包装	t	360.00
45	普通硅酸盐水泥	P.O52.5 包装	t	480.00
46	硅酸盐水泥	P.I52.5 包装	t	650.00
47	白水泥	昆产	t	670.00
四	混凝土			
48	商品混凝土	C10	m^3	255.00
49	商品混凝土	C15	m^3	265.00
50	商品混凝土	C20	m^3	275.00
51	商品混凝土	C25	m^3	285.00
52	商品混凝土	C30	m^3	295.00
53	商品混凝土	C35	m^3	310.00
54	商品混凝土	C40	m^3	325.00
55	商品混凝土	C45	m^3	350.00
56	商品混凝土	C50	m^3	410.00
57	商品混凝土	C55	m^3	440.00
58	商品混凝土	C60	m^3	520.00

续表

序号	未计材品名	规格/型号	计量单位	单价/元
五	砂浆			
59	预拌砂浆	M2.5	m^3	290.00
60	预拌砂浆	M5	m^3	310.00
61	预拌砂浆	M7.5	m^3	330.00
62	预拌砂浆	M10	m^3	340.00
63	预拌砂浆	M15	m^3	360.00
64	预拌砂浆	M20	m^3	390.00
65	预拌砂浆	M25	m^3	410.00
66	预拌砂浆	M30	m^3	430.00
67	抹灰水泥砂浆	1：2.5	m^3	330.00
68	抹灰水泥砂浆	1：3	m^3	320.00
69	抹灰水泥砂浆	1：2	m^3	340.00
70	抹灰混合砂浆	1：0.3：3	m^3	210.00
71	抹灰混合砂浆	1：1：4	m^3	225.00
72	抹灰混合砂浆	1：1：6	m^3	215.00
73	水泥白石子浆	1：2	m^3	360.00
74	沥青砂浆 1：2：7		m^3	988.00
六	木材			
75	烘干锯材		m^3	2 000.00
76	门窗用材		m^3	1 500.00
77	胶合板	1 220 mm×2 440 mm×9 mm	张	71.00
78	胶合板	1 220 mm×2 440 mm×12 mm	张	76.00
79	细木工板	1 220 mm×2 440 mm×14 mm	张	135.00
80	细木工板	1 220 mm×2 440 mm×15 mm	张	140.00
81	细木工板	1 220 mm×2 440 mm×16 mm	张	145.00
82	细木工板	1 220 mm×2 440 mm×18 mm	张	150.00
七	玻璃			
83	浮法玻璃	4 mm	m^2	19.00
84	浮法玻璃	5 mm	m^2	23.00
85	浮法玻璃	6 mm	m^2	30.00
86	浮法玻璃	8 mm	m^2	37.50
87	浮法玻璃	10 mm	m^2	46.50

续表

序号	未计材品名	规格/型号	计量单位	单价/元
88	平钢化玻璃	4～5 mm	m^2	68.00
89	平钢化玻璃	6 mm	m^2	83.00
90	平钢化玻璃	8 mm	m^2	105.00
八	地板			
91	地板基材	1 245 mm×2 450 mm×8 mm	张	58.00
92	木龙骨	30 mm×40 mm×4 m×6 根	捆	27.00
93	木龙骨	30 mm×60 mm×4 m×4 根	捆	30.00
94	强化木地板	810 mm×130 mm×12 mm	m^2	98.00
95	强化木地板	1 212 mm×165 mm×12 mm	m^2	128.00
96	强化木地板	808 mm×146 mm×12 mm	m^2	108.00
97	强化木地板	1 216 mm×198 mm×12 mm	m^2	158.00
98	强化木地板	807 mm×127 mm×12 mm	m^2	158.00
99	防静电 PVC 地板	2 mm×600 mm×600 mm	m^2	180.00
100		2 mm×1.2 m×15 m	m^2	380.00
九	防水材料			
101	弹性体（SBS）改性沥青防水卷材（聚酯胎）	4 mm（铝箔面）	m^2	38.00
102		4 mm（砂粒面）	m^2	37.00
103		4 mm（塑膜面）	m^2	35.00
104		3 mm（铝箔面）	m^2	34.00
105		3 mm（砂粒面）	m^2	32.00
106		3 mm（塑膜面）	m^2	29.00
107	塑性体（APP）改性沥青防水卷材（聚酯胎）	4 mm（铝箔面）	m^2	39.00
108		4 mm（砂粒面）	m^2	38.00
109		4 mm（塑膜面）	m^2	35.00
110		3 mm（铝箔面）	m^2	33.00
111		3 mm（砂粒面）	m^2	32.00
112		3 mm（塑膜面）	m^2	29.00
113	SBS 橡胶改性沥青防水卷材（聚酯胎）	4 mm（铝箔面）	m^2	33.00
114		4 mm（砂粒面）	m^2	32.00
115		4 mm（塑膜面）	m^2	29.00
116		3 mm（铝箔面）	m^2	29.00
117		3 mm（砂粒面）	m^2	29.00
118		3 mm（塑膜面）	m^2	28.00

续表

序号	未计材品名	规格/型号	计量单位	单价/元
119	沥青复合胎柔性防水卷材	4 mm（铝箔面）	m^2	30.00
120		4 mm（砂粒面）	m^2	29.00
121		4 mm（塑膜面）	m^2	28.00
122		3 mm（铝箔面）	m^2	24.50
123		3 mm（砂粒面）	m^2	23.50
124		3 mm（塑膜面）	m^2	22.00
125	BAC 自粘改性聚氨酯防水卷材	2 mm	m^2	32.00
126		3 mm	m^2	39.00
127		4 mm	m^2	43.00
128	聚乙烯丙纶复合防水卷材	1 m×115 m　400 g/m^2	m^2	19.00
129		1 m×115 m　500 g/m^2	m^2	21.00
130	建筑油膏（沥青防水油膏）		kg	3.65
131	石油沥青玛𤧛脂	耐热度 45	m^3	2 200.00
132	石油沥青	70#	kg	4.60
133	滑石粉		kg	0.86
134	117 胶		kg	2.50
135	遇水膨胀止水带		m	25.00
136	橡胶止水带	300 mm×8 mm	m	36.00
十	排水			
137	塑料排水管		m	98.00
138	铸铁雨水口（带罩）	DN100	套	65.00
139	塑料雨水斗	100 带罩	个	25.00
140	塑料弯头	ϕ110	个	25.00
141	排水管伸缩接		个	12.00
142	排水管检查口		个	23.00
十一	涂料			
143	聚氨酯漆		kg	49.50
144	乳胶漆		kg	21.40
145	内墙乳胶漆（5 L）		kg	32.60
146	双飞粉		kg	0.50
147	通用腻子（替代双飞粉）	白色	kg	0.83
148	丙烯酸防水涂料		kg	10.50

续表

序号	未计材品名	规格/型号	计量单位	单价/元
149	复合防水涂料		kg	9.00
150	防火涂料		kg	21.40
151	玻纤布		卷	270.00
152	盖面涂料		kg	12.60
153	有机硅外墙防水抗渗涂料	（护墙宝）	kg	50.00
154	外墙无色防水涂料		kg	40.00
155	防水隔热乳浆		kg	9.20
156	无机防水堵漏材料	（堵漏宝）	kg	5.00
157	丙烯酸密封膏		kg	20.00
158	水泥基渗透结晶型防水材料	0.8～1.5 kg/m^2	kg	19.00
159	聚氨酯防水涂料（单组）	25 kg/桶	kg	17.00
160	聚氨酯防水涂料（双组）	30 kg/桶	kg	19.00
十二	门窗			
161	钢质防火门	乙级	m^2	697.68
162	铝合金推拉窗	1.4 mm 壁厚，5 mm 安全玻璃	m^2	240.00
163		1.6 mm 壁厚，5 mm 安全玻璃	m^2	275.00
164	铝合金平开窗	1.4 mm 壁厚，5 mm 安全玻璃	m^2	255.00
165		1.6 mm 壁厚，5 mm 安全玻璃	m^2	291.00
166	铝合金纱窗	含安装五金	m^2	100.00
167	塑钢平开门	含安装五金	m^2	285.00
168	塑钢平开窗	含安装五金，60 系列	m^2	250.00
169		含安装五金，90 系列	m^2	380.00
170	塑钢固定窗	含安装五金，60 系列	m^2	170.00
171	塑钢推拉窗	含安装五金，80 系列	m^2	190.00
172		80 系列，5 mm 白玻，含纱窗	m^2	235.00
173		80 系列，5 mm 白玻，不含纱	m^2	215.00
174		含安装五金，115 系列	m^2	400.00
175	塑钢露台门	含安装五金，120 系列	m^2	380.00
176	塑钢纱窗	含安装五金	m^2	80.00
177	钢塑平开窗	含安装五金，瓷白	m^2	325.00
178	钢塑推拉窗	含安装五金，瓷白	m^2	295.00
179	直立式防盗窗	白色铝合金	m^2	248.00

续表

序号	未计材品名	规格/型号	计量单位	单价/元
180		磨砂铝合金	m^2	268.00
181	蜂巢分户门	含安装五金，配普通锁	樘	1 290.00
182	蜂巢子母门	含安装五金，配普通锁	樘	1 700.00
183	普通实木门	2 100 mm×900 mm	套	2 000.00
184	套装门	2 100 mm×900 mm	套	900.00
185	大玻门	加框，安全玻璃	m^2	418.00
186	门吸	不锈钢	个	8.00
187	闭门器	40×145	套	80.00
188	L 型执手插锁		把	78.00
189	门轨头		副	6.50
190	门眼（猫眼）		只	12.00
191	电动彩板卷帘门		m^2	190.00
192	卷帘门专用电机		套	1 810.00
十三	装饰材料			
193	地砖	300 mm×300 mm	m^2	45.00
194	陶瓷地砖	800 mm×800 mm	m^2	210.00
195	瓷板	300 mm×450 mm（不透水）	m^2	31.00
196	陶瓷锦砖		m^2	28.50
197	文化石	200 mm×60 mm	m^2	20.00
198	芝麻白花岗岩	600 mm×600 mm×15 mm	m^2	65.00
199		600 mm×600 mm×20 mm	m^2	85.00
200	石林米黄大理石	800 mm×800 mm×18 mm	m^2	120.00
201	耐火纸面石膏板	3 000 mm×12 000 mm×9.5 mm	m^2	22.80
202	耐水纸面石膏板	3 000 mm×12 000 mm×9.5 mm	m^2	28.30
203	硬塑料板		m^2	37.00
204	有机玻璃板		m^2	460.00
205	金刚石三角形		块	7.80

续表

序号	未计材品名	规格/型号	计量单位	单价/元
十四	周转性材料			
206	安全垂直网	1.8 m×6 m	张	53.00
207	组合钢模板综合		m^2·天	0.15
208	模板板枋材		m^3	1 500.00
209	一等板枋材		m^3	1 500.00
210	焊接钢管	ϕ48×3.5	t·天	3.20
211	对接扣件		百套·天	0.80
212	回转扣件		百套·天	0.80
213	直角扣件		百套·天	0.80
214	底座		百套·天	0.50
215	U型卡		百套·天	0.15

参考文献

[1] 中华人民共和国建设部标准定额司. 全国统一房屋建筑与装饰工程基础定额（土建）[S]. 北京：中国计划出版社，1995.

[2] 中华人民共和国建设部标准定额司. 全国统一房屋建筑与装饰工程预算工程量计算规则（土建工程）[S]. 北京：中国计划出版社，1995.

[3] 中国建设工程造价管理协会. 建设工程造价管理基础知识[M]. 北京：中国计划出版社，2010.

[4] 中华人民共和国住房和城乡建设部，国家质量监督检验检疫总局. 建设工程工程量清单计价规范（GB 50500—2013）[S]. 北京：中国计划出版社，2013.

[5] 中华人民共和国住房和城乡建设部，国家质量监督检验检疫总局. 房屋建筑与装饰工程工程量计算规范（GB 50854—2013）[S]. 北京：中国计划出版社，2013.

[6] 中华人民共和国住房和城乡建设部. 建筑安装工程费用项目组成[S]. 2013.

[7] 张建平. 建筑工程计价[M]. 4 版. 重庆：重庆大学出版社，2014.

[8] 张建平. 建筑工程计价习题精解[M]. 重庆：重庆大学出版社，2014.

[9] 张建平. 建筑工程计量与计价[M]. 北京：机械工业出版社，2015.

[10] 张建平. 建筑工程计量与计价实务[M]. 重庆：重庆大学出版社，2016.

附录　房屋建筑与装饰工程预算课程设计指导书

1　设计目的

（1）培养学生树立正确的设计思想，理论联系实际的工作作风，实事求是的科学态度和勇于探索的创新精神。

（2）培养学生综合应用所学知识解决工程实际问题的能力。

（3）通过课程设计的综合训练，提高学生理论学习、查阅资料、运用规范、操作软件、综合分析的实际动手能力。

2　设计内容

2.1　设计题目

××工程的工程量清单、招标控制价文件编制。

2.2　编制范围

××工程建筑与结构施工图所包括全部内容。

2.3　计量和计价依据

（1）××工程建筑施工图和结构施工图。

（2）《××地区建筑标准设计通用图》。

（3）国家标准《建设工程工程量清单计价规范》。

（4）国家标准《房屋建筑与装饰工程工程量计算规范》。

（5）《××省建设工程造价计价规则》。

（6）《××省房屋建筑与装饰工程消耗量定额》。

（7）《××省装饰装修工程消耗量定额》。

（8）《××省机械仪器仪表台班费用定额》。

（9）人工单价：执行×建标〔××××〕××号文，按“××元/工日”计算。

（10）材料单价：参照《××省建设工程材料及设备价格信息》（××年×期）。

3　设计要求

3.1　掌握知识点的要求

（1）掌握“工程量清单”的组成内容、编制依据、编制步骤和编制方法。

（2）掌握“招标控制价”的费用组成、编制依据、编制步骤和编制方法。

（3）掌握“××计价软件”的应用方法（导出 Excel 表格或 PDF 文件）。

（4）掌握“工程量清单”和“招标控制价”文件的审核方法。

3.2　学生分组的要求

学生可独立（或多人一组）完成××工程的建筑及装饰工程的“工程量清单”“招标控制

价”文件及《课程设计说明书》的编制工作。

3.3 学习态度的要求

（1）要有勤于思考、刻苦钻研的精神和严肃认真、一丝不苟、有错必改、精益求精的工作态度，对有“抄袭他人设计”或“找他人代做设计”等弄虚作假行为者，一律按不及格计成绩，并根据学校有关规定处理。

（2）掌握课程设计的基本理论和基本方法，概念表达清楚，设计计算正确，软件运行良好，说明书撰写规范。

3.4 学习纪律的要求

严格遵守作息时间（8—12 时，14—18 时），不迟到、早退和旷课，每天的工作时间不少于 8 小时。因事、因病不能到设计专用教室则需请假，凡未请假擅自不到者均按旷课论处。每天上午、下午向指导教师签到，并汇报进程。

3.5 公共道德的要求

要爱护公物，搞好环境卫生，保证设计专用教室（或计算机房）整洁、卫生、文明、安静；严禁在设计专用教室（或计算机房）内打闹、嬉戏、吸烟和在计算机上玩游戏；严禁将易腐烂水果带入设计专用教室（或计算机房）内；自己所产生的垃圾带出设计专用教室（或计算机房）丢入垃圾箱。

4 设计成果

4.1 课程设计说明书

课程设计说明书用 A4 纸打印，内容和装订顺序要求如下：

（1）封面——包括任务名称、院（系）、专业班级、学生姓名、学号、指导教师、设计起止时间（见统一格式）。

（2）任务书——见统一格式。

（3）目录——要求层次清晰，要给出标题与页数，一般按三级标题设置。

（4）正文——课程设计说明书。

（5）参考资料

4.2 附件一：××工程的“工程量清单文件”

表格包括（以软件导出表格为准）：

（1）招标工程量清单封面。

（2）招标工程量清单扉页。

（3）总说明（请使用 WORD 自编，内容应包括：工程概况、编制依据、需要说明的问题）。

（4）分部分项工程清单。

（5）单价价措施项目清单。

（6）总价措施项目清单。

4.3 附件二：××工程的“招标控制价”文件

表格包括（以软件导出表格为准）：

（1）招标控制价封面。

（2）招标控制价扉页。

（3）总说明（请使用 Word 自编，内容应包括：工程概况、编制依据、需要说明的问题）。
（4）单位工程招标控制价汇总表。
（5）分部分项工程清单与计价表。
（6）综合单价分析表——分部分项工程项目。
（7）单价价措施项目清单与计价表。
（8）综合单价分析表——单价措施项目。
（9）总价措施项目清单与计价表。
（10）其他项目清单与计价汇总表。
（11）规费、税金项目计价表。
（12）单位工程未计价材汇总表。

4.4　附件三：××工程的“工程量计算书”文件

（1）手算工程量计算书（也可用 Excel 表格，A4 纸打印）。
（2）软件算量的工程量统计表（钢筋工程量统计表和清单定额工程量汇总表）。

注：以上成果文件用纸规格一致的装订成一本，用纸规格不一致的装订成多本，并装入牛皮纸档案袋中提交。

4.5　附件四：光盘 1 张（内含全部成果的电子版文件）

5　成绩评定

课程设计综合训练的成绩分为：优、良、中、及格、不及格五个等级。

课程设计综合训练的成绩由以下几部分组成：

（1）学习态度、学习纪律：10 分。
（2）提交成果的完整性：60 分。
（3）总价的准确性：10 分。
（4）综合单价的准确性（任选 1 项）：10 分。
（5）工程量计算的准确性（任选 1 项）：10 分。

6　工作进程

（1）第一周的周一至周四，完成××工程读图、列项、算量的工作。

（2）第一周的周五，利用软件，编制××工程的工程量清单。（图中不详尽的装修构造，可自行按《××地区建筑标准设计通用图》补充。

（3）第二周的周一，利用软件，编制××工程招标控制价。

（4）第二周的周二至周三，撰写课程设计说明书。

（5）第二周的周四，完成课程设计成果文件的整理、打印及装订。

（6）第二周的周五，截至中午 12 时，提交用档案袋装好的设计成果。（提前完成的随时都可以提交给指导老师）

（7）第二周的周五下午，指导教师评定成绩。